南京航空航天大学研究生系列精品教材

自适应控制

主　编　陈复扬

副主编　陶　钢　姜　斌

科学出版社

北　京

内 容 简 介

本书比较全面地阐述自适应控制的基本理论、应用及其研究进展。首先介绍MIT方案、基于李雅普诺夫稳定性理论设计MRAC系统、基于超稳定性理论设计MRAC系统、自校正调节器、自校正控制器、自校正调节器与自校正控制器的极点配置;其次从理论角度介绍模型参考自适应控制的研究进展;最后给出多个自适应控制技术的综合应用实例,附录给出多套历年考试试题及参考答案。

本书可作为高等院校控制科学与工程、兵器科学与技术、航空宇航科学与技术、机械工程等一级学科的研究生教材,也可供对自适应控制技术感兴趣的读者自学参考。

图书在版编目(CIP)数据

自适应控制/陈复扬主编. —北京:科学出版社,2015.11
ISBN 978-7-03-045621-2

Ⅰ.①自… Ⅱ.①陈… Ⅲ.①自适应控制 Ⅳ.①TP13

中国版本图书馆CIP数据核字(2015)第212704号

责任编辑:余 江 张丽花 / 责任校对:桂伟利
责任印制:赵 博 / 封面设计:迷底书装

科学出版社出版
北京东黄城根北街16号
邮政编码:100717
http://www.sciencep.com
北京科印技术咨询服务有限公司数码印刷分部印刷
科学出版社发行 各地新华书店经销
*
2015年11月第 一 版 开本:787×1092 1/16
2025年 1 月第七次印刷 印张:12 1/2
字数:304 000

定价:68.00元

(如有印装质量问题,我社负责调换)

前　言

自适应控制是在控制方式的发展过程中产生的，为了解决实际问题，控制方式从古典控制方式的开环控制发展到闭环控制，一直到从现代控制方式中的最优控制发展到容错控制、鲁棒控制、自适应控制、智能控制。

本编写团队长期从事自适应控制科学研究与教学改革工作，尤其是研究生课程教学改革，经过十多年的实施，效果明显。编写团队建设的“创建自动化专业系列课程双语教学体系，培养具有国际竞争力的创新型人才”获得了 2011 年江苏省高等教育教学成果二等奖。2009 年 6 月编写团队主编出版了本科教材《自适应控制与应用》，包括自适应控制的基础理论以及应用实例，内容深入浅出，适合本科高年级学生学习以及研究生参考，被多所高校列选为参考教材。本书是在此教材基础上进行完善的。

本书按照研究生课程教学大纲的要求编写，突出基础性、先进性、国际性、易读性，以工程应用为背景，全面阐述自适应控制基本理论、基本概念和基本方法，充分考虑教学模式的国际化，具有国外求学经历与工作经历的编写团队，积极引进国外的教学内容与教学方法，参考新加坡南洋理工大学、美国弗吉尼亚大学等国内外自适应控制理论及应用最新的发展方向，添加最新的自适应控制研究成果，编写中做到以学生为本，加强能力培养，内容叙述力求深入浅出、削枝强干、层次分明，以最基本的内容为主线，注重工程概念，便于研究生课后复习或者自学，从而培养学生的创新能力、实践能力、国际交流能力以及综合素质。

本书主编为自适应控制研究生课程负责人，长期从事“自适应控制”课程的教学工作，2013 年在新加坡南洋理工大学与 IEEE Fellow 温长云教授开展自适应控制领域的国际合作研究工作。副主编陶钢教授为中组部“千人计划”学者，美国弗吉尼亚大学电子工程系教授，自适应系统与控制实验室负责人，国际自适应控制领域的 IEEE Fellow，长期从事自适应控制理论和方法及飞行器控制应用方面的研究工作。副主编姜斌教授为教育部“长江学者”，南京航空航天大学控制理论与控制工程学科带头人，在国内外长期从事自适应控制领域相关的科研工作。

本书为南京航空航天大学研究生系列精品教材，是在南京航空航天大学研究生教育优秀工程（二期）建设项目 2013 年研究生教材出版立项项目资助下完成的。

本书由陈复扬教授主编，其中姜斌（第 1 章）、陶钢（第 6 章）、陈复扬（其余各章及内容简介、前言、附录等）。在此感谢胡寿松教授对编者多年的培养，感谢 2008 年自动控制系列课程国家优秀教学团队带头人吴庆宪教授、科学出版社编辑对本书编写工作的大力支持，特别感谢课程组的盛守照副教授、屈蔷副教授对本书编写工作的大力支持。

由于水平有限，本书难免存在不足之处，恳请广大读者不吝指正。

作者邮箱：chenfuyang@nuaa. edu. cn

网址：http://chfy. nuaa. edu. cn/1-zshykzh/zshykzh. htm

陈复扬

2015 年 6 月于南京

目　录

第1章　自适应控制概述

1.1　自适应控制的产生

自适应控制是在控制方式的发展过程中产生的，为了解决实际问题，控制方式从古典控制方式中的开环控制发展到闭环控制，一直到从现代控制方式中的最优控制发展到容错控制、鲁棒控制、自适应控制、智能控制。自适应控制在各种控制方式发展中的地位逻辑关系示意图如图1.1所示。

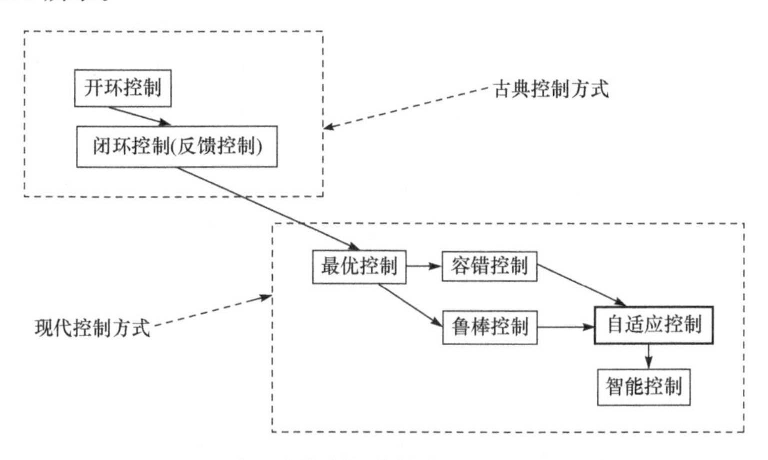

图1.1　自适应控制与其他控制方式的逻辑关系

控制系统的输入量与输出量之间的关系能明确地知道，而且系统内部不存在扰动，外部扰动对系统没有产生不良影响或影响很小的情况下，可以采用开环控制方式，开环控制系统结构如图1.2所示。

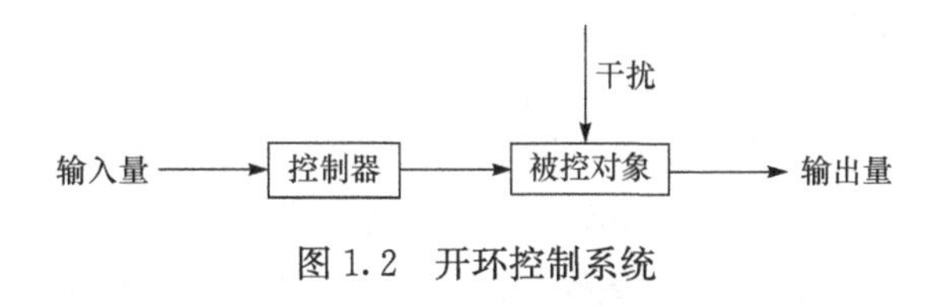

图1.2　开环控制系统

若控制系统的输入量与输出量之间的关系能明确地知道，而且系统内部不存在扰动，外部扰动对系统产生了不良影响，但影响不是很大，则可以采用按干扰补偿的开环控制方式，按干扰补偿的开环控制系统结构如图1.3所示。

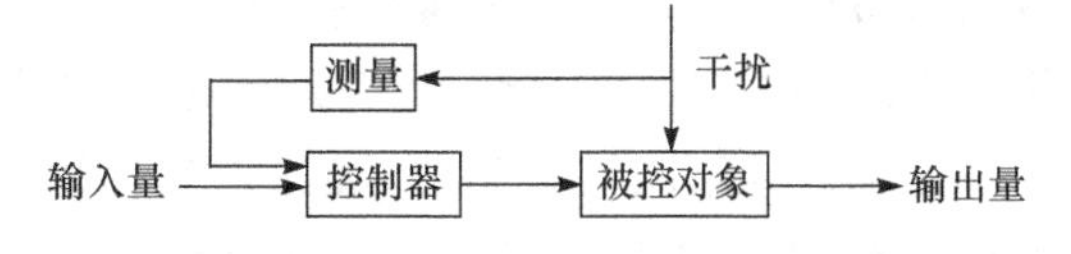

图1.3　按干扰补偿的开环控制系统

控制系统在运行过程中可能会受到事先无法预计的扰动，控制系统本身的某些参数也可能会有变动，此时常常采用闭环控制系统。通过反馈使控制系统的输出对外部扰动和内部参数的变动都不很敏感，从而使控制系统达到预期的控制性能，闭环控制系统结构如图1.4所示。

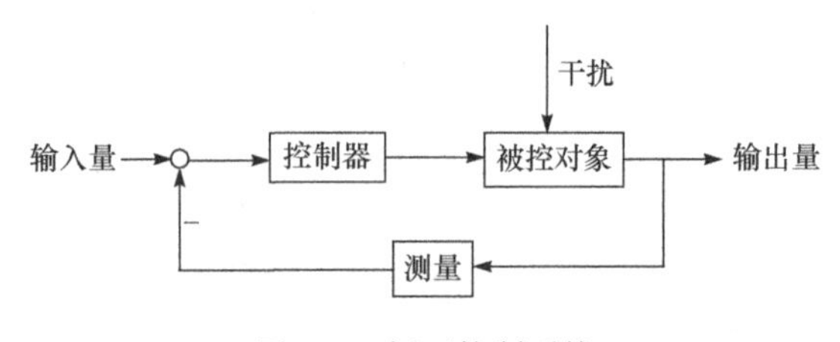

图1.4　闭环控制系统

随着现代控制理论的迅速发展和计算机技术的进步，为了适应复杂控制系统的高质量控制要求，便出现了最优控制的技术措施。在最优控制中，在一定的限制条件下选择控制向量，使预先规定的性能指标达到极值(极大值或极小值)，从而使系统性能达到或接近最优。

反馈控制和最优控制都属于常规控制，常规控制的设计都要求事先掌握被控对象或被控过程的数学模型。然而这些数学模型是很难事先确知的，或者由于种种原因，一些控制系统的数学模型会在运行过程中发生较大范围的变化，在这些情况下，常规控制就往往达不到预定的控制要求。

因此，学术界出现了很多研究改进问题的控制方式，如容错控制、鲁棒控制、自适应控制、智能控制。

要成功设计一个性能良好的控制系统，不论是通常的反馈控制系统还是最优控制系统，都要掌握被控对象的数学模型。然而，绝大多数被控对象的数学模型事先难以确知，或者它们的数学模型是变化的，对于这类对象的不确定因素，常规控制往往难以克服。

引起被控对象不确定的主要因素如下。

(1) 系统内部机理过于复杂，很难利用现有的知识和方法确定它们的动态过程和有关参数，如化工过程的反应炉等。

(2) 系统所处环境变化引起的被控对象参数的变化。例如，飞行器随着飞行高度、飞行速度和大气条件的变化，动力学参数将发生变化；化学反应的过程参数随着温度等因素的变化而变化；电子元器件参数随着温度和湿度等因素而变化。

(3) 系统本身的变化引起被控对象参数的变化。例如，飞行器飞行过程中，重量和质心随着燃料的消耗而改变；化学反应过程中，当原料不同时系统参数会有很大的变化；绕纸卷筒的惯性会随着纸卷的直径变化而变化；机械手的动态特性随机械手的伸屈在很大范围内变化。

反馈控制、扰动补偿控制、最优控制以及预编程序控制等，都是为了克服或降低系统受外来扰动或内部参数变化而引起的控制品质恶化，但是对于被控对象具有不确定性，这些方法不能满意地解决问题。为了较好地解决这类问题，确保系统的控制品质仍能自动维持或接近某种意义下的最优运动状态，本书提出一种新的设计思想——自适应控制设计思想，这种思想可以表达如下。

在控制系统运动过程中，系统本身不断地测量被控对象的状态、性能或参数，从而“认识”或“掌握”被控对象，然后根据掌握的被控对象信息，与期望的性能相比较，进而作出决策来改变控制器的结构、参数或根据自适应规律来改变控制作用，以保证系统达到某种意义下的最优或接近最优状态。按照这样的思想所建立的控制系统称为自适应控制系统。

自适应控制大约在20世纪50年代即已开始发展，当时大都是针对具体对象的设计讨论，尚未形成理论体系，60年代现代控制理论蓬勃发展所取得的一些成果，诸如状态空间法、稳定性理论、最优控制、随机控制、参数估计、对偶控制等，为自适应控制理论的形成和发展准备了条件。70年代以来自适应控制理论有了显著的进展，一些学者分别在确定性和随机的、连续的、离散的系统的自适应控制理论方面作出了贡献。对于这类系统的控制方案、结构、稳定性、收敛性等方面都有一定的突破性进展，从而把自适应控制理论推向一个新的发展阶段，与此同时，开始出现较多实际应用的例子，并取得了良好的效果。目前自适应控制理论正在迅速发展，这也反映了现代控制系统向智能化、精确化方向发展这一总的趋势。

1.2 自适应控制的定义

自适应控制技术一直处在与其他技术整合与自身发展的过程之中。目前，关于自适应控制的定义有许多不同的论述，不同的学者根据自己的观点提出了各自关于自适应控制的定义，众说不一。下面是一些比较著名的关于自适应控制系统的定义。

1961年，Truxal提出了一个包含广泛的定义，即“任何按自适应观点设计的物理系统均为自适应控制系统”。按照这个定义，许多控制系统都可包括在自适应控制系统这一范畴内。例如，带有扰动补偿环节的反馈控制系统以及预编程序的控制系统等都可称为自适应控制系统，因为它们对可预期的扰动具有一定的适应能力。但很多人认为，上述系统并不属于自适应控制系统的范畴，因为它对系统参数的调整或附加的控制信号，都不是根据当时系统的特性、性能和参数变动的实际情况而决策的，而是事先确定的，因而并不符合测量、辨识、决策和改造的过程。

1962年，Gibson提出了一个比较具体的自适应控制的定义：一个自适应控制系统必须提供被控对象当前状态的连续信息，也就是要辨识对象，它必须将当前的系统性能与期望的或者最优的性能相比较，并作出使系统趋向期望或最优性能的决策，最后，它必须对控制器进行适当的修正，以驱使系统更接近期望或最优状态，这三方面的功能是自适应控制系统所必须具有的功能。

1974年，Landau提出了一个更加具体的定义：一个自适应系统，利用其中的可调节系统的各种输入、状态和输出来度量某个性能指标，将所测得的性能指标与规定的性能指标相比较，然后由自适应机构来修正可调节系统的参数或者产生一个辅助输入信号，以保持系统的性能指标接近规定的指标。定义中的“可调节系统”应理解为“可以用修正它本身的参数或内部结构，或修正它的输入信号来调节其性能的子系统”。

上述关于自适应控制的定义具有一些共同的特征，如系统的不确定性、信息的在线积累和过程的有效控制。考虑到这样一些共同概念，自适应控制可以简单地定义为：在系统工作过程中，系统本身能不断地检测系统参数或运行指标，根据参数的变化或运行指标的变化改变控制参数或控制作用，使系统运行于最优或接近最优工作状态。

自适应控制是一种特殊的反馈控制，它不是一般的系统状态反馈或输出反馈，即使对于线性定常的控制对象，自适应控制亦是非线性时变反馈控制系统。这种系统中的过程状态可划分为两种类型，一类状态变化速度快，另一类状态变化速度慢，慢变化的状态可视为参数，这里包含两个时间尺度概念：适用于常规反馈控制的快时间尺度以及适用于更新调节器参数的慢时间尺度。这意味着自适应控制系统存在某种类型的闭环系统性能反馈，所以设计自适应控制比一般的反馈控制要复杂得多。

1.3 自适应控制的基本原理和类型

1.3.1 自适应控制的基本原理

尽管自适应控制系统的方案千变万化，但是它们仍有一些基本的公共点，即结构上具有一定的相似性，自适应控制系统基本原理框图如图 1.5 所示。在这个系统中，性能计算或辨识装置根据被控对象的实时检测信息对对象的参数或性能指标连续或周期性地进行在线辨识，然后决策机构根据所获得的信息按照一定的评价系统优劣的性能准则，决定所需的控制器参数或控制信号，最后通过修正机构实现这项控制决策，使系统趋向所期望的性能，从而确保系统对内、外环境的变化具有自动适应的能力。

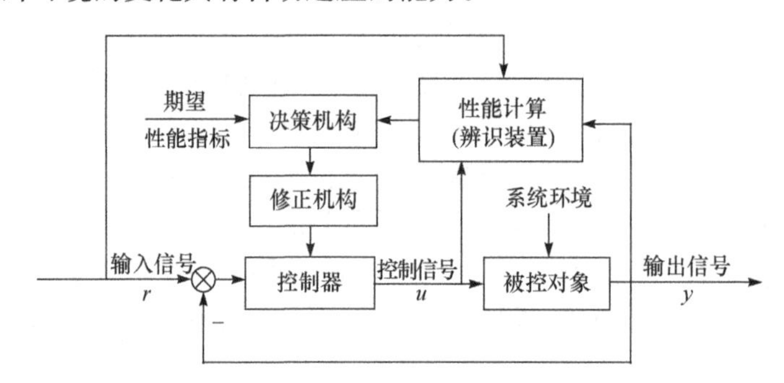

图 1.5 自适应控制系统基本原理框图

性能计算或辨识装置、决策机构和修正机构合在一起统称为自适应机构，它是自适应控制系统的核心，本质上就是一种自适应算法。

下面将结合自适应控制系统的分类形式，介绍几种主要类型的自适应控制系统的基本工作原理。

1.3.2 按自适应控制系统的结构形式分类

按照结构形式分类，自适应控制系统通常分为可变增益自适应控制系统、模型参考自适应控制系统、自校正控制系统、直接优化目标函数的自适应控制系统以及新型自适应控制系统等。部分新型自适应控制系统类型将在以后各章的仿真算例中详细介绍，本节只介绍几类常用自适应控制系统的基本原理。

1. 可变增益自适应控制系统

可变增益自适应控制系统结构如图 1.6 所示，它的结构和原理比较直观，调节器按受控过程的参数已知变化规律进行设计。当参数因工作情况和环境等变化而变化时，通过能测量到的系统的某些变量，经过计算并按规定的程序来改变调节器的增益结构。

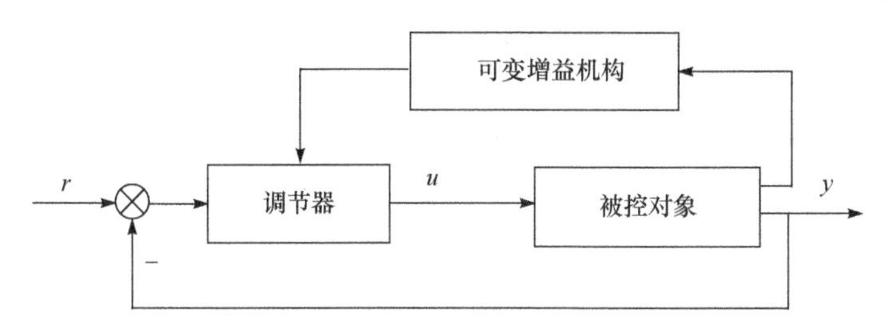

图 1.6　可变增益自适应控制系统

这种方案中系统参数的变动处于开环之中，因此，它是开环自适应控制系统，其理论和分析方法均不同于其他自适应控制系统的理论和分析方法。虽然它难以完全克服系统参数变化带来的影响而实现完善的自适应控制，但是由于它具有结构简单、响应迅速和运行可靠等优点，因而获得了较广泛的应用。另外，应该指出的是，若调节器本身对系统参数变化不灵敏（如某些非线性校正装置和变结构系统），那么这种自适应控制方案往往能够得到较满意的结果。

2. 模型参考自适应控制系统

模型参考自适应控制（Model Reference Adaptive Control）系统是由线性模型跟随系统演变而来的，线性模型跟随系统如图 1.7 所示，它由参考模型、控制器、模型跟随调节器和被控对象组成，其中参考模型代表被控对象应该具有的特性。模型跟随调节器的输入是参考模型的输出 y_m 和被控对象输出 y_p 的差值广义输出误差，它的功能就是确保被控对象输出 y_p 能够跟踪参考模型的输出 y_m，消除广义误差 e，从而使被控对象具有与参考模型一样的性能。

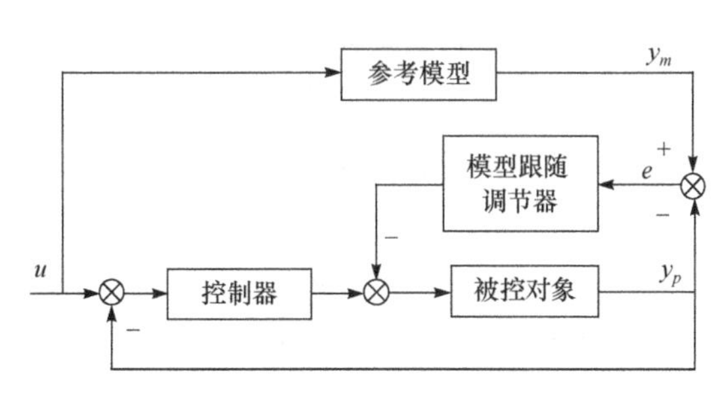

图 1.7　线性模型跟随系统

然而，设计模型跟随调节器时需要事先知道被控对象的数学模型及有关参数。如果这些参数未知或在运行过程中发生了变化，则对线性模型跟随控制系统加以改造，从而引出了模型参考自适应控制系统。

模型参考自适应控制系统的基本结构如图 1.8 所示，它由两个环路组成，内环由调节器与被控对象组成可调系统，外环由参考模型与自适应机构组成。若被控对象受干扰的影响而使运行特性偏离了最优轨线，则优化的参考模型的输出 y_m 与被控对象的输出 y_p 相比较就产生了广义误差 e，并通过自适应机构，根据一定的自适应规律产生反馈作用，以修改调节器的参数或产生一个辅助的控制信号，促使可调系统与参考模型输出相一致，从而使广义误差 e 趋向极小值或减小至零，这就是模型参考自适应控制系统的基本工作原理，系统中的参考模型并不一定是实际的硬件，它可以是计算机中的一个数学模型。不论在理论上还是实际应用中，模型参考自适应控制系统都是一类很重要的自适应系统。

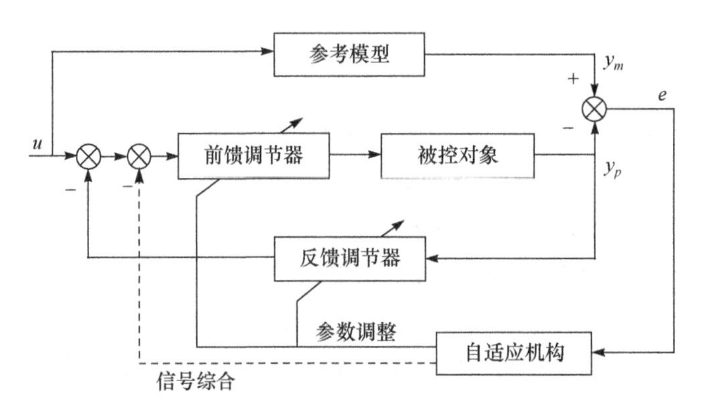

图 1.8　模型参考自适应控制系统

模型参考自适应控制的关键问题是如何选择自适应机构的自适应算法，以确保系统有足够的稳定性，同时能使广义误差得以消除。这种自适应控制系统的本质就是使受控闭环系统的特性和参考模型的特性相一致，这往往需要在受控系统的闭环回路内实现零极点的对消，因此这类系统通常只适用于逆稳定系统。逆稳定系统、非逆稳定系统的定义以及非逆稳定系统控制方式在本书第 6 章有详细论述。

模型参考自适应控制系统的结构形式除了可用来达到控制目的，还可用来作为系统参数估计或状态观测的自适应方案，如图 1.9 所示。它与控制使用时的区别仅在于需将参考模型与实际对象的位置进行交换，两者是互为对偶的形式。

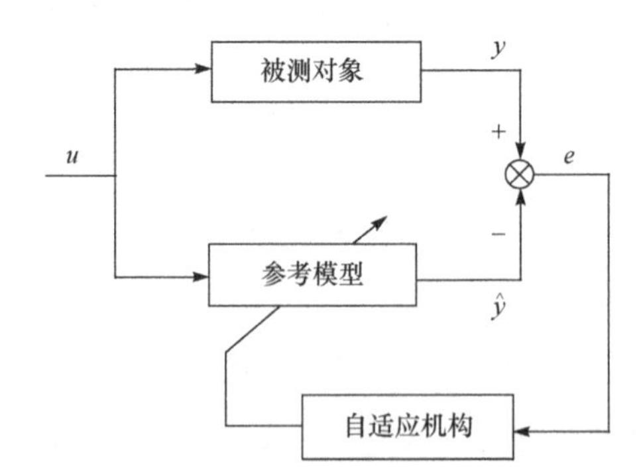

图 1.9　模型参考自适应参数估计与状态观测系统

3. 自校正控制系统

自校正控制系统又称参数自适应系统，其一般结构如图 1.10 所示，它也有两个环路，一个环路由调节器与被控对象组成，称为内环，它类似于通常的反馈控制系统；另一个环路由递推参数辨识器与调节器参数设计计算机组成，称为外环。因此，自校正控制系统是将在线参数辨识与调节器的设计有机地结合在一起，在运行过程中，首先进行被控对象的参数在线辨识，然后根据参数辨识的结果进行调节器参数的设计，并根据设计结果修改调节器参数，以有效地消除被控对象参数扰动所造成的影响。

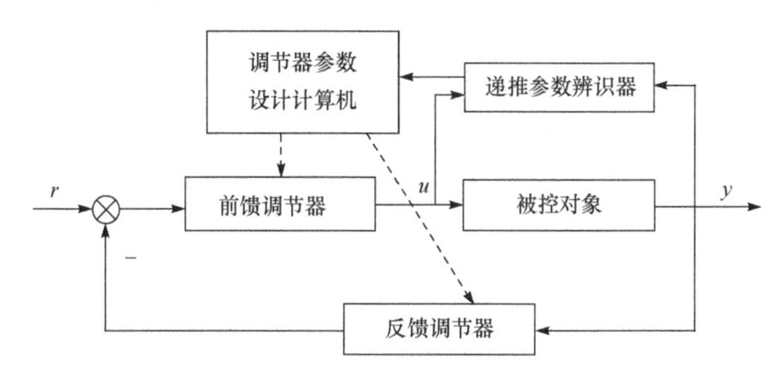

图 1.10　自校正控制系统结构

自校正控制系统通常属于随机自适应系统，它具有确定性等价性质，即当系统中所有未知参数用相应的估计值代替后，其控制规律的形式恰与对应的参数已知的随机最优控制规律的形式相同。由此可见，在寻求自校正控制规律时，即可根据给定的性能指标综合出系统的最优控制规律，然后用估计模型来估计未知参数，并用估计结果代替上述最优控制规律中相应的未知参数，就得到了自校正控制规律。显然，这里没有考虑未知参数的估计值是否等于真值，也没有考虑到它与真值的偏离程度。因此，一般来讲，这时的自校正控制规律可能不一定是渐近最优的。

在自校正控制系统中，参数辨识的方法有很多种，如随机逼近法、递推最小二乘法、辅助变量法以及极大似然法等，应用比较普遍的主要是递推最小二乘法。自校正控制规律的设计可以采用各种不同的方案，比较常用的有最小方差控制、二次型最优控制和极点配置等。

4. 直接优化目标函数的自适应控制系统

直接优化目标函数的自适应控制是一种较新颖的设计思想，虽然它和模型参考自适应控制系统、自校正控制系统有着密切的关系，但为了引起人们的重视，不妨把它单列为一种形式，这种自适应控制系统的结构如图 1.11 所示。

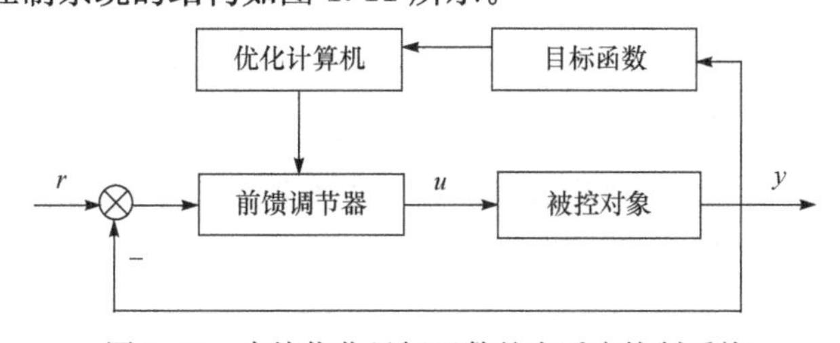

图 1.11　直接优化目标函数的自适应控制系统

Ljung 于 1981 年在国际自动控制联盟(IFAC)第八届国际大会上提出“基于显式判据极小化的自适应控制”的报告中所涉及的设计方案就属于这种类型。它的基本思想是选定某目标函数

$$J(\eta)=E\{g[y(t,\theta),u(t,\theta)]\} \tag{1.1}$$

式中,θ 为调节器的可调参数;$E\{\cdot\}$表示取数学期望。

对上述目标函数求极小值,用随机逼近法求得自适应控制算法,这是一种更直接的和概括性更强的新设计思想。

5. 新型自适应控制系统

由于工业生产过程的复杂性以及人类认识的片面性和局限性,对上述各种自适应控制系统的研究还有许多工作要做,如参数收敛性、系统鲁棒性等。与此同时,人们也在探讨新的自适应控制系统的设计方案。

前述四种方案中都需假定被控对象数学模型的结构是不变的和已知的,从而可调控制器的结构也是不变的和已知的。在自适应控制过程中,只要适当调整它的参数值就可达到自适应的目的。然而,在新型自适应控制系统中将进一步弱化或取消这一假设。下面简单介绍两种新型自适应控制方法。

(1) 自组织自适应控制系统。系统将具有自动调整控制器结构的功能,通过测量和判断,系统对于不同的外部和内部情况,可自动从规定的不同控制器结构形式中选出满足设计性能指标的结构形式的控制器并计算出相应的参数,从而达到自适应控制的目的。

(2) 自学习自适应控制系统。这种形式可以认为是自适应控制系统的最高形式,它是自组织自适应控制系统的进一步发展。系统利用人工智能的技术发现、鉴别并补充现有控制器形式,它可以随时扩充系统的知识库和数据库,具有创新和记忆功能,可选取或创造出一个最好的控制器(结构形式和参数)与当前实际情况相匹配,以达到自适应控制的目的。

1.3.3 按干扰影响分类

1. 确定性自适应控制系统

这类自适应控制系统假定被控对象不受随机干扰影响,即在确定性环境下讨论系统的分析和设计问题。前面提及的可变增益自适应控制系统、模型参考自适应控制系统、直接优化目标函数的自适应控制系统的讨论中不计及随机干扰,因而属于确定性自适应控制系统。

2. 随机性自适应控制系统

这类自适应控制系统考虑随机干扰对被控对象输出量的影响,如前面所述的自校正控制系统计及随机干扰的影响,因而属于随机性自适应控制系统。

1.4 自适应控制的理论问题

自适应控制系统是一种特定的时变非线性系统，分析这类系统是比较困难的，尤其是有随机干扰时更是如此。从自适应控制理论的发展现状来看，主要的理论问题如下。

1. 稳定性分析

自适应控制系统设计的首要问题是要保证系统全局稳定，目前许多自适应控制系统设计是以能保证整个系统全局稳定为准则的。为此，对于确定性系统的自适应控制系统设计可以利用李雅普诺夫稳定理论和波波夫的超稳定性理论等数学工具。两种方法虽然不同，但是从现有的文献来看，所得到的结果是基本相同的。新的自适应控制规律还在不断地涌现出来，但它们首先都必须保证系统的全局稳定性。要做到这一点并不容易，因为系统是本质非线性的，分析是困难的。

2. 收敛性分析

对于离散自适应控制系统，尤其是随机离散系统，一般采用递推自适应算法，这有利于实现在线计算和用微处理机实现。对于这类算法首要的问题是保证算法能收敛到预期的值。由于这种递推自适应控制系统也是本质非线性的，所以分析这种递推算法的收敛性也不是件容易的事。1977 年，Ljung 提出利用求平均值的方法将随机递推算法过程转化为常微分方程式，利用常微分方程来分析算法的收敛性。后来，Sternby、Gawthrop 和 Goodwin 等都曾用 Martingale 收敛定理分别证明了一些自适应控制算法的收敛性。就其本质来说，Martingale 收敛过程分析相当于李雅普诺夫函数在随机系统中的应用。1981 年，陈翰馥将 Martingale 定理和微分方程两种方式结合起来，用 Martingale 定理证明了递推过程的一致有界性及某种程度的收敛性，然后用微分方程的方法证明了算法收敛到真值。除上述分析方法外，还有其他分析方法，不同的分析方法可能获得不同的自适应递推算法，但这些算法必须保证系统的收敛性。

3. 鲁棒性分析

目前的自适应控制系统一般都是针对被控对象结构已知而参数未知的情况进行设计的。实际上，被控对象的结构常常不能完全确知，例如，对象特性中常附有未计或难以计及的寄生高频特性。对于线性反馈系统，即使系统具有足够的稳定储备，这种附加的高频特性仍可能引起失稳，或者使系统的特性严重变坏。这就提出了自适应控制系统的鲁棒性(Robustness)问题。如何设计鲁棒性强的自适应控制系统是一个重要的理论研究课题。

4. 品质分析

如何提高自适应控制系统参数自适应的速度？如何优化自适应控制的过程？如何保证性能同时简化算法？类似课题都可归入这一类问题之中。前已说明自适应控制系统是时变非线性系统，分析这种系统的动态品质，并研究改进措施都是困难的，目前在这方面取得的成果还不多。不过首先要满足的实际要求就是自适应控制的速度要大于对象特性变化的速

度，即

$$V_{自适应} > V_{对象特性变化} \tag{1.2}$$

自适应控制理论中的问题当然远不止以上所列这几方面。前已提到自适应控制反映了控制系统向智能化方向发展的趋势，然而自适应控制系统智能化的发展还处于初步阶段，随着实践和理论的不断进步，将会有更多新课题被提出。近年来在自适应控制系统的稳定性和算法收敛性的分析等方面取得了一些突破性的进展。为了达到更好的控制效果，近年来自适应控制技术与其他控制技术的融合日趋增多，出现了越来越多的研究问题，故不能认为自适应控制系统的理论已经完善。

1.5 自适应控制的应用概况

1. 航空方面

自适应控制系统最早在航空方面得到应用，这是由于飞机的动力学特性决定于许多环境因素和结构参数，飞机的动力学参数可能在相当大的范围内变化，要使飞机在整个飞行高度与速度范围内保证控制的高质量，依靠经典的控制理论是难以解决的，为了解决上述自动控制所面临的问题，在20世纪50年代末，美国麻省理工学院的Whitaker教授首先提出并设计了模型参考自适应控制方案，经模拟研究和飞行实验表明，在飞机正常飞行速度下，该模型参考自适应控制系统具有满意的性能，但是限于当时计算机技术和控制理论的发展水平，这一自适应控制技术的成果未能得到迅速发展和推广。

接着，在航空领域的其他方面也着力使用自适应控制思想。

(1) 在飞机防滑刹车系统中引入自适应控制思想，飞机的刹车系统是飞机机电系统的一个重要组成部分，跑道有冰、雪时，飞机不但不易刹停，而且难以保持两侧平衡，研究人员设计出基于输入/输出的某型飞机防滑刹车系统自适应控制器，比较了在湿滑路面情况下采用自适应控制器前后的结果，结果表明采用自适应控制器后，刹车系统性能有很大提高。

(2) 针对飞行器自动着陆系统，建立自动着陆控制模型、状态变量的隶属函数、系统推理规则、模糊推理算法、解模糊算法，对基于自适应神经模糊推理ANFIS的Takagi-Sugeno型AFLC进行了优化分析与设计，自动着陆性能优秀。

随着计算机技术和控制理论发展水平的不断提高，特别是基于航空航天事业迅速发展的需要，目前，自适应控制在航空航天方面取得了相应的发展和应用。

2. 航海方面

在航海方面，首先是在大型油轮上由Amerongen等学者提出采用自适应自动驾驶仪代替原有的PID调节器的自动驾驶仪，实践证明，自适应自动驾驶仪能够在变化复杂的随机环境下，如在海浪、潮流、阵风的干扰下，以及在不同负荷、不同航速下，都能使油轮按照预定的航迹稳定而可靠地航行，并取得了良好的经济效益。此后航海领域自适应思想的实例层出不穷。

(1) 应用声强度矢量作为观测量，对舰船体积目标的三个特定部位进行观测，在舰船机动的情况下，应用自适应卡尔曼滤波对舰船进行跟踪，并估计出舰船的尺度大小，完成自适应舰船被动跟踪与尺度估计。

(2) 潜艇声呐导流罩内噪声源识别系统，主要采用水动力噪声分析、常相干分析以及自适应噪声抵消分析方法对潜艇声呐部位自噪声进行噪声源识别，识别效果良好。

(3) 水下激光通信中分集多路信号的自适应增强技术，在水下广播式激光通信中，采用分集接收的自适应阵列信号增强处理，增强了航海中的通信能力。

3. 电力系统及电力拖动方面

在电力系统及电力拖动方面，20 世纪 60 年代中期就提出用自适应方法来实现锅炉燃烧效率的优化控制。实践证明，特别是在热交换器上借助自适应技术，能使控制参数最优地适应发电机的各种负荷条件。除了对直流电动机的转矩、转速、位置和功率采用自适应控制外，近年来还提出了对交流感应电动机的转速实现自适应控制的研究，从而可以保证系统参数(转动惯量、负载力矩、时间常数和功率放大倍数等)在大范围内变化时，系统的动态响应仍可保持与期望值相接近。此后的相关发展迅猛，主要成果如下。

(1) 射电望远镜的高精度随动系统，由于采用了模型参考自适应控制系统，从而能自动补偿系统在低速和超低速运行时由于系统惯量的变化以及干摩擦所带来的不良影响，大幅度地提高了系统跟踪精度。

(2) 为了抑制电力系统因负阻尼而产生的低频振荡，提高电力系统的稳定性，设计了一种组合电力系统自适应稳定器(GPSS)，理论分析和实验结果都表明它对抑制电力系统低频振荡有显著效果，能提高电网运行质量，保障电网供电的可靠性和优质性。

(3) 电力系统在周期性负荷扰动作用下会发生混沌振荡，甚至失去稳定性，为抑制这种混沌振荡，利用 Bs(Backstepping)控制法设计了在周期性负荷扰动幅值已知情况下的控制器；针对扰动幅值未知的情况，设计了自适应 Bs 控制器，并利用 Lyapunov 稳定性理论证明了含该控制器的闭环系统可以保持渐近稳定，即能回到初始平衡点上。实验结果也表明了该控制器的控制效果。

(4) 韶关电网在线预决策安全稳定控制系统的设计及实施。分析广东省韶关电网向主网送电的安全稳定性和对原有安全稳定控制装置进行改造的必要性，韶关电网在线预决策的安全稳定控制系统的配置、功能、技术要求和相应的安全稳定控制策略。该安全稳定控制系统采用基于 EEAC 稳定性定量分析工具跟踪系统实际运行工况，自动优化控制措施，对电网发展和运行方式变化具有自适应性。该系统的两级控制功能模式已正式运行，有效地提高了韶关电网向主网送电的功率极限。

4. 其他方面

在化工过程、钢铁、冶金和建材工业等其他方面，许多工艺过程是非线性、非平稳的复杂过程，原材料成分的改变、催化剂的老化和设备的磨损等都可能使工艺参数发生复杂而幅度较大的变化，对于这类生产过程，采用常规的 PID 调节器往往不能很好地适应工艺参数的变化，而使产品的产量和质量不稳定，当采用自适应控制后，由于调节器的参数可以随工艺参数的变化而按某种最优性能自动整定，从而保证产品的产量和质量不随工艺参数的变化而下降。因此，众多学者纷纷利用自适应思想来完成控制器设计提高控制性能。

(1) 将模糊理论和神经网络理论相结合，建立了一种自适应模糊神经网络模型，应用于大坝安全监控领域，并针对混凝土重力坝水平位移实测值建立自适应模糊神经网络监控模型，实践表明，其预报精度优于常规的统计回归模型。

(2) 设计一种自适应变结构控制系统，应用于城市管网供水的交流调速控制系统中，实践表明，这种自适应控制方法可以克服被控系统中特有的大惯性滞后时间常数所引起的不利现象，改善了原有的单闭环 PID 控制系统的动态品质和控制品质，提高了系统的响应速度。

(3) 煤矿地面运输监控系统由工业控制计算机和单片机两级计算机网络组成的地面运输监控系统结构组成，具有动态链接和自适应等特点，为矿井地面运输的安全和高效运行提供了可靠的保障。

(4) 在主汽温控制中，针对火电厂主汽温对象大迟延、不确定性的特点，结合内模控制器设计的基于自适应 PSD 控制器的控制系统，与常规串级 PID 控制系统进行比较，自适应 PSD 控制系统具有更好的控制效果。

(5) 防洪模拟中的地形自适应网格生成技术研究，根据计算区域内地形变化自动调整网格分布，可以使计算模型和计算结果能更加细致和精确地反映客观地形地貌。研究人员探讨了洪水模拟中的两类地形自适应问题：突变地形和缓变地形。对于堤防等阻水建筑物，概括为一种地形突变，网格自动生成时此类地形的自适应可以转化为边界自适应问题。而对于缓变地形，提出了通过曲面样条函数拟合形成计算区域内连续光滑的地形曲面，从而通过各点高程梯度来控制网格尺寸，实现网格生成。

随着计算机技术的发展和理论的不断完善，自适应控制技术的推广应用将不断发展，这种控制技术不但用于各工业部门，近年来还推广应用于非工业部门，如生物医学部门、人文管理、道路交通管理、音乐演唱艺术、经济管理等行业。但就现有的关于应用方面的报道来看，自适应控制技术主要用于过程较慢的系统和特性变化速度不很快的对象。随着理论的不断完善和计算机技术的迅速提高，自适应控制的应用将会越来越广泛。

1.6 自适应控制的国内外最新进展

1. 历史与技术基础

当被控对象参数已知定常或变化较小时，采用一般常规反馈控制、模型匹配控制或最优控制等方法可以得到满意的控制效果。当对象在运行过程中其结构、参数及环境剧烈变化时，仅用常规的反馈控制技术是得不到满意结果的。

于是在 20 世纪 50 年代末，由于飞行控制的需要，美国麻省理工学院(MIT) Whitaker 教授首先提出飞机自动驾驶仪的模型参考自适应控制方案，称为 MIT 方案。在该方案中采用局部参数优化理论设计自适应控制规律，这一方案没有得到实际应用。用局部参数优化方法设计模型参考自适应控制系统，还需检验其稳定性，这就限制了这一方案的应用。

1966 年德国学者帕克斯(Parks)提出采用李雅普诺夫(Liapunov)第二法来推导自适应算法，以保证自适应系统全局渐近稳定。在用被控对象的输入/输出构成自适应控制规律时，在自适应规律中包含输入/输出的各阶导数，这就降低了自适应对干扰的抑制能力。为了避免这一缺点，印度学者纳朗特兰(Narendra)和其他学者提出各自的不同方案。罗马尼亚学者波波夫(Popov)在1963年提出了超稳定性理论,法国学者兰德(Landau)把超稳定性理论应用到模型参考自适应控制中,用超稳定性理论设计的模型参考自适应控制系统是全局渐近稳定的。

自校正调节器是1973年由瑞典学者阿斯特罗姆(Astrom)和威特马克(Wittenmark)首先提出来的。1975年Clark等提出自校正控制器。1979年威尔斯特德(Wellstead)和Astrom提出极点配置自校正调节器和伺服系统的设计方案。

自适应控制经过30多年的发展,无论在理论上还是在应用上都取得了很大的进展。近几十年来,由于计算机的迅速发展,特别是微处理机的普及,为自适应控制的实际应用创造了有利条件。自适应控制在飞行控制、卫星跟踪望远镜的控制、大型油轮的控制、电力拖动、造纸和水泥配料等方面的控制中得到应用。利用自适应控制能够解决一些常规的反馈控制所不能解决的复杂控制问题,能大幅度地提高系统的稳定精度和跟踪精度。迄今为止,先后出现过各种形式的自适应控制系统,新的概念和方法仍在不断涌现,其中模型参考自适应控制系统在理论研究和实际应用上都是比较成熟的。

MRAC系统的设计方法大体上分为四个阶段。

第一阶段(1958~1966年),主要是基于局部参数最优化理论进行设计。这种方法是由Whitaker等于1958年首先提出来的,并命名为MIT规则;接着Dressber、Price、Pearson等也基于局部参数最优化理论提出了不同的设计方法,其基本思想是让可调系统中的某个局部参数在某一性能指标下取得最小值来设计自适应律,梯度法是常用的方法。局部参数最优化法的最大缺点是设计的自适应律容易引起整个系统不稳定。而对一个控制系统而言,稳定性是首要的和最基本的要求。Donalson对这一阶段的设计方法作了综述性说明。

第二阶段(1966~1972年),解决了模型参考自适应控制系统的稳定性问题。众所周知,李雅普诺夫稳定性理论是解决非线性系统稳定性的一个有力工具。而一个模型参考自适应控制系统可等价地表示成非线性时变反馈系统。于是,Butchart、Shachcloth、Parks、Phillipson等首先提出用李雅普诺夫稳定性理论设计MRAC系统的方法。它的基本思想是首先构造使MRAC渐近稳定的李雅普诺夫函数来确定MRACS的自适应律。由于可供选择的李雅普诺夫函数不唯一,所以选择的恰当与否,对自适应系统的稳定性和适应速度都有很大的影响。那么,如何选择“最佳”的李雅普诺夫函数呢?波波夫超稳定理论在一定意义上回答了这个问题。Landau首先用这一稳定理论设计MRAC系统。它的基本思想是把MRAC变成等价的非线性时变反馈系统,寻求一个合适的李雅普诺夫函数的问题,将其等价地分解为两个独立问题:前向环节的(严格)正实性和反馈环节要满足波波夫积分不等式。这种方法在寻找自适应律时有更大的灵活性,可找到几类稳定自适应算法。Narendra指出,当模型有界输入时,用误差模型对两种方法进行比较,发现两种方法均可得到(超)稳定的系统。

第三阶段(1974~1980年),解决了系统状态不可测问题。以上设计方法要求能直接获得控制对象的全部状态,这是很困难的。为了解决这一问题,常采用如下两种方法。

(1) 直接法:直接利用能观测到的对象输入/输出数据来综合一个动态控制器。

(2) 间接法:设法将对象的参数和状态重构出来,即所谓的自适应观测器。然后,利用这种估计在线地改变控制器的参数,以达到自适应控制的目的。对此,Monopoli、

Narendra、Valavani 分别利用直接法设计了模型参考自适应控制系统。到 1979 年，Narendra 和 Valavani 又提出了间接修改控制器参数的 MRAC 方案。于是，人们仅用输入/输出设计出了稳定的自适应控制系统。

第四阶段(1980 年至今)，鲁棒 MRAC 提出与发展阶段。进入 20 世纪 70 年代以来，MRAC 的理论得到了飞速发展，人们根据稳定性理论设计了各种稳定 MRACS，但都作了比较严格的假定，所以在实际应用中是很难实现的。理想 MRAC 系统设计需作如下基本假定：

(1) 参考模型是线性定常的。

(2) 可调系统与参考模型的维数相同。

(3) 可调系统的参数仅依赖于自适应机构。

(4) 除输入量之外，没有其他外部信号(干扰)作用在系统上。

(5) 偏差是可测的。

对基本假定(1)，采用按某性能指标设计的参考模型由被跟随模型加反馈控制环来实现，使自适应系统跟踪被跟随模型，设计出非定常参考模型的 MRAC 系统；对基本假定(2)，采用模型降阶法设计高阶系统跟踪低阶参考模型的 MRAC 方案；对含确定性扰动的系统，可将扰动引入可调控制器采用补偿法予以消除。那么制约模型参考自适应控制实际应用的主要因素是什么呢? Rohrs 在研究了模型参考自适应控制存在未建模动态时指出，自适应控制算法对未建模动态是不稳健的，在控制理论界立刻引起强烈的反响。对于一个 MRAC 系统如果不能保证鲁棒性(稳健性)，那就没有实际价值了。于是自适应控制对未建模动态的鲁棒性成了世界性的热门话题。代表性方案如下：

(1) 在自适应律中引入死区。

(2) 产生一个持续激励信号。

(3) 使用 ε 修正法的自适应律。

(4) 引入逻辑切换保证前向通道的严格无源化，还可与死区方案相结合。

(5) 组成混合自适应控制系统，只在离散时刻调整控制器参数，在参数未调整期间系统处于线性工作状态，这样减弱了非线性的影响，也提高了自适应速度。

(6) 利用 Nussbuum 镇定高阶自适应系统。

(7) 基于摄动法理论来考察模型参考自适应系统的鲁棒性。

(8) 与变结构相结合。

在过去的 20 多年里对 MRACS 的性能和稳定性人们做了大量有意义的工作。然而，用它解决工程实际问题的成果并不多，主要是因为它具有复杂性和鲁棒性，但随着控制理论的深入，自适应技术将不断完善，随着实际手段的提高，将给自适应控制应用带来更广阔的应用前景。

现阶段着重论述单输入/单输出系统，其主要目的是保持表示的简单性。同时，对多变量自适应控制进行了很多研究。单变量的许多结果都能扩展到多变量系统，但存在一个困难：对于单输入/单输出系统，可以找到一个有效的规范型，可用它表示唯一参数是系统阶次的系统。对于多变量系统，还必须知道 Kronecker 指数才能得到一个规范型。这在理论上和实际上都有困难。对于像机器人中出现的那些系统，利用系统的先验知识通常可找到一种合适的结构。

2. 未来发展与技术融合

自适应控制技术经过多年的发展，基本形成一个强大的研究阵营，现今控制界的学术文献60%都与自适应有关更说明了这一点。目前自适应技术的发展基本呈现出三大研究方向，第一研究方向是加大了自适应控制技术的控制方式的基础性研究；第二研究方向是将自适应控制技术与其他科学技术进行融合以改善控制效果；第三研究方向是将自适应控制技术投入实际运用，并且运用到各行各业中，不局限于以往的自然科学领域，扩大了自适应控制应用的范围，自适应控制在实际运用中得到更大发展，使自适应控制在实践-理论-实践的循环往复的发展中前进。这三大研究方向实质上是相辅相成、互相促进的。基础性研究是保证技术融合与应用性研究的前提；技术融合是基础性研究的补充，也是应用性研究的基础；应用性研究可以推动技术融合的深入，促进自适应技术基础性研究的完整性。这三大研究方向的逻辑关系如图1.12所示。

1) 基础性研究

自适应控制技术的几大难题都是自适应控制设计本身必须面对的，主要集中在稳定性分析、收敛性分析、品质分析、鲁棒性分析、自适应速度分析等方面，研究人员借助数学和计算机技术的发展进行了大量的基础性研究，给自适应控制的应用提供了坚实的理论基础，现列举几项科研成果。

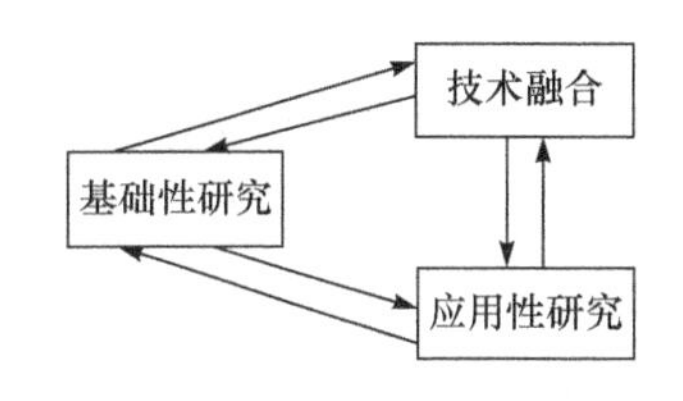

图1.12　自适应控制三大研究方向逻辑关系

(1) 一类非线性系统的全局自适应输出跟踪控制研究。针对一类具有不可控不稳定线性化和未知线性化参数的非线性系统的全局自适应控制，设计一种鲁棒自适应非线性状态反馈控制器，实现系统的全局实用输出跟踪，应用 Lyapunov 稳定性理论和修正的自适应增加幂积分方法，给出一个系统化的设计程序，递推设计一种非线性自适应光滑状态反馈控制器，该控制器能保证跟踪误差充分小，且闭环系统所有信号全局有界。

(2) 一类非线性系统的单尺度小波框架网络自适应观测器研究。提出一类 MIMO 非线性系统的小波网络自适应观测器设计方法，可对一类非线性未知或具有不确定性的非仿射系统进行状态估计，给出小波网络参数的在线自适应调节律，从理论上分析观测器增益矩阵的选择对状态估计误差的影响，根据 Lyapunov 稳定性理论证明了整个自适应观测器的稳定性。

(3) 一种大迟延系统的自适应补偿方法研究。以二阶带大迟延系统为例，基于 Smith 补偿器提出了一种简便而实用的方法，对 Smith 补偿器的参数实现了在线自适应调整，适当选择适应性增益参数，利用计算机运算速度快的特点，可以获得较好的补偿效果。

2) 技术融合

为了解决自适应控制中的诸多难题，研究人员借助其他科学技术和方法，将自适应技术与各个学科的相关技术与方法进行融合，在解决实际问题时，利用这些融合技术来改进自适应控制效果的同时，也能推动相关技术的发展，扬长避短，这些融合技术的研究已逐渐被研究人员所接受，这也将自适应控制技术发展推向一个新的阶段，近10年来取得了大量的科研成果，现列举几项科研成果供读者参考。

(1) 自适应蚁群算法及其在边坡工程中的应用。蚁群算法目前多用于求解组合优化问题,为了让蚁群算法能求解复杂的边坡稳定性分析问题,对基本蚁群算法的结构形式和蚂蚁转移概率的计算进行改进,针对蚁群算法在演化过程中存在停滞和过早收敛的现象,引入一种自适应搜索算子,改变蚂蚁的选择机制,提高蚂蚁选择的多样性,并由此构建了一种新的蚁群算法——自适应蚁群算法(AACA)。研究 AACA 在边坡非圆弧临界滑动面搜索中的应用,结果表明:与基本蚁群算法相比,自适应蚁群算法可有效地防止停滞和过早收敛现象,并总能搜索到问题的全局最优解,且搜索效率有较大的提高。

(2) 一种自适应的声音隐藏算法研究。提出一种基于小波变换的水印算法,把一段语音作为水印信息,自适应地嵌入音频信号,水印的提取不需要原始信号,仿真实验表明嵌入的水印具有很好的不可感知性。

(3) 一种鲁棒非线性飞行控制律设计。一种反馈线性化方法——逆系统方法,用以解决非线性飞行控制问题。针对逆系统方法存在的误差,采用一种鲁棒控制方法——基于 RBF 神经网络直接自适应控制方法,利用李雅普诺夫稳定性定理推导神经网络权值的自适应规律,保证闭环系统的稳定性。设计针对滚转通道的神经网络,对某型号飞机进行非故障和故障状态的仿真结果证明,自适应神经网络控制方法补偿作用显著,相当于系统具有一定的重构功能。

(4) 基于非线性动力学的地震反演方法。混沌是非线性动力系统的普遍现象。针对地震反演动力系统中出现的混沌现象,提出一种用 Lyapunov 指数自适应调整控制参数,使系统快速向不动点稳定演化的混沌控制反演方法。从最简单的数理逻辑方程入手,探讨非线性动力系统混沌演化过程中控制参数、Lyapunov 指数与系统演化的关系;建立用 Lyapunov 指数进行混沌控制的地震信号反演系统方程。该方法能够有效地控制反演系统中的混沌现象,加入噪声后,仍然能得到可靠的反演结果。

3) 应用性研究

随着自适应控制基础性研究成果的日渐成熟以及自适应技术与相关技术融合的活跃,自适应控制应用性研究非常热门。自适应控制技术的应用越来越广泛,应用领域不断扩大,从开始的航空、航海、电力拖动等领域逐渐向其他工业部门扩展,并逐渐被市场所认可,随着自适应控制技术的广泛应用,自适应控制技术逐渐向非自然科学领域渗透,人文科学、管理科学以及艺术领域都有涉及,近年来成果卓著。

(1) 研究主动悬架自适应于路面输入和车辆参数变化,从而进一步改进车辆性能的潜力,以及车辆参数变化对车辆系统输出的影响。结果表明,在主动悬架的最优控制设计中,其控制律参数自适应于路面输入的有效性,以及控制器设计中车辆参数估计的必要性。

(2) 面向中国城市先进的交通控制与管理系统研究。目前中国城市道路交通控制系统基本上是引用 SCOOT、SCAT 等国外开发的系统,这些系统都是建立在机动车为主的道路交通条件基础之上的被动型控制系统。实践证明,这些系统不仅不适应中国的混合道路交通情况,而且在连续流与间断流的协调控制、公共汽车交通优先控制方面存在问题,更难以适应于中国城市发展智能交通系统(ITS)的需要。国家重点基础研究规划 973 子项目"城市交通监控与管理系统"的研究成果,针对中国城市道路交通的特点、以往交通控制系统的问题和未来发展的需要,提出了适用于中国城市的实时自适应控制与管理系统。

(3) 合肥地区电力负荷预测软件应用。从研究合肥地区电力负荷变化规律和特性入手，本着实用的原则，确定符合合肥地区电网实际特点的负荷模型。在实现并比较神经网络、特征曲线、时间序列 3 种负荷预测算法的基础上，提出应用自适应模型和算法进行负荷预测的新思路，为地区电网负荷预测系统的研制提供了参考和借鉴。

(4) 粮食干燥机的自适应控制。通过对粮食干燥机的反馈控制、前馈控制、反馈+前馈控制、自适应控制、模糊控制及基于模型的 MPC 控制等自动控制方法的混合使用，使粮食干燥机效果达到最优。

第 2 章　用局部参数最优化理论设计模型参考自适应控制系统

2.1 引　　言

自适应控制系统是一种具有一定适应能力的系统，它能够辨识由于外界环境或系统本身特征变化所带来的影响，自动修正系统中的有关参数或控制作用，使系统达到满意的或接近最优的状态。

对于不同的被控对象、不同的控制要求以及不同的使用场合，自适应控制可有各种不同的实现方式。设计一个自适应控制系统，首先必须根据所提出的技术条件和客观的可能性，制定初步控制方案。

目前，比较流行的自适应控制方式之一是模型参考自适应控制。关于模型参考自适应控制系统的设计主要有两大类方法，一种是基于局部参数最优化的设计方法，另一种是基于稳定性理论的设计方法。早期的自适应控制系统大多采用局部参数最优化的设计方法，它的主要缺点是在整个自适应过程中难以保证闭环系统的全局稳定性。按稳定性理论设计，首先从保证系统稳定性的角度出发来选择自适应规律，从近年来的文献资料来看，这种方法得到了更广泛的应用。

2.2 模型参考自适应控制系统的数学描述

在模型参考自适应控制系统中，参考模型的特性被设定为闭环系统所期望的动态行为。系统的调整是根据被控对象的实际输出与参考模型的输出之差的某个函数准则来修正控制参数的，力图使被控对象的实际输出与参考模型的输出之间的广义误差 $\boldsymbol{e}$ 趋于零，使系统达到或接近所期望的动态行为。在这种系统中，不需要专门的在线辨识装置，用来更新控制参数的依据是广义误差 $\boldsymbol{e}$。

典型的模型参考自适应控制系统的原理结构如图 2.1 所示，其修正作用可以采用参数调整法也可以用信号综合法。它的数学模型可以用系统的输入/输出方程表示，也可以用系统的状态方程来表示。

2.2.1 用状态方程描述模型参考自适应系统

对于参考模型，可以用下列线性状态方程表示

$$\dot{\boldsymbol{x}}_m=\boldsymbol{A}_m\boldsymbol{x}_m+\boldsymbol{B}_m\boldsymbol{u},\quad \boldsymbol{x}_m(0)=\boldsymbol{x}_{m0} \tag{2.1}$$

式中，$\boldsymbol{x}_m$ 是模型的 n 维状态向量；$\boldsymbol{u}$ 是 m 维的分段连续的输入向量；$\boldsymbol{A}_m$ 和 $\boldsymbol{B}_m$ 分别为 $n\times n$ 和 $n\times m$ 的常数矩阵。

在设计中，参考模型必须是稳定的，并且是完全可控和可观测的。

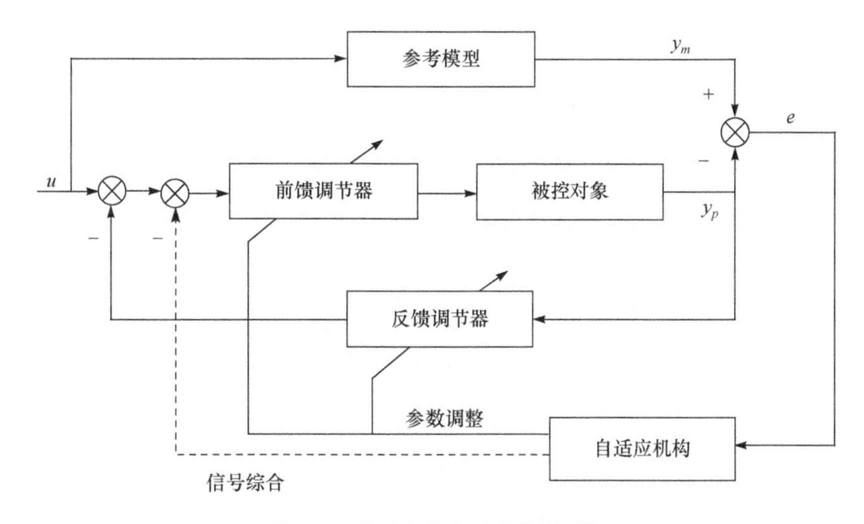

图 2.1　模型参考自适应控制系统

1. 参数调整式

参数调整式的模型参考自适应控制系统在图 2.1 中用实线标出自适应机构的输出信号流向，其中可调系统的状态方程可表示为

$$\begin{cases}\dot{\boldsymbol{x}}_p=\boldsymbol{A}_p(\boldsymbol{e},t)\boldsymbol{x}_p+\boldsymbol{B}_p(\boldsymbol{e},t)\boldsymbol{u}\\ \boldsymbol{x}_p(0)=\boldsymbol{x}_{p0},\quad \boldsymbol{A}_p(0,0)=\boldsymbol{A}_{p0},\quad \boldsymbol{B}_p(0,0)=\boldsymbol{B}_{p0}\end{cases}\tag{2.2}$$

式中，$\boldsymbol{x}_p$ 是可调系统的 n 维状态向量；$\boldsymbol{A}_p(\boldsymbol{e},t)$和$\boldsymbol{B}_p(\boldsymbol{e},t)$分别为 $n\times n$ 和 $n\times m$ 的时变矩阵，它们依赖于广义误差向量

$$\boldsymbol{e}=\boldsymbol{x}_m-\boldsymbol{x}_p\tag{2.3}$$

对于参数调整式的自适应控制系统，设计的任务是确定一个具体的自适应规律，依据广义误差向量按照这一特定的自适应规律来调节参数矩阵$\boldsymbol{A}_p(\boldsymbol{e},t)$和$\boldsymbol{B}_p(\boldsymbol{e},t)$。在系统稳定的情况下，这种调节作用将使广义误差向量 $\boldsymbol{e}$ 逐渐趋向零。为了使调节作用在广义误差向量逐渐趋向零时仍能维持，自适应规律一般常选为具有比例加积分的作用。这样，对可调参数的调节不仅取决于广义误差的实时值 $\boldsymbol{e}(t)$，而且依赖于它的过去值 $\boldsymbol{e}(\tau)$，$\tau\leqslant t$。具体来说，参数调整式的自适应规律常选择为

$$\boldsymbol{A}_p(\boldsymbol{e},t)=\boldsymbol{F}(\boldsymbol{e},\tau,t)+\boldsymbol{A}_{p0},\quad 0\leqslant\tau\leqslant t\tag{2.4}$$

$$\boldsymbol{B}_p(\boldsymbol{e},t)=\boldsymbol{G}(\boldsymbol{e},\tau,t)+\boldsymbol{B}_{p0},\quad 0\leqslant\tau\leqslant t\tag{2.5}$$

式中，$\boldsymbol{F}$ 和 $\boldsymbol{G}$ 表示在时间 $0\leqslant\tau\leqslant t$ 上，$\boldsymbol{A}_p(\boldsymbol{e},t)$与$\boldsymbol{B}_p(\boldsymbol{e},t)$和向量 $\boldsymbol{e}$ 之间的函数关系。常用下面的形式来表示

$$\boldsymbol{F}(\boldsymbol{e},\tau,t)=\int_0^t\boldsymbol{F}_1(\boldsymbol{v},\tau,t)\mathrm{d}\tau+\boldsymbol{F}_2(\boldsymbol{v},t)\tag{2.6}$$

$$\boldsymbol{G}(\boldsymbol{e},\tau,t)=\int_0^t\boldsymbol{G}_1(\boldsymbol{v},\tau,t)\mathrm{d}\tau+\boldsymbol{G}_2(\boldsymbol{v},t)\tag{2.7}$$

2. 信号综合式

在信号综合式的模型参考自适应系统中，在图 2.1 中用虚线标出了自适应机构的输出信号流向，其中可调系统的状态方程可表示为

$$\begin{cases}\dot{\boldsymbol{x}}_p=\boldsymbol{A}_p\boldsymbol{x}_p+\boldsymbol{B}_p\boldsymbol{u}+\boldsymbol{u}_a(\boldsymbol{e},t)\\ \boldsymbol{x}_p(0)=\boldsymbol{x}_{p0},\quad \boldsymbol{u}_a(0,0)=\boldsymbol{u}_{a0}\end{cases}\tag{2.8}$$

式中，$\boldsymbol{A}_p$ 和$\boldsymbol{B}_p$ 在运行过程中是可能因扰动作用而变化的，但相对于自适应过程来说，可以看成常数矩阵；而$\boldsymbol{u}_a(\boldsymbol{e},t)$是由广义误差 $\boldsymbol{e}$ 按照自适应规律综合而成的信号。

对于信号综合式的自适应系统，其自适应规律常选择

$$\boldsymbol{u}_a(\boldsymbol{e},t)=\boldsymbol{u}_s(\boldsymbol{e},\tau,t)+\boldsymbol{u}_a(0,0)\tag{2.9}$$

式中，$\boldsymbol{u}_s$ 表示在时间 $0\leqslant\tau\leqslant t$ 上$\boldsymbol{u}_a(\boldsymbol{e},t)$与广义误差向量 $\boldsymbol{e}$ 之间的函数关系。常用下面的形式来表示

$$\boldsymbol{u}_s(\boldsymbol{e},\tau,t)=\int_0^t\boldsymbol{u}_1(\boldsymbol{v},\tau,t)\mathrm{d}\tau+\boldsymbol{u}_2(\boldsymbol{v},t)\tag{2.10}$$

从式(2.6)、式(2.7)、式(2.10)可以看出，自适应规律选择为比例加积分的形式，它既起到按广义误差向量的即时调节作用，又具有记忆效应的调节作用。式(2.6)和式(2.7)中的符号 $\boldsymbol{v}=\boldsymbol{De}$，矩阵 $\boldsymbol{D}$ 被称为线性补偿器，所谓线性补偿器，就是为了满足系统的稳定性条件而引入的补偿环节。

2.2.2 用输入/输出方程描述模型参考自适应系统

当模型参考自适应系统用输入/输出方程来描述时，一般都用微分算子的形式表示，如参考模型的方程可表示为

$$N(p)y_m=M(p)u\tag{2.11}$$

式中，$p=\dfrac{\mathrm{d}}{\mathrm{d}t}$为微分算子；$N(p)$和 $M(p)$都是 p 的多项式，即

$$N(p)=\sum_{i=0}^n a_{mi}p^i\tag{2.12}$$

$$M(p)=\sum_{i=0}^n b_{mi}p^i\tag{2.13}$$

而 u 为标量输入信号；y_m 为标量输出信号；a_{mi} 和 b_{mi} 是参考模型输入/输出方程的常系数。

1. 参数调整式

对于参数调整式的自适应系统，并联可调系统的输入/输出方程为

$$N_p(p,t)y_p=M_p(p,t)u\tag{2.14}$$

$$N_p(p,t)=\sum_{i=0}^n a_{pi}(e,t)p^i\tag{2.15}$$

$$M_p(p,t)=\sum_{i=0}^n b_{pi}(e,t)p^i\tag{2.16}$$

式中，u 为系统的标量输入信号；y_p 为可调系统的输出信号；$a_{pi}(e,t)$ 和 $b_{pi}(e,t)$ 是可调系统的输入/输出方程的时变系数。这些系数由广义误差 e 按照自适应规律进行自适应修正，其中广义误差 e 的定义为

$$e=y_m-y_p \tag{2.17}$$

参数调整式的自适应规律的选择与用状态方程描述时相似，常采用下列形式

$$a_{pi}(e,t)=F_i(e,\tau,t)+a_{pi}(0,0) \tag{2.18}$$

$$b_{pi}(e,t)=G_i(e,\tau,t)+b_{pi}(0,0) \tag{2.19}$$

式中，$\tau\leqslant t$。

2. 信号综合式

对于信号综合式的自适应系统，并联可调系统的输入/输出方程为

$$N_p(p,t)y_p=M_p(p)[u+u_a(e,t)] \tag{2.20}$$

$$N_p(p)=\sum_{i=0}^{n}a_{pi}p^i \tag{2.21}$$

$$M_p(p)=\sum_{i=0}^{n}b_{pi}p^i \tag{2.22}$$

$$u_a(e,t)=u_s(e,\tau,t)+u_a(0,0),\quad 0\leqslant\tau\leqslant t \tag{2.23}$$

式(2.18)中的 $F_i(e,\tau,t)$、式(2.19)中的 $G_i(e,\tau,t)$ 和式(2.23)中的 $u_s(e,\tau,t)$ 都表示自适应控制规律，常常确定为比例加积分的形式，它既起到按广义误差向量的即时调节作用，又具有记忆效应的调节作用。

2.2.3 模型参考自适应系统的误差方程

通过前面的分析，图 2.1 所示的模型参考自适应控制系统的主要信息来源是广义误差 $\boldsymbol{e}$(或 ε)。另外，也表明了模型参考自适应控制系统的完全渐近收敛，这意味着对任意初始条件都存在 $\lim\limits_{t\to\infty}\boldsymbol{e}(t)=0$，也就是说，由 $\boldsymbol{e}$ 表示的误差方程所构成的新闭环系统必须是渐近稳定的。由此可见，误差方程是模型参考自适应系统分析设计的重要依据。

根据前面的推导，参数可调的模型参考自适应系统的误差方程可以写成

$$\dot{\boldsymbol{e}}=\boldsymbol{A}_m\boldsymbol{e}+[\boldsymbol{A}_m-\boldsymbol{A}_{p0}-\boldsymbol{F}(\boldsymbol{e},\tau,t)]\boldsymbol{x}_p+[\boldsymbol{B}_m-\boldsymbol{B}_{p0}-\boldsymbol{G}(\boldsymbol{e},\tau,t)]\boldsymbol{u} \tag{2.24}$$

将式(2.6)、式(2.7)代入式(2.24)，即得

$$\begin{aligned}\dot{\boldsymbol{e}}=\boldsymbol{A}_m\boldsymbol{e}&+\left[\boldsymbol{A}_m-\boldsymbol{A}_{p0}-\int_0^t\boldsymbol{F}_1(\boldsymbol{v},\tau,t)\mathrm{d}\tau-\boldsymbol{F}_2(\boldsymbol{v},t)\right]\boldsymbol{x}_p\\&+\left[\boldsymbol{B}_m-\boldsymbol{B}_{p0}-\int_0^t\boldsymbol{G}_1(\boldsymbol{v},\tau,t)\mathrm{d}\tau-\boldsymbol{G}_2(\boldsymbol{v},t)\right]\boldsymbol{u}\end{aligned} \tag{2.25}$$

令上式中右边后两项等于 $\boldsymbol{\omega}_1$，则并联模型参考自适应系统可用下列一组方程来描述

$$\begin{cases}\dot{\boldsymbol{e}}=\boldsymbol{A}_m\boldsymbol{e}+\boldsymbol{\omega}_1\\ \boldsymbol{v}=\boldsymbol{D}\boldsymbol{e}\\ \boldsymbol{\omega}=-\boldsymbol{\omega}_1=\left[\int_0^t\boldsymbol{F}_1(\boldsymbol{v},\tau,t)\mathrm{d}\tau+\boldsymbol{F}_2(\boldsymbol{v},t)+\boldsymbol{A}_{p0}-\boldsymbol{A}_m\right]\boldsymbol{x}_p\\ \qquad+\left[\int_0^t\boldsymbol{G}_1(\boldsymbol{v},\tau,t)\mathrm{d}\tau-\boldsymbol{G}_2(\boldsymbol{v},t)+\boldsymbol{B}_{p0}-\boldsymbol{B}_m\right]\boldsymbol{u}\end{cases} \tag{2.26}$$

根据上述方程组，可以绘出并联模型参考自适应系统的等价框图，如图 2.2 所示。由图可见，它由两部分组成，一部分为线性部分，其输入为$\boldsymbol{\omega}_1$，输出为 $\boldsymbol{v}$；另一部分为时变非线性反馈部分，它的输入为 $\boldsymbol{v}$，输出为 $\boldsymbol{\omega}$。

为了方便，常将图 2.2(a)简化成图 2.2(b)的简单形式。对于可用这种形式等价的时变非线性反馈系统的稳定性理论问题，波波夫曾作了充分的研究，得出的结论是：如果非线性时变部分满足某些条件(波波夫积分不等式)，则反馈系统的稳定性仅由线性部分的特征(正实性质)所决定。

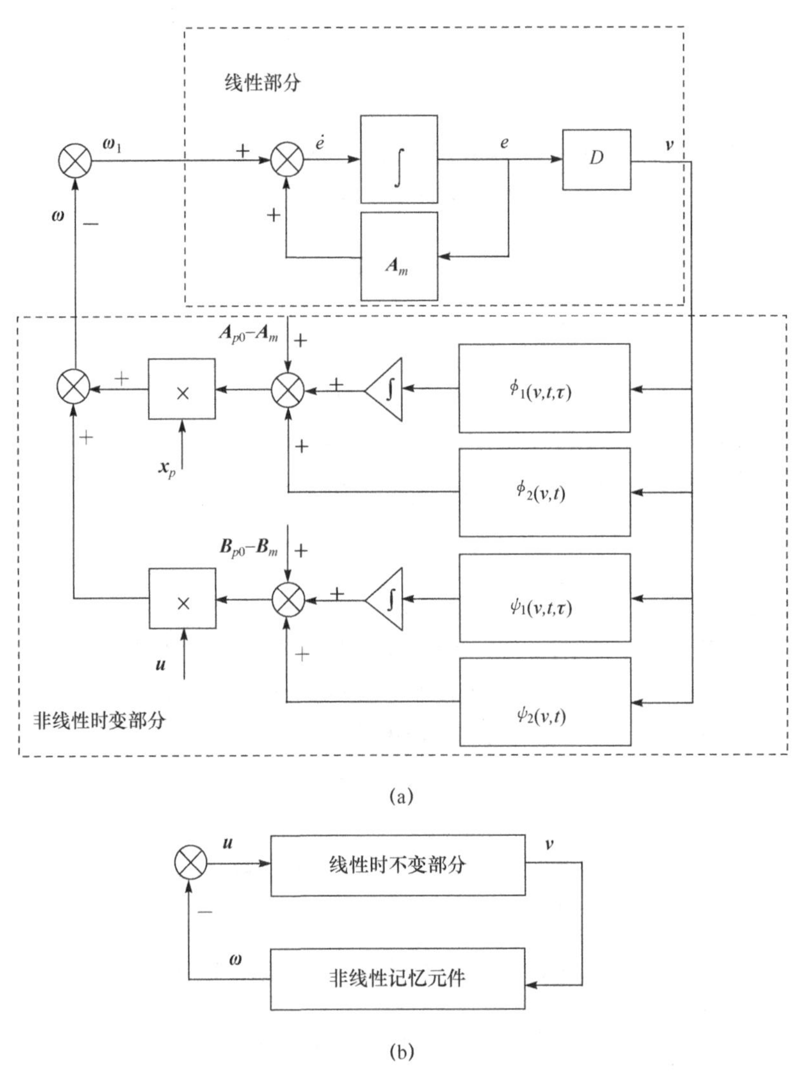

图 2.2　并联模型参考自适应系统等价框图

这样，把研究时变非线性反馈系统的稳定性转化为仅用线性部分的特征来描述，就将一个十分复杂的问题转化为可以用比较简单的方法来解决了。这就是波波夫提出的超稳定性理论的重要贡献。关于用波波夫超稳定性理论设计模型参考自适应系统的具体方法将在本书第 4 章进行详细讨论。

2.3 模型参考自适应控制系统设计的假设条件

模型参考自适应控制系统是常用自适应控制系统的重要类型之一。对于这类自适应控制系统人们已经提出了多种设计方法，有的比较成熟，有的还正在发展尚待完善。从工程实践的观点出发，总希望所设计出的系统在运行性能和复杂程度之间得到较好的权衡。为了简化系统的适应环节，常尽量使所确定的自适应规律不需要线性或非线性方程的实时解。

于是把模型参考自适应控制系统的设计问题看作为系统的状态或参数偏离其平衡位置(由$\boldsymbol{x}_p=\boldsymbol{x}_m$，$\boldsymbol{A}_p=\boldsymbol{A}_m$，$\boldsymbol{B}_p=\boldsymbol{B}_m$ 确定)而进行自动调整的问题。同样研究图 2.2 所示模型参考自适应控制系统，设参考模型的方程为

$$\dot{\boldsymbol{x}}_m=\boldsymbol{A}_m\boldsymbol{x}_m+\boldsymbol{B}_m\boldsymbol{u} \tag{2.27}$$

可调系统的方程为

$$\dot{\boldsymbol{x}}_p=\boldsymbol{A}_p(\boldsymbol{e},t)\boldsymbol{x}_p+\boldsymbol{B}_p(\boldsymbol{e},t)\boldsymbol{u} \tag{2.28}$$

参数偏差为

$$\phi(t)=\boldsymbol{A}_m-\boldsymbol{A}_p(\boldsymbol{e},t) \tag{2.29}$$

$$\psi(t)=\boldsymbol{B}_m-\boldsymbol{B}_p(\boldsymbol{e},t) \tag{2.30}$$

它们在 $t=t_0$ 时的未知初始偏差为

$$\phi(t_0)=\boldsymbol{A}_m-\boldsymbol{A}_{p0} \tag{2.31}$$

$$\psi(t_0)=\boldsymbol{B}_m-\boldsymbol{B}_{p0} \tag{2.32}$$

初始的广义状态误差向量为

$$\boldsymbol{e}(t_0)=\boldsymbol{x}_m(t_0)-\boldsymbol{x}_p(t_0) \tag{2.33}$$

求出不依赖于初始偏差的自适应规律，进行自动调整，保证达到由下列方程所定义的完全渐近适应

$$\lim_{t\to\infty}[\boldsymbol{x}_m(t)-\boldsymbol{x}_p(\boldsymbol{e},t)]=\lim_{t\to\infty}\boldsymbol{e}(t)=0 \tag{2.34}$$

$$\lim_{t\to\infty}\boldsymbol{A}_p(\boldsymbol{e},t)=\boldsymbol{A}_m \tag{2.35}$$

$$\lim_{t\to\infty}\boldsymbol{B}_p(\boldsymbol{e},t)=\boldsymbol{B}_m \tag{2.36}$$

同时对任意分段连续的输入向量函数 $\boldsymbol{u}$，都能使下列二次型性能指标

$$J=\int_0^{\infty}[\boldsymbol{e}^{\mathrm{T}}\boldsymbol{P}\boldsymbol{e}+\mathrm{tr}(\phi^{\mathrm{T}}\boldsymbol{R}_1^{-1}\phi)+\mathrm{tr}(\psi^{\mathrm{T}}\boldsymbol{R}_2^{-1}\psi)]\mathrm{d}t \tag{2.37}$$

取极小值。

因为模型参考自适应系统是时变非线性的闭环系统，用直接求解它的方程寻求自适应规律是比较困难的。目前一般采用下列两个步骤寻求自适应规律。

步骤 1 找出保证系统能完全渐近适应的各种结构。

步骤 2 根据使式(2.37)为极小值或其他性能指标来选择系统结构和结构参数。

上述完全渐近适应的提法可以理解为渐近稳定性的问题。可以把 $\boldsymbol{e}$ 定义为一个新系统的状态向量，故在给定任意初值 $\boldsymbol{e}(0)$时，为使$\lim\limits_{t\to\infty}\boldsymbol{e}(t)=0$，系统必须是全局渐近稳定的。同时要进一步确定在什么样的条件下也能保证以下两个等式成立

$$\lim_{t\to\infty}\boldsymbol{A}_p(\boldsymbol{e},t)=\boldsymbol{A}_m \tag{2.38}$$

$$\lim_{t\to\infty}\boldsymbol{B}_p(\boldsymbol{e},t)=\boldsymbol{B}_m \tag{2.39}$$

由此可见，稳定性理论是设计模型参考自适应控制系统的有力工具。根据稳定性理论进行自适应系统的设计，既可以保证闭环系统的稳定性，常常也可以获得自适应规律较大的选择范围，也就是说，可以根据特定的性能指标寻找最合适的自适应规律。

为了获得良好的适应性能，式(2.37)中的各个加权矩阵 $\boldsymbol{P}$、$\boldsymbol{R}_1$ 和$\boldsymbol{R}_2$ 将根据对自适应系统的不同要求作不同的选择。对适应式模型跟随系统，主要着眼于广义误差 $\boldsymbol{e}(t)$，因而对 $\boldsymbol{P}$ 要给予较重的加权。而在具有可调模型的参数自适应辨识系统中，对式(2.37)中的后两项较为重视，应让这两项起重要作用，故对$\boldsymbol{R}_1$ 和$\boldsymbol{R}_2$ 要给予较重的加权。

另外值得指出的是，在进行理想的模型参考自适应系统设计时，往往要对实际的复杂系统作某些合理的简化，以便在一定的精确程度下，可以用比较简单的方法来处理问题。为此常常提出如下一些假定条件。

假定 2.1 参考模型是线性时不变系统，而且是完全可控和完全可观测的。

假定 2.2 参考模型和可调系统的维数是相同的。

假定 2.3 在参数调整式自适应系统中，可调系统的全部参数都是可以被调节的。

假定 2.4 在自适应的调整过程中，可调系统的参数仅依赖于自适应机构。

假定 2.5 参考模型的参数与可调系统的参数之间的初始偏差是未知的。

假定 2.6 广义误差向量和输出误差向量是可以测得的。

上面这组假定常称为理想情况，虽然实际情况往往和理想情况之间存在不同程度的差异，然而按照理想情况所取得的结果，根据具体的实际情况再作一些必要的补充和修正，就可推广应用到某些局部理想条件不成立的系统，从而使得问题较易获得解决。

前面概要地叙述了模型参考自适应系统设计的一些基本问题，至于怎样具体地进行模型参考自适应系统的设计，如何确定自适应规律，目前较常用的有三种基本方法：局部参数最优化的设计方法、直接应用李雅普诺夫函数的设计方法和基于正实性原理和超稳定性理论的设计方法。这些将在后面章节进行详细讨论。

2.4 具有可调增益的模型参考自适应系统的设计

模型参考自适应控制系统中，用理想模型代表期望的动态特征，可使被控系统的特征与理想模型一致。假设在可调系统中有若干可以调整的参数，例如，增益或反馈补偿网络中的参数，当外界条件发生变化或出现干扰时，被控对象的特征也会发生相应的变化，通过检测出实际系统与理想模型之间的误差，由自适应机构对可调系统的参数进行调整，补偿外界环境或其他干扰对系统的影响，逐步使性能指标 $\boldsymbol{J}(\theta)$达到最小值。

这里所说的性能指标是理想模型与实际系统之间的广义误差的某个函数，显然，这个性能指标也是可调系统中可调参数的函数。因此，可以把性能指标 $\boldsymbol{J}$ 看作可调系统参数空间的一个超曲面，θ 表示可调参数空间。

局部参数最优化理论的设计方法，其实质就是用非线性规划的有关算法来寻找参数空间中的最优化参数，使性能指标达到最小值或使它处于最小值的某一个邻域之中。常用的参数最优化方法有最速下降法、牛顿-拉弗森法、共轭梯度法、变尺度法等。

美国麻省理工学院科研人员首先利用局部参数最优化方法设计出了世界上第一个真正意义上的自适应控制律，故又常简称 MIT 自适应规律。

2.4.1 MIT 方案问题提出

具有可调增益的模型参考自适应控制系统结构如图 2.3 所示。系统中理想模型的增益 k 为常数，被控系统的增益 k_v 在外界环境发生变化或有其他干扰出现时可能会受到影响而产生变化，从而使其动态特征发生偏离，也就是说，使得被控系统的特征与理想模型的特征之间产生偏差。而 k_v 的变化是不可测量的，这种特性之间的偏差反映在广义误差 e 上。为了消除或降低由于 k_v 的变化所造成的影响，在控制系统中增加了一个可调增益 k_c 来补偿 k_v 的变化。现在的任务是设计自适应机构来实时地调整 k_c，使 k_c 与 k_v 的乘积始终与理想型的增益 k 一致。

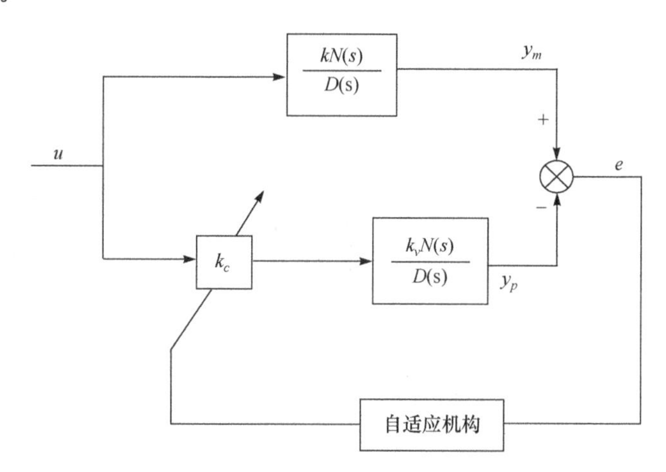

图 2.3　具有可调增益的模型参考自适应控制系统

2.4.2 MIT 方案自适应控制律推导

设理想模型的传递函数为

$$G_m(s)=\frac{kN(s)}{D(s)} \tag{2.40}$$

被控系统的传递函数为

$$G_p(s)=\frac{k_vN(s)}{D(s)} \tag{2.41}$$

定义广义误差

$$e=y_m-y_p \tag{2.42}$$

式中，y_m 为理想模型的输出；y_p 为被控系统的输出；广义误差 e 为当参考模型与被控系统的输入信号同为 u 时，理想模型的响应与被控系统的响应之间的偏差。

选取性能指标泛函为

$$J=\frac{1}{2}\int_{t_0}^{t}e^2(\tau)\mathrm{d}\tau \tag{2.43}$$

通过调整可调增益 k_c 使性能指标 J 达到最小值。若采用梯度法寻优，则首先求出 J 对 k_c 的梯度

$$\frac{\partial J}{\partial k_c}=\int_{t_0}^{t} e(\tau)\frac{\partial e(\tau)}{\partial k_c}\mathrm{d}\tau \tag{2.44}$$

根据梯度法可知，k_c 值应沿梯度下降的方向移动，在一定的步距下，k_c 的变化量 Δk_c 将取

$$\Delta k_c=-\lambda\frac{\partial J}{\partial k_c}=-\lambda\int_{t_0}^{t} e(\tau)\frac{\partial e(\tau)}{\partial k_c}\mathrm{d}\tau \tag{2.45}$$

式中，$\lambda>0$；调整后的 k_c 为

$$k_c=-\lambda\int_{t_0}^{t} e(\tau)\frac{\partial e(\tau)}{\partial k_c}\mathrm{d}\tau+k_{c0} \tag{2.46}$$

式中，k_{c0} 为可调增益 k_c 的初始值，$\Delta k_c=k_c-k_{c0}$。

为了获得调整 k_c 的自适应规律，式(2.46)两边对时间 t 求导得

$$\dot{k}_c=-\lambda e(t)\frac{\partial e(t)}{\partial k_c} \tag{2.47}$$

由式(2.47)可见，为了获得调整 k_c 的自适应规律 $\dot{k}_c$，必须计算 $\frac{\partial e(t)}{\partial k_c}$，由图 2.3 可以看出，这种类型自适应控制系统的开环传递函数为

$$\frac{E(s)}{U(s)}=\frac{(k-k_c k_v)N(s)}{D(s)} \tag{2.48}$$

将式(2.48)变形为

$$D(s)E(s)=(k-k_c k_v)N(s)U(s) \tag{2.49}$$

将频域方程式(2.49)进行拉氏反变换为时域方程

$$D(p)e(t)=(k-k_c k_v)N(p)u(t) \tag{2.50}$$

式中，p 为微分算子。将方程两边对 k_c 求导数得

$$D(p)\frac{\partial e(t)}{\partial k_c}=-k_v N(p)u(t) \tag{2.51}$$

而理想模型的输出与输入之间有下列关系

$$D(p)y_m(t)=kN(p)u(t) \tag{2.52}$$

由式(2.51)和式(2.52)可知，$\frac{\partial e(t)}{\partial k_c}$ 和 $y_m(t)$ 成比例关系。为了抗干扰，实际系统中常避免使用微分信号 $\frac{\partial e(t)}{\partial k_c}$，而采用理想模型的输出 y_m，两者之间仅相差一个比例常数，所以由式(2.47)有

$$\dot{k}_c=\mu e y_m \tag{2.53}$$

式中，$\mu=\lambda\frac{k_v}{k}$，这就是可调增益 k_c 的调节规律，也就是系统的自适应规律。

这种设计方法最先是由美国麻省理工学院提出的，故又常称为 MIT 自适应规律。由式(2.53)可以看出，为实现这种自适应规律，自适应机构由一个积分器和一个乘法器所组成，可用图 2.4 来表示。

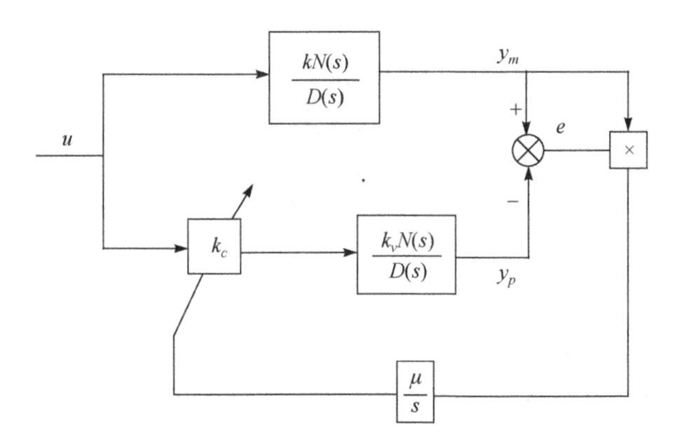

图 2.4 MIT 自适应控制方案

这样综合出来的模型参考闭环自适应系统的数学模型可用下列方程组来描述

$$\begin{cases} D(p)e(t)=(k-k_c k_v)N(p)u(t) \\ D(p)y_m(t)=kN(p)u(t) \\ \dot{k}_c=\mu e(t)y_m(t) \end{cases} \tag{2.54}$$

式中,第一个方程为开环广义误差方程;第二个方程为理想参考模型方程;第三个方程为可调增益的自适应调整规律。凡是用可调增益来构成自适应系统的都可直接利用上述数学模型。

2.4.3 MIT 方案存在的问题

从前面 MIT 方法的推导过程来看,在寻求自适应规律的过程中,没有考虑到系统的稳定性问题。因此,对具体系统来说,获得式(2.54)后,为了确保广义误差 $e(t)$在自适应调节过程中能逐渐收敛到某一个允许的值,还必须进行稳定性校验。

2.4.4 MIT 方案数字算例

例 2.1 设有一个一阶系统,其传递函数为

$$G(s)=\frac{k}{1+Ts}$$

根据上述 MIT 规律设计的闭环自适应系统为

$$\begin{cases} T\dot{e}+e=(k-k_v k_c)r(t) \\ T\dot{y}_m+y_m=kr(t) \\ \dot{k}_c=\mu e y_m \end{cases} \tag{2.55}$$

假设在 $t=t_0$ 时,y_m 与 y_p 均为零,$k_v k_c\neq k$,当输入一个幅度为 R 的阶跃信号,且假定 $t\geqslant t_0$后 k_v 仍为常数,现对 k_c 进行调整,则有

$$y_m=kR[1-\mathrm{e}^{-t/T}] \tag{2.56}$$

$$\dot{k}_c=\mu ekR[1-\mathrm{e}^{-t/T}] \tag{2.57}$$

由式(2.56)和式(2.57)可以推得广义误差 e 的动态方程

$$T\ddot{e}+\dot{e}=-k_v\dot{k}_c R=-kk_v R^2\mu e[1-\mathrm{e}^{-t/T}] \tag{2.58}$$

亦可写成

$$T\ddot{e}+\dot{e}+kk_vR^2\mu e[1-\mathrm{e}^{\ t/T}]=0 \tag{2.59}$$

可见，当 $t\to\infty$ 时，式(2.59)中第三项中 e 的系数将趋向于 $kk_vR^2\mu$，则有

$$T\ddot{e}+\dot{e}+kk_vR^2\mu e=0 \tag{2.60}$$

根据经典控制理论中的劳斯判据可以知道，对于一个二阶系统，式(2.60)的系数都大于零，因而是稳定的。$t\to\infty$ 时，$e\to0$，且 $k_c\to k/k_v$。

分析例 2.1 可以得到以下结论。

(1) 对一阶系统来说，按 MIT 规则设计的闭环自适应系统是稳定的。

(2) 其跟踪速度或自适应速度是以指数规律增长的。从理论上讲，$t\to\infty$ 时，$e\to0$。

所以自适应的速度相对来说是比较慢的。但是在实际应用中，并不一定要求 e 完全等于零。当 e 进入 $|e|\leqslant\delta$（δ 为一个很小的选定值）的范围后，就可认为系统已经跟上模型了。在这种意义下，自适应调整时间还是有限的。

例 2.2 一个二阶系统的传递函数为

$$G(s)=\frac{k}{a_2s^2+a_1s+1}$$

按 MIT 方法设闭环自适应系统。

直接根据式(2.54)写出闭环自适应控制系统的数学模型为

$$\begin{cases}a_2\ddot{e}+a_1\dot{e}+e=(k-k_vk_c)r(t)\\ a_2\ddot{y}_m+a_1\dot{y}_m+y_m=kr(t)\\ \dot{k}_c=\mu\cdot e\cdot y_m\end{cases} \tag{2.61}$$

设在 $t=t_0$ 时，k_c 的初始值为 k_{c0}，输入一个幅值为 R 的阶跃信号，当 y_m 与 y_p 都已达到稳定值 kR 和 $k_vk_{c0}R$ 时，闭合自适应回路，这时广义误差 e 的动态方程为

$$a_2\dddot{e}+a_1\ddot{e}+\dot{e}=-k_vR\mu ekR \tag{2.62}$$

即

$$a_2\dddot{e}+a_1\ddot{e}+\dot{e}+kk_v\mu R^2e=0 \tag{2.63}$$

式(2.63)实际上是一个三阶系统，根据劳斯判据，欲使该自适应闭环系统稳定，必须满足

$$a_1>a_2kk_v\mu R^2 \tag{2.64}$$

反之，系统就会不稳定。由此可见，对本例二阶系统自适应控制来说，如果自适应增益 μ 取得过大，或者输入信号的幅值 R 过大，都可能使得系统不稳定。为了确保系统稳定，除了限制输入信号的幅值外，一般应选较小的自适应增益 μ 的值。不难看出，这样的自适应系统自适应速度也就比较慢了。

分析例 2.2 可以知道，MIT 规则比较简单，也比较容易实现，但是使用时必须十分注意，以防系统出现不稳定现象。

2.4.5 MIT 方案应用实例

例 2.3 飞机座舱环控系统自适应控制设计及仿真研究。

航空航天科学的发展对人员和设备的安全可靠性、舒适性提出了更高的要求，因而促进了飞行器环境工程的发展。为获得更好的动态性能，不仅要对温控系统在稳定状态下进行研究，而且要对系统的动态工作情况进行研究。飞机在飞行过程中，外界环境变

化很大，座舱环控系统的工作条件恶劣，依靠传统的控制理论难以保证控制质量，自适应控制具有良好的动态性能，广泛应用于工程设计中，本例主要利用自适应控制的基本原理来对环控系统综合性能进行优化设计。在研究中根据系统的模型，研究环控系统各零部件对系统总体性能的影响，分析系统的结构参数，并提出改进措施。根据仿真结果对系统的综合性能作出评价。

本例采用连续性座舱温度控制系统，这种系统在现代飞机中使用较广泛，其调节范围大，调节时间短，稳态误差小，性能比较优异。研究连续性座舱温度控制系统有重要的现实意义，但由于环控系统造价昂贵，试验费用高，采用传统控制方法难以得到预期的效果，而利用自适应控制进行设计具有研究成本低、试验周期短的特点，能够高效地研究系统的特性。本例以 MIT 方案为基础进行自适应控制律设计。

飞机座舱环控系统的理想传递函数为

$$G_m(s)=\frac{0.92}{7200s^2+380s+1} \tag{2.65}$$

可调系统的控制模型为

$$G_p(s)=\frac{k_c k_v}{7200s^2+380s+1} \tag{2.66}$$

将式(2.65)、式(2.66)应用上述 MIT 方案，代入式(2.54)可以得到该飞机座舱环控系统的自适应控制模型

$$\begin{cases}7200\ddot{e}+380\dot{e}+e=(0.92-k_c k_v)\cdot u\\ 7200\ddot{y}_m+380\dot{y}_m+y_m=0.92\cdot u\\ \dot{k}_c=\mu\cdot e\cdot y_m\end{cases} \tag{2.67}$$

假设该系统输入信号 u 为阶跃信号，幅值为 10，k_v 的可能变化范围为 0.6～1.2，根据式(2.67)可以得到

$$7200\dddot{e}+380\ddot{e}+\dot{e}+0.92k_v\mu u^2 e=0 \tag{2.68}$$

形如式(2.68)的方程可以看作一个三阶系统，根据劳斯判据，欲使该自适应闭环系统稳定，μ 必须满足

$$\mu<5.73\times10^{-4}k_v^{-1} \tag{2.69}$$

也就是说，由 k_v 的变化范围可知，系统稳定的条件是

$$\mu<4.77\times10^{-4} \tag{2.70}$$

对该飞机座舱环控自适应控制系统运用 MATLAB 软件中的 Simulink 模拟系统进行仿真实验验证，仿真图如图 2.5 所示。

系统输入 $u=10$，分别取 $\mu=1.0\times10^{-4}$ 和 1.5×10^{-5}，系统输出分别如图 2.6 和图 2.7 所示，从图中可以看出，系统稳定，这是因为这两个 μ 值均满足稳定性条件。

按照 MIT 理论，如果自适应增益 μ 取得过大，或者输入信号的幅值 R 过大，都可能使系统不稳定。

从例 2.3 可以看出，为了保证稳定性，除了限制输入信号的幅值之外，一般应选取较小的自适应增益。对于 MIT 方案来说，进行稳定性的判断是必要的。

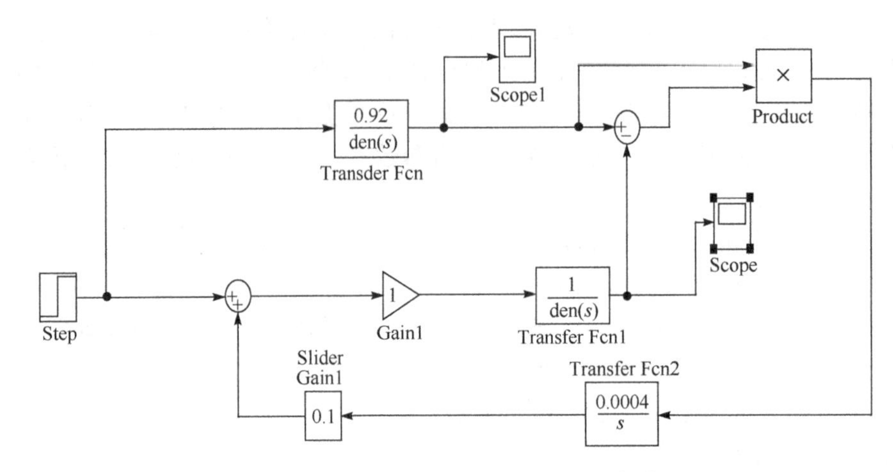

图 2.5　飞机座舱环控自适应控制系统仿真图

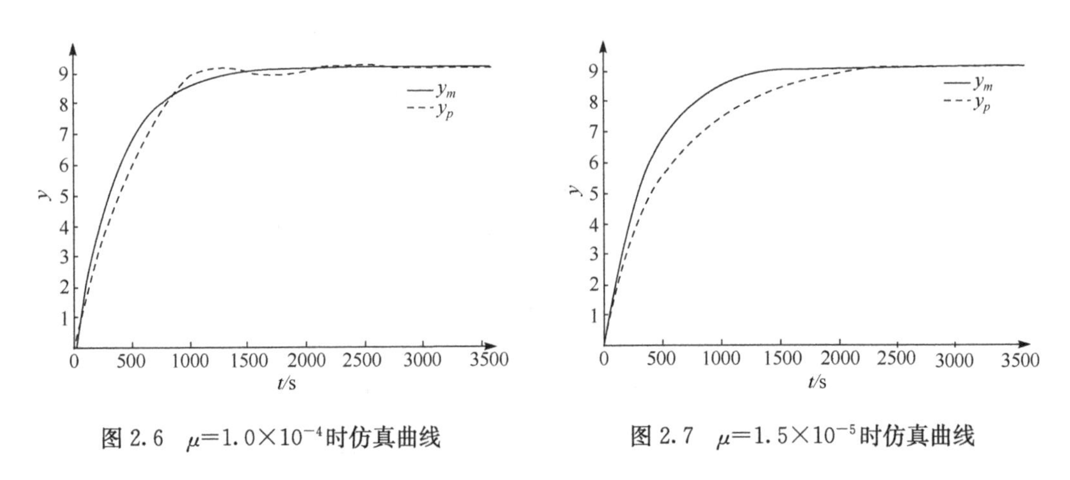

图 2.6　$\mu=1.0\times10^{-4}$时仿真曲线　　　图 2.7　$\mu=1.5\times10^{-5}$时仿真曲线

例 2.4　阻尼器-质量块控制减振系统的自适应控制律设计。

在振动问题中比较常见就是弹簧质量块系统，如图 2.8 所示，由于基础激励 Y 的影响，将引起上面质量块 M 的振动，现要求通过自适应控制使质量块的振动很小。本例是通过控制磁流变阻尼器(简称 MR 阻尼器)来减小振动的，它是一个高度非线性的作动器，在这里不考虑它的具体工作机理，只要知道它能够生成一个控制力 f，这个控制力作用于质量块 M。

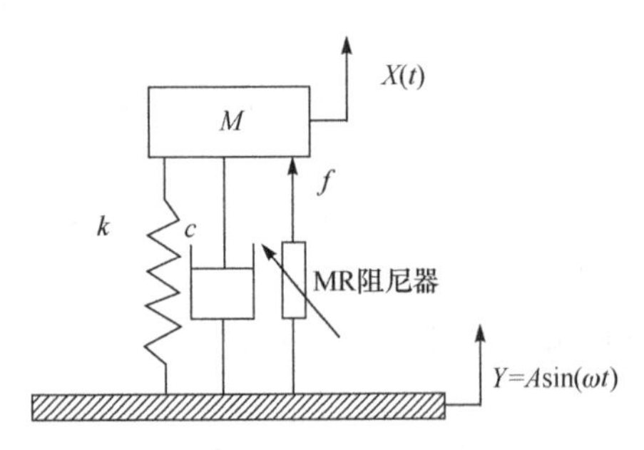

图 2.8　阻尼器-质量块减振系统

图 2.8 系统的数学模型为

$$m\ddot{x}+c\dot{x}+kx=-m\ddot{Y}+f \tag{2.71}$$

式中，$m=100\text{kg}$；$c=15\text{N}\cdot\text{s/m}$；$k=1000\text{N/m}$；系统扰动 $Y=3\sin(5\pi t)$；参考输入为 f。

阻尼器-质量块减振系统自适应控制闭环结构图仍为图 2.4。当 Y 为 0 时，即没有干扰时，理想模型是

$$G_M(s)=\frac{kN(s)}{D(s)}=\frac{1}{100s^2+15s+1000} \tag{2.72}$$

将式(2.71)变形为

$$m\ddot{x}+c\dot{x}+kx=f\left(\frac{-m\ddot{Y}}{f}+1\right) \tag{2.73}$$

则被控对象的模型是

$$G_P(s)=\frac{k_v N(s)}{D(s)}=\frac{\frac{-m\ddot{Y}}{f}+1}{100s^2+15s+1000} \tag{2.74}$$

将式(2.72)、式(2.73)应用上述 MIT 方案,代入式(2.54)可以得到该阻尼器-质量块减振系统的自适应控制模型式(2.75),其中 $\mu=\lambda\frac{k_v}{k}$,λ 为梯度法寻优时的调整因子

$$\begin{cases}100\ddot{e}+15\dot{e}+1000e=(1-k_v k_c)f(t)\\ 100\ddot{y}_m+15\dot{y}_m+1000y_m=f(t)\\ \dot{k}_c=\mu\cdot e\cdot y_m\end{cases} \tag{2.75}$$

这时广义误差动态方程为

$$100\dddot{e}+15\ddot{e}+1000\dot{e}=-k_v f(t)\mu e f(t) \tag{2.76}$$

整理上式得

$$100\dddot{e}+15\ddot{e}+1000\dot{e}+k_v\mu f^2 e=0 \tag{2.77}$$

形如式(2.77)的方程可以看作一个三阶系统,根据劳斯判据,欲使该自适应闭环系统稳定,必须满足

$$\mu<\frac{0.15}{k_v\cdot f^2} \tag{2.78}$$

根据式(2.78)可知,只要 k_v 和 f 为固定值,减振系统自适应控制规律中 μ 的取值范围就定了,且一定能保证系统是稳定的。

例 2.5 双容水槽自适应控制系统设计。

双容水槽控制系统如图 2.9 所示,利用 MIT 方案为双容水槽设计自适应控制系统,以达到对双容水槽的自动校正,使水槽流量稳定在要求的范围内。

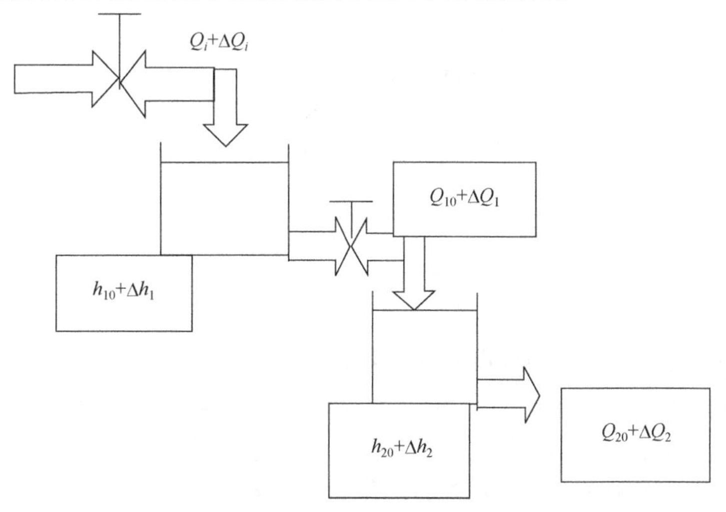

图 2.9 双容水槽控制系统

针对由两个串联单容水槽构成的双容水槽 MIT 控制问题，其输入量为调节阀 1 产生的阀门开度变化 Δu，输出量为第二水槽的液位增量 Δh_2。在水流增量、水槽液位增量及液阻之间，经平衡点线性化整理后可得双容水槽的微分方程

$$T_1 T_2 \frac{\mathrm{d}^2 \Delta h_2}{\mathrm{d}t^2} + (T_1 + T_2) \frac{\mathrm{d}\Delta h_2}{\mathrm{d}t} + \Delta h_2 = k_v \Delta u \tag{2.79}$$

式中，$T_1 = R_1 C_1$ 为第一个水槽的时间常数，$T_2 = R_2 C_2$ 为第二个水槽的时间常数，C_1 和 C_2 为两个液槽的容量系数，R_1 和 R_2 为两个液槽的液阻；k_v 为双容水槽的传递系数。在零初始条件下，对上式进行拉氏变换，得双容水槽的传递系数

$$G_p(s) = \frac{k_v}{T_1 T_2 s^2 + (T_1 + T_2)s + 1} \tag{2.80}$$

式中，传递系数 k_v 受到外界环境的影响比较大，会发生一定的变化，设计针对可变增益 k_v 的 MIT 方案，可达到自适应控制的目的。

设参考模型

$$G_m(s) = \frac{k_0}{a_2 s^2 + a_1 s + 1} \tag{2.81}$$

将式(2.79)、式(2.80)应用上述 MIT 方案代入式(2.54)，可以得到该双容水槽控制系统的自适应控制模型

$$\begin{cases} a_2 \ddot{e} + a_1 \dot{e} + e = (k_0 - k_c k_v)\Delta u \\ a_2 \Delta \ddot{h}_{2m} + a_1 \Delta \dot{h}_{2m} + \Delta h_{2m} = k_0 \Delta u \\ \dot{k}_c = \mu \cdot e \cdot \Delta h_{2m} \end{cases} \tag{2.82}$$

假设 $T_1 = T_2 = 21$，$k_0 = 0.2$，对被控系统按照上述 MIT 方案进行调节，假设输入信号 u 为阶跃信号，幅值为 1，k_v 的可能变化范围为 0.12～0.30，利用式(2.82)可以得到

$$\begin{cases} 315\ddot{e} + 36\dot{e} + e = (0.2 - k_c k_v)\Delta u \\ 315\Delta \ddot{h}_{2m} + 36\Delta \dot{h}_{2m} + \Delta h_{2m} = 0.2\Delta u \\ \dot{k}_c = \mu \cdot e \cdot \Delta h_{2m} \end{cases} \tag{2.83}$$

假设在系统达到稳定时闭合自适应回路，这时

$$315\dddot{e} + 36\ddot{e} + \dot{e} + 0.2 k_v \mu \Delta u^2 e = 0 \tag{2.84}$$

形如式(2.84)的方程可以看作一个三阶系统，根据劳斯判据，欲使该自适应闭环系统稳定，必须满足

$$\mu < 0.57 k_v^{-1} \tag{2.85}$$

也就是说，根据 k_v 的变化范围可知，系统稳定的条件是

$$\mu < 1.9 \tag{2.86}$$

例 2.6 电磁振动给料机自适应控制系统设计。

电磁振动给料机是自动加工与自动装配系统中一种常用的自动供料装置，由于同其他上料机相比它具有上料效率高、整列定向性能好、工作稳定可靠、结构简单、工件间相互摩擦小、不易损伤物料、通用性好、改换品种方便、供料速度容易调节等优点，因而被广泛应用于轻工、电子产品、医药、食品等行业。

电磁振动给料机存在的主要问题是如何提高物料的输送效率、降低功耗、提高自动化程度，尤其是振幅的精确控制。本例采用 MIT 方案来设计电磁振动给料机振幅的自适应控制系统。

(1) 参考模型的选择。

振动给料机的传递函数可写成

$$G(s)=\frac{X(s)}{F(s)}=\frac{1}{ms^2+cs+k} \tag{2.87}$$

被控系统可写为

$$G_p(s)=\frac{K}{ms^2+cs+k}=\frac{b_0}{s^2+a_1s+a_2} \tag{2.88}$$

根据被控对象的模型，选择参考模型为

$$G_m(s)=\frac{\overline{b_0}}{s^2+\overline{a_1}s+\overline{a_2}} \tag{2.89}$$

式中，$\overline{a_1}$、$\overline{a_2}$、$\overline{b_0}$可以通过技术指标要求得到。

(2) MIT 控制器的设计。

整个控制系统采用速度作为反馈控制器，其传递函数为 q_0s+q_1，使用前置滤波器 f 可得控制规律 $u=fr-q_0\dot{y}_p-q_1y_p$，此时基本回路的传递函数为

$$G_r(s)=\frac{y_p}{r}=\frac{fb_0}{s^2+(a_1+b_0q_0)s+(a_2+b_0q_1)} \tag{2.90}$$

基本回路的可调增益分别为

$$f=\lambda_1\int_0^t e(t)\frac{\partial y_p}{\partial f}\mathrm{d}t,\quad q_0=\lambda_2\int_0^t e(t)\frac{\partial y_p}{\partial q_0}\mathrm{d}t,\quad q_1=\lambda_3\int_0^t e(t)\frac{\partial y_p}{\partial q_1}\mathrm{d}t \tag{2.91}$$

上述方程中的灵敏度函数分别可以经过相应的求导和近似得到

$$\frac{\partial y_p}{\partial f}=\frac{\partial}{\partial f}[G_r(s)r]=\frac{b_0}{s^2+(a_1+b_0q_0)s+(a_2+b_0q_1)}r=\frac{y_p}{f} \tag{2.92}$$

假设

$$s^2+(a_1+b_0q_0)s+(a_2+b_0q_1)\approx s^2+\overline{a_1}s+\overline{a_0} \tag{2.93}$$

则式(2.93)可以写成

$$\frac{\partial y_p}{\partial f}\approx\frac{b_0}{\overline{b_0}}y_m \tag{2.94}$$

$$\begin{aligned}\frac{\partial y_p}{\partial q_0}&=\frac{\partial}{\partial q_{q_0}}[G_r(s)r]=-\frac{sb_0^2f}{[s^2+(a_1+b_0q_0)s+(a_2+b_0q_1)]^2}r\\&=-\frac{sb_0}{s^2+(a_1+b_0q_0)s+(a_2+b_0q_1)}y_p\approx-\frac{sb_0}{s^2+\overline{a_1}s+\overline{a_0}}y_p=-\frac{b_0}{\overline{b_0}}sy_{pf}\end{aligned} \tag{2.95}$$

式中，$y_{pf}=\frac{\overline{b_0}}{s^2+\overline{a_1}s+\overline{a_2}}y_p=G_m(s)y_p$，为实际输出过程经过滤波后的结果。

由此可得

$$\frac{\partial y_p}{\partial q_1}=\frac{\partial}{\partial q_1}[G_r(s)r]=-\frac{b_0^2 f}{[s^2+(a_1+b_0q_0)s+(a_2+b_0q_1)]^2}r$$

$$=-\frac{sb_0}{s^2+(a_1+b_0q_0)s+(a_2+b_0q_1)}y_p\approx-\frac{b_0}{s^2+\overline{a_1}s+\overline{a_0}}y_p$$

$$=\frac{b_0}{\overline{b_0}}y_{pf} \tag{2.96}$$

$$f=\lambda_1\int_0^t e(t)y_m\mathrm{d}t,\quad q_0=-\lambda_2\int_0^t e(t)SG_m(s)y_p\mathrm{d}t,\quad q_1=-\lambda_3\int_0^t e(t)G_m(s)y_p\mathrm{d}t \tag{2.97}$$

(3) 系统的稳定性分析。

根据上面的设计可得系统的开环广义误差方程为

$$\frac{E(s)}{R(s)}=\frac{\overline{b_0}}{s^2+\overline{a_1}s+\overline{a_2}}-\frac{fb_0}{s^2+(a_1+b_0q_0)s+(a_2+b_0q_1)}\approx\frac{\overline{b_0}-fb_0}{s^2+\overline{a_1}s+\overline{a_2}} \tag{2.98}$$

即

$$\ddot{e}(t)+\overline{a_1}\dot{e}(t)+\overline{a_2}e(t)=(\overline{b_0}-fb_0)r(t) \tag{2.99}$$

若输入为阶跃扰动，分析系统的稳定性，当 $t>0^+$ 时，$r(t)=R=$ 常数(阶跃扰动)，由式(2.99)求导可以得到

$$\dddot{e}(t)+\overline{a_1}\ddot{e}(t)+\overline{a_2}\dot{e}(t)=-b_0R\dot{f} \tag{2.100}$$

又因为 $f=\lambda_1\int_0^t e(t)y_m\mathrm{d}t$，同时参考模型是稳定的，当 $t\to\infty$ 时，$y_m(t)\to\frac{\overline{b_0}}{\overline{a_2}}R$

$$\dddot{e}(t)+\overline{a_1}\ddot{e}(t)+\overline{a_2}\dot{e}(t)+\frac{\overline{b_0}b_0}{\overline{a_1}}\lambda_1R^2e(t)=0 \tag{2.101}$$

根据劳斯-赫尔维茨稳定判据，要使系统稳定必须有

$$\Delta_1=1>0 \tag{2.102}$$

$$\Delta_2=\begin{vmatrix}\overline{a_1} & \frac{\overline{b_0}b_0}{\overline{a_1}}\lambda_1R^2\\ 1 & \overline{a_2}\end{vmatrix}>0 \tag{2.103}$$

则当

$$\overline{a_1}\,\overline{a_2}>\frac{\overline{b_0}b_0}{\overline{a_1}}\lambda_1R^2\quad 即\quad \lambda_1<\frac{\overline{a_1}^2\,\overline{a_2}}{\overline{b_0}b_0}\frac{1}{R^2} \tag{2.104}$$

时系统稳定。若系统的步长 λ_1 太大，系统的稳定性就会变差，但 λ_1 过小，搜索时间就会很长。

例 2.7 悬浮复摆系统自适应控制系统设计。

某悬浮复摆系统的运动方程如下

$$I_0\ddot{\theta}+c\dot{\theta}+mdg\sin\theta=F(\frac{1}{2}L+d) \tag{2.105}$$

式中

$$m=0.43\mathrm{kg},\quad L=0.495\mathrm{m},\quad d=0.023\mathrm{m}$$
$$c=0.00035\mathrm{N\cdot m\cdot s},\quad I_0=9.008\times10^{-3}\mathrm{kg\cdot m^2} \tag{2.106}$$

则式(2.105)可简化为

$$\ddot{\theta}+0.04\dot{\theta}+10.78\sin\theta=30.03F=u \tag{2.107}$$

模型参考自适应的 MIT 规则如下

$$u=k_1u_c-k_2\dot{\theta}-k_3\theta \tag{2.108}$$

式中，k_1、k_2 和 k_3 都是控制参数，k_1 是命令增益，k_2 和 k_3 是输出反馈增益。

将式(2.108)代入式(2.107)得

$$\ddot{\theta}+0.04\dot{\theta}+10.78\sin\theta=k_1u_c-k_2\dot{\theta}-k_3\theta \tag{2.109}$$

由前面的分析可知，各控制参数 MIT 的自适应控制规律为

$$\dot{k}_i=-\gamma\cdot e\cdot\frac{\partial e}{\partial k_i},\quad i=1,2,3 \tag{2.110}$$

式中，γ 是设计参数；e 是被控对象的输出和参考模型输出之差；$\frac{\partial e}{\partial k_i}$是灵敏度。MIT 方案通过比较被控对象输出与参考模型输出误差来预测相应的控制参数。

该系统的参考模型为

$$\ddot{\theta}+20\dot{\theta}+100\sin\theta=100u_c \tag{2.111}$$

由上述各式可得，各参数的灵敏度为

$$\begin{aligned}
&\left(\frac{\partial e}{\partial k_1}\right)''+20\left(\frac{\partial e}{\partial k_1}\right)'+100\frac{\partial e}{\partial k_1}=u_c\\
&\left(\frac{\partial e}{\partial k_2}\right)''+20\left(\frac{\partial e}{\partial k_2}\right)'+100\frac{\partial e}{\partial k_2}=-\frac{\dot{\theta}_p}{k_1}\\
&\left(\frac{\partial e}{\partial k_3}\right)''+20\left(\frac{\partial e}{\partial k_3}\right)'+100\frac{\partial e}{\partial k_3}=-\frac{\theta_p}{k_1}
\end{aligned} \tag{2.112}$$

由仿真结果图 2.10 可知，按 MIT 方法的二阶系统仿真能较好地跟踪期望值，收敛速度比较快。

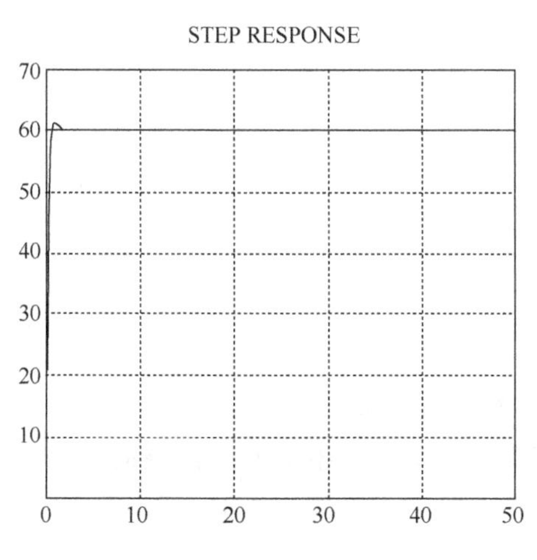

(a) 阶跃响应复摆角度仿真波形图

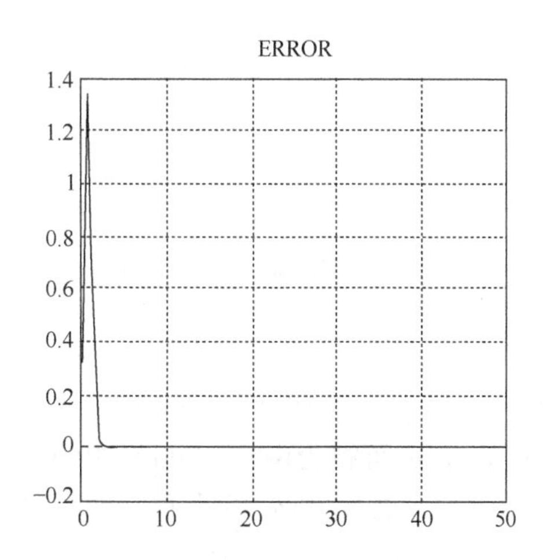

(b) 被控对象输出与参考模型输出误差

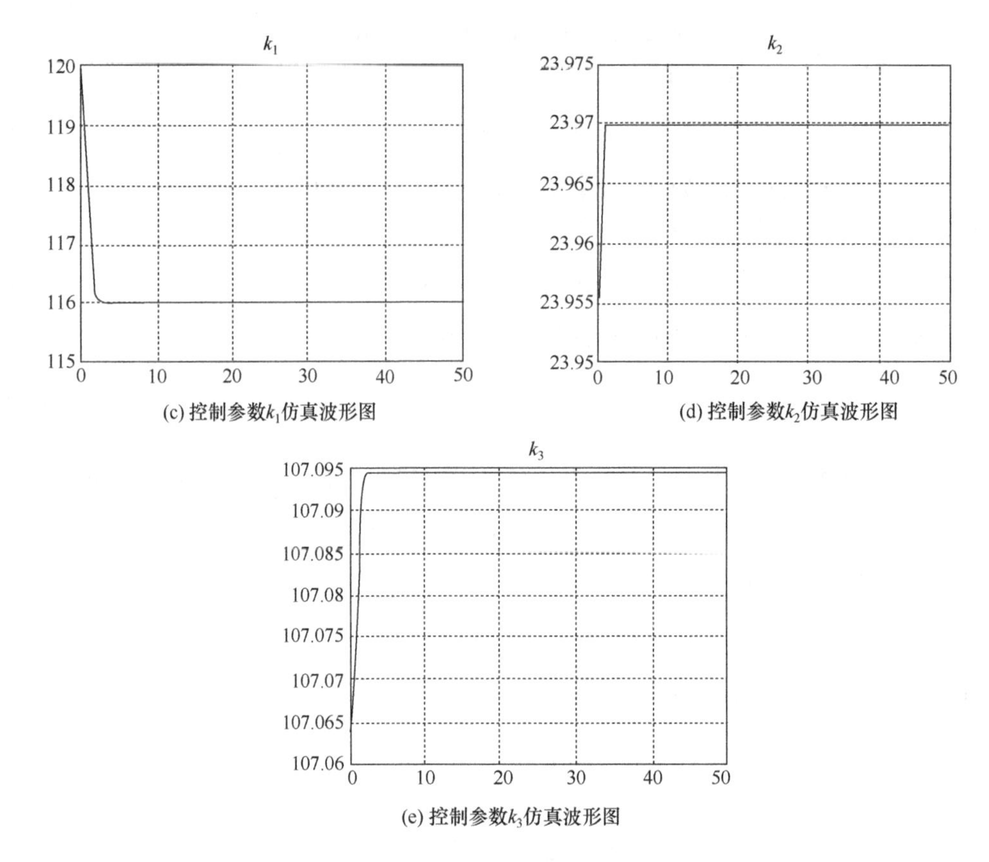

(c) 控制参数k_1仿真波形图

(d) 控制参数k_2仿真波形图

(e) 控制参数k_3仿真波形图

图 2.10　系统仿真波形图

2.5　单输入/单输出自适应系统的设计

设可调系统的方程为

$$\left[\sum_{t=0}^{n} a_{pi}(e,t)p^{i}\right]y_{p} = \left[\sum_{t=0}^{m} b_{pi}(e,t)p^{i}\right]u \tag{2.113}$$

参考模型的方程为

$$\left(\sum_{t=0}^{n} a_{mi}p^{i}\right)y_{m} = \left(\sum_{t=0}^{m} b_{mi}p^{i}\right)u \tag{2.114}$$

为了进行自适应规律的设计，选择性能指标为

$$J(e) = \frac{1}{2}\int_{t_0}^{t} e^{2}(\tau)\mathrm{d}\tau \tag{2.115}$$

式中，$e=y_m-y_p$；$J(e)$既是 e 的显函数，也是可调参数的隐函数。

这里，$J(e)$可视为由式(2.113)中的可调参数 a_{pi} 和 b_{pi} 所组成的欧氏空间的一个超曲面，利用梯度法把 a_{pi} 和 b_{pi} 沿着 $J(e)$下降的方向移动使 $J(e)$达到极小值。选定 a_{pi} 的步长因子为 λ_a，b_{pi} 的步长因子为 λ_b，因而有

$$\Delta a_{pi} = -\lambda_a\int_{t_0}^{t} e\frac{\partial e}{\partial a_{pi}}\mathrm{d}\tau,\quad \lambda_a > 0 \tag{2.116}$$

$$\Delta b_{pi} = -\lambda_b \int_{t_0}^{t} e \frac{\partial e}{\partial b_{pi}} \mathrm{d}\tau, \quad \lambda_b > 0 \tag{2.117}$$

由此可知

$$a_{pi} = -\lambda_a \int_{t_0}^{t} e \frac{\partial e}{\partial a_{pi}} \mathrm{d}\tau + a_{pi}(t_0) \tag{2.118}$$

$$b_{pi} = -\lambda_b \int_{t_0}^{t} e \frac{\partial e}{\partial b_{pi}} \mathrm{d}\tau + b_{pi}(t_0) \tag{2.119}$$

式(2.118)和式(2.119)两边对时间求导,即得自适应调整规律

$$\dot{a}_{pi} = -\lambda_a e \frac{\partial e}{\partial a_{pi}}, \quad i=0,1,\cdots,n \tag{2.120}$$

$$\dot{b}_{pi} = -\lambda_b e \frac{\partial e}{\partial b_{pi}}, \quad i=0,1,\cdots,m \tag{2.121}$$

考虑到 $e=y_m-y_p$,从而由式(2.120)和式(2.121)可得可调系统的参数 a_{pi} 和 b_{pi} 的自适应调整规律为

$$\dot{a}_{pi} = \lambda_a e \frac{\partial e}{\partial a_{pi}} = -\lambda_a e \frac{\partial y_p}{\partial a_{pi}} \tag{2.122}$$

$$\dot{b}_{pi} = \lambda_b e \frac{\partial e}{\partial b_{pi}} = -\lambda_b e \frac{\partial y_p}{\partial b_{pi}} \tag{2.123}$$

式中,$\frac{\partial y_p}{\partial a_{pi}}$ 和 $\frac{\partial y_p}{\partial b_{pi}}$ 称为可调系统的敏感度函数,共有 $n+m+1$ 个,它们可以通过可调系统方程推导出来的敏感度模型来获得。

将可调系统式(2.113)改写成

$$y_p = -\left(\sum_{i=0}^{n} a_{pi} p^i\right) y_p + \left(\sum_{i=0}^{m} b_{pi} p^i\right) u \tag{2.124}$$

考虑到 y_p 及其各阶导数的连续性,式(2.124)两边分别对参数 a_{pi} 和 b_{pi} 求偏导数并交换微分顺序后即有

$$\frac{\partial y_p}{\partial a_{pi}} = -p^i y_p - \left(\sum_{j=1}^{n} a_{pj} p^j\right) \frac{\partial y_p}{\partial a_{pi}}, \quad i=0,1,\cdots,n \tag{2.125}$$

$$\frac{\partial y_p}{\partial b_{pi}} = p^i u - \left(\sum_{j=1}^{m} a_{pj} p^j\right) \frac{\partial y_p}{\partial b_{pi}}, \quad i=0,1,\cdots,m \tag{2.126}$$

由于已经假定自适应的调整过程相对于参数的时变速度要快得多,所以 a_{pi} 和 b_{pi} 的值相对来说是比较小的,故有 $a_{pi}(e,t) \approx a_{mi}$,$b_{pi}(e,t) \approx b_{mi}$,从而式(2.125)和式(2.126)可以写成

$$\frac{\partial y_p}{\partial a_{pi}} = -p^i y_p - \left(\sum_{j=1}^{n} a_{mj} p^j\right) \frac{\partial y_p}{\partial a_{pi}}, \quad i=0,1,\cdots,n \tag{2.127}$$

$$\frac{\partial y_p}{\partial b_{pi}} = p^i u - \left(\sum_{j=1}^{m} a_{mj} p^j\right) \frac{\partial y_p}{\partial b_{pi}}, \quad i=0,1,\cdots,m \tag{2.128}$$

为了简化敏感度模型的结构,在式(2.127)中用 $i-1$ 代替 i,则有

$$\frac{\partial y_p}{\partial a_{pi-1}} = -p^{i-1} y_p - \left(\sum_{j=1}^{n} a_{mj} p^j\right) \frac{\partial y_p}{\partial a_{pi-1}} \tag{2.129}$$

式(2.129)对 t 求导得

$$\frac{\partial}{\partial t}\left(\frac{\partial y_p}{\partial a_{pi-1}}\right)=-p^i y_p-\left(\sum_{j=1}^{n}a_{mj}p^j\right)\frac{\partial}{\partial t}\left(\frac{\partial y_p}{\partial a_{pi-1}}\right) \tag{2.130}$$

比较式(2.129)与式(2.130),可以看出

$$\frac{\partial y_p}{\partial a_{pi}}=\frac{\partial}{\partial t}\left(\frac{\partial y_p}{\partial a_{pi-1}}\right) \tag{2.131}$$

进而可以推出

$$\frac{\partial y_p}{\partial a_{pi}}=\frac{\partial}{\partial t}\left(\frac{\partial y_p}{\partial a_{pi-1}}\right)=\cdots=\frac{\partial^{i-1}}{\partial t^{i-1}}\left(\frac{\partial y_p}{\partial a_{p1}}\right),\quad i=1,2,\cdots,n \tag{2.132}$$

同样可推得

$$\frac{\partial y_p}{\partial b_{pi}}=\frac{\partial}{\partial t}\left(\frac{\partial y_p}{\partial b_{pi-1}}\right)=\cdots=\frac{\partial^{i-1}}{\partial t^{i-1}}\left(\frac{\partial y_p}{\partial b_{p1}}\right),\quad i=1,2,\cdots,m \tag{2.133}$$

根据式(2.127)、式(2.128)、式(2.132)、式(2.133)便可得到敏感度模型的结构图,如图 2.11和图 2.12 所示。

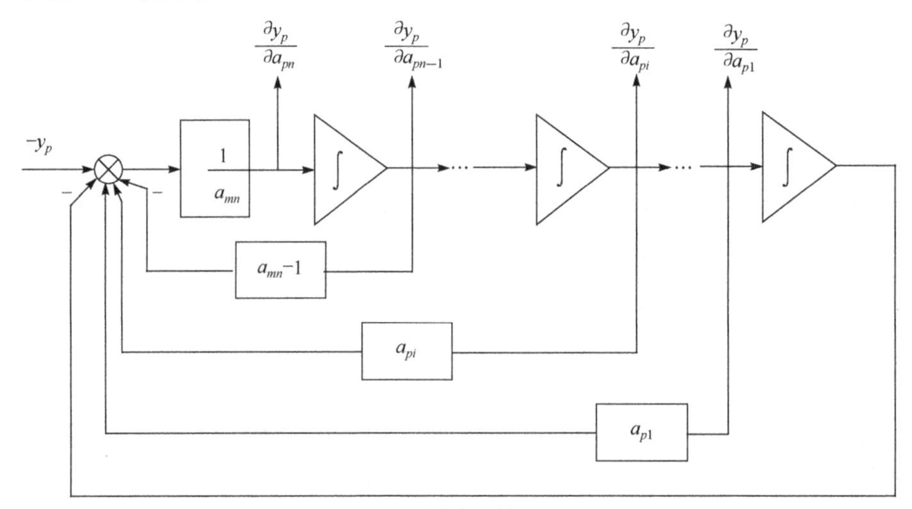

图 2.11　敏感度模型(一)

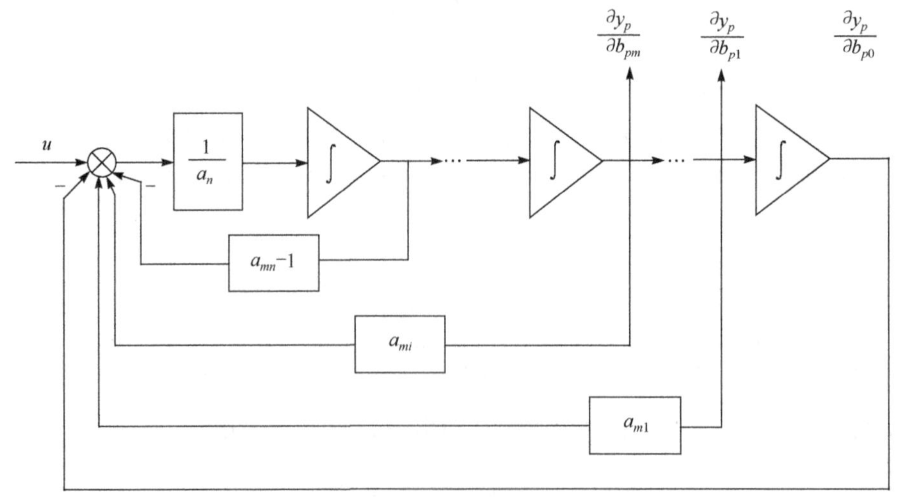

图 2.12　敏感度模型(二)

从图 2.11、图 2.12 可以看出，敏感度模型是一种特殊的状态变量滤波器，只要用两个模型即可获得全部所需的敏感度函数，相应的可调参数为

$$a_{pi}=\int_{t_0}^{t}\lambda_a e\frac{\partial y_p}{\partial a_{pi}}\mathrm{d}\tau+a_{pi}(0),\quad i=1,2,\cdots,n \tag{2.134}$$

$$b_{pi}=\int_{t_0}^{t}\lambda_b e\frac{\partial y_p}{\partial b_{pi}}\mathrm{d}\tau+b_{pi}(0),\quad i=1,2,\cdots,m \tag{2.135}$$

自适应系统的原理结构图如图 2.13 所示。

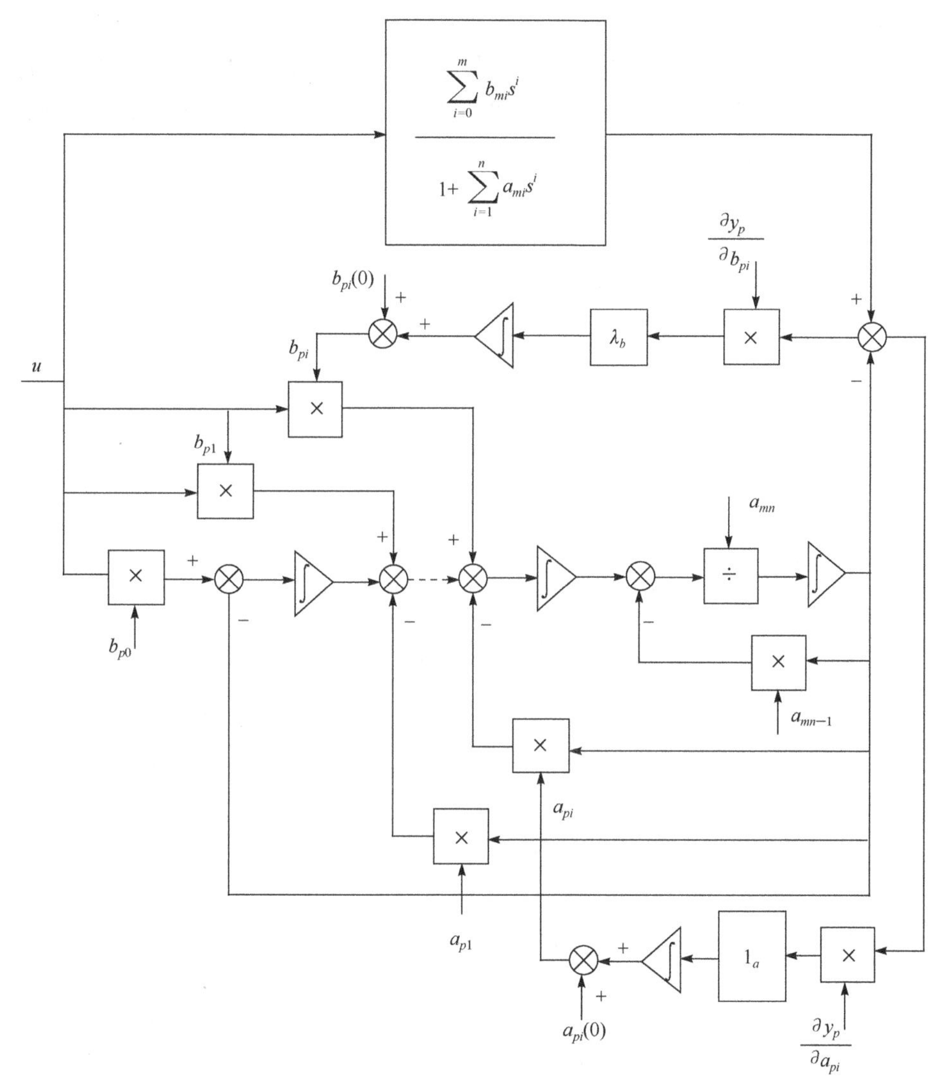

图 2.13　自适应系统的原理结构图

2.6　局部参数最优化方法设计模型参考自适应系统注意事项

通过前面的讨论可以看出，按照局部参数最优化的方法设计模型参考自适应控制系统，必须注意以下几点。

(1) 参数最优化的方法很多，应用不同的方法将导出不同的算法，从而会得出不同的自适应调整规律。但不管采用哪一种方法，都要对参数进行不断寻优，需要一定的搜索时间，所以自适应速度是比较低的。

(2) 应用参数最优化的方法设计自适应系统时，都是假定参考模型和被控系统参数误差比较小，也就是要求参考模型能相当精确地反映被控系统的动态特性，否则在自适应系统的起始阶段，过强的调整作用会引起系统过大的波动。

(3) 参数最优化的设计方法没有考虑到系统的稳定性问题，实践说明，自适应增益不能选得过大，否则系统可能不稳定，例 2.3 说明了该问题。

局部参数最优化的设计方法是最早用于自适应设计的一种方法，这种方法比较简单，容易掌握，所导出的自适应规律也比较容易实现，故直至目前这种方法仍有应用。但是这种方法没有顾及系统的稳定性问题，因而在设计出自适应规律后还要对整个自适应系统的稳定性进行检验。由于对比较复杂的受控对象来说要检验其全局稳定性并不是一件容易的事，这就使得这种方法在实际应用中具有局限性。

第 3 章　用李雅普诺夫稳定性理论设计模型参考自适应系统

任何一个控制系统要满意地工作，首要条件是必须稳定。同样，对模型参考自适应系统来说，其首要品质就是必须是全局稳定的。因此，用局部参数最优化的方法设计的模型参考自适应系统必须经过稳定性的验证，第 2 章例 2.1～例 2.5 说明了这一点，对于 MIT 方案，尤其是高阶系统，验证系统稳定性是很麻烦的。从实践经验来看，要验证有些较复杂的模型参考自适应系统的全局稳定性是很困难的，为解决稳定性验证的复杂性，在 20 世纪 60 年代中期，就有研究人员提出以稳定性理论为基础的模型参考自适应系统的设计方法。在这方面的工作中，德国科学家 Parks 在 1966 年首先提出根据李雅普诺夫稳定性理论来设计自适应机构的自适应规律，即用李雅普诺夫第二法推出自适应算法，来保证自适应系统的全局稳定性。随后 Landau 把波波夫的超稳定性理论用于模型参考自适应系统的设计获得成功。关于超稳定性理论设计模型参考自适应系统的问题将在第 5 章进行专门讨论，本章先讨论用李雅普诺夫稳定性理论设计模型参考自适应系统的方法。

3.1　李雅普诺夫稳定性的概念及基本定理

1892 年，李雅普诺夫提出了两种确定动态系统稳定性的方法。第一种方法需要求解动态系统的微分方程，根据微分方程的解来判别系统的稳定性，称为李雅普诺夫第一法；第二种方法不需要求解动态系统的微分方程，而是直接根据某个特定函数及其对时间的导数来判别系统的稳定性，这种方法称为李雅普诺夫第二法，也称为直接法。李雅普诺夫第二法特别适用于分析非线性、多变量、时变系统的稳定性。在介绍用李雅普诺夫稳定性理论设计模型参考自适应系统之前，先回顾关于李雅普诺夫稳定性理论的基本概念，并介绍李雅普诺夫稳定性理论在线性系统稳定性分析中的应用。

3.1.1　平衡状态

设被控系统在零输入作用下其状态服从以下非线性状态方程

$$\dot{\boldsymbol{x}}(t)=f[\boldsymbol{x}(t),t] \tag{3.1}$$

式中，$\boldsymbol{x}(t)$是 n 维状态向量；t 表示连续时间变量。假定在给定的初始条件下，式(3.1)具有唯一解。记为 $\boldsymbol{x}(t)=\phi(t,\boldsymbol{x}_0,t_0)$，其中，$\boldsymbol{x}_0$ 表示 $t=t_0$ 时的初始状态。从状态空间内某一个初始状态 $\boldsymbol{x}=\boldsymbol{x}_0$ 出发，则系统按轨迹 $\boldsymbol{x}(t)=\phi(t,\boldsymbol{x}_0,t_0)$运动。当由式(3.1)所描述的系统对所有 t 都存在 $f(\boldsymbol{x}_e,t)=0$，则称 $\boldsymbol{x}_e$ 为系统的平衡状态。

对于线性定常系统，在零输入作用下，其状态方程为

$$\dot{\boldsymbol{x}}=\boldsymbol{A}x \tag{3.2}$$

当 $\boldsymbol{A}$ 为非奇异阵时，系统只存在一个平衡状态；当 $\boldsymbol{A}$ 为奇异阵时，系统便存在无穷多个平衡状态。

对于非线性系统，可能有一个或多个平衡状态。

线性系统的稳定性只取决于系统本身的结构参数，而与初始条件及外部作用无关。如果该系统中某一运动是稳定的，那么线性系统中可能的全部运动都是稳定的。对于非线性系统，不存在系统是否稳定的笼统概念。由于非线性系统可能存在多个平衡状态，所以必须具体研究各种平衡状态的稳定性，可能某些平衡状态是稳定的，而另一些平衡状态是不稳定的。

例 3.1 已知如下一阶非线性系统，试求出该非线性系统的平衡状态。

$$\dot{x}=-x+x^2,\quad x(0)=x_0 \tag{3.3}$$

将式(3.3)可变形为

$$\frac{\mathrm{d}x}{\mathrm{d}t}=x(x-1) \tag{3.4}$$

将式(3.4)分离变量

$$\frac{\mathrm{d}x}{x(x-1)}=\mathrm{d}t \tag{3.5}$$

代入初始条件 $x(0)=x_0$，得到非线性系统自由运动的解为

$$x(t)=\frac{x_0\mathrm{e}^{-t}}{1-x_0+x_0\mathrm{e}^{-t}} \tag{3.6}$$

根据平衡状态的定义，要求 $\dot{x}=0$，需令式(3.3)为 0，得到平衡状态为

$$\begin{cases}x=0\\x=1\end{cases} \tag{3.7}$$

式(3.6)的自由运动的运动轨线如图 3.1 所示。

由图 3.1 可知，$x=0$ 这个平衡状态是稳定的，因为它对 $x_0<1$ 的扰动具有恢复原平衡状态的能力；而 $x=1$ 这个平衡状态是不稳定的，稍加扰动不是收敛到零就是发散到无穷大，不可能再回到这个状态。

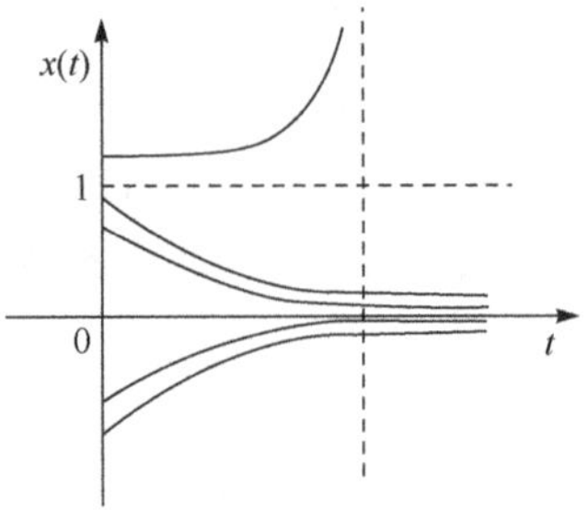

图 3.1 一阶非线性系统的运动轨线

例 3.1 说明，非线性系统存在多个平衡状态，初始条件不同，系统处于不同的平衡状态，运动的稳定性不尽相同。所以非线性系统的稳定性不仅与系统的结构参数有关，而且与初始条件及(或)外作用有关。

而任意彼此孤立的平衡状态都可通过坐标变换到状态空间的原点，即对所有 $t\geqslant t_0$，$f(0,t)=0$。

为了讨论问题方便，以下将状态空间的原点作为系统的平衡点，给出李雅普诺夫意义下稳定、渐近稳定和不稳定的概念。

3.1.2 李雅普诺夫意义下稳定性定义

定义 3.1 稳定性 如果对给定的初始时刻 t_0 和原点附近的某个邻域 ε，对应地存在着另一邻域 η，并且对所有 $t>t_0$，只要 $\|\boldsymbol{x}(t_0)\|<\eta$，总有 $\|\boldsymbol{x}(t)\|<\varepsilon$。也就是说，只要 $\boldsymbol{x}(t_0)$ 不越出邻域 η，$\boldsymbol{x}(t)$ 就不会越出邻域 ε，就称平衡点在李雅普诺夫意义下是稳定的。

对于一维稳定系统，其状态 $\boldsymbol{x}(t)$ 的运动轨迹如图 3.2 所示。由图可见，对稳定的系统来说，系统在较小的扰动作用后常产生的状态初始偏移 $\|\boldsymbol{x}(0)\|<\eta$，系统的状态轨迹就不

会偏离平衡点过远。通常 η 与 ε 有关，且与 t_0 有关，如果与 t_0 无关，则称这种平衡状态为一致稳定的平衡状态。

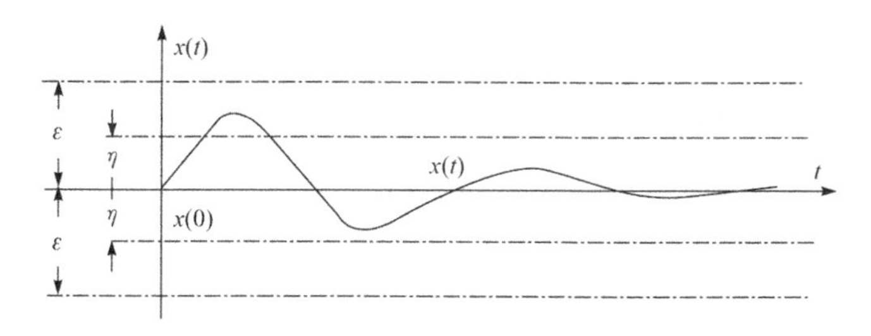

图 3.2 稳定系统运动状态轨迹

定义 3.2 渐近稳定 若平衡点 $\boldsymbol{x}_e=0$，在状态空间中存在一个域 $s(\eta)$，只要 $\boldsymbol{x}(t_0)\in s(\eta)$，即运动从 $s(\eta)$ 域出发，当 $t\to\infty$ 时，$\|\boldsymbol{x}(t)\|\to 0$，也就是说，最后收敛到状态空间的平衡点，就称为平衡状态 $\boldsymbol{x}_e$ 是渐近稳定的。若系统为渐近稳定的，则必定是稳定的。

如果对状态空间中的所有点都具有渐近稳定性，也就是说，从任意 $\boldsymbol{x}_0$ 出发的轨线在 $t\to\infty$ 时都能收敛于 $\boldsymbol{x}_e$，则称系统的平衡状态 $\boldsymbol{x}_e$ 是大范围渐近稳定的。显然，大范围渐近稳定的必要条件是整个状态空间中只存在一个平衡状态。

在控制工程问题中，总是希望系统具有大范围渐近稳定的特性。若平衡状态不是大范围渐近稳定的，则必须解决渐近稳定的最大范围的确定问题，通常这是比较困难的。但对于所有的实际问题，若能确定一个渐近稳定的范围足够大，以至于扰动不会超出它，这也就足够了。

定义 3.3 不稳定 如果对于某个 $\varepsilon>0$，无论 η 如何小，总存在一个 $\boldsymbol{x}_0$，$\|\boldsymbol{x}_0-\boldsymbol{x}_e\|<\eta$，使得由 $\boldsymbol{x}_0$ 初态出发的轨线 $\boldsymbol{x}(t)$ 超出 $s(\varepsilon)$，这时平衡状态 $\boldsymbol{x}_e$ 就称为不稳定的。

3.1.3 李雅普诺夫意义下稳定性定理

定义 3.4 李雅普诺夫函数 设系统的状态方程如式(3.1)所示，定义一个对时间连续可微的系统状态 $\boldsymbol{x}$ 的标量函数 $V(\boldsymbol{x},t)$，它具有下列性质。

(1) $V(\boldsymbol{x},t)$ 是正定的，而且是 $\boldsymbol{x}$ 的单调非负函数。即 $V(\boldsymbol{x},t)>0$，当 $\boldsymbol{x}\neq 0$ 时。

(2) $V(0,t)=0$，具有连续的偏导数。

(3) $\dot{V}(\boldsymbol{x},t)$ 是负半定的，则称 $V(\boldsymbol{x},t)$ 为式(3.1)所示系统的一个李雅普诺夫函数。

定义 3.5 严格李雅普诺夫函数 设系统的状态方程如式(3.1)所示，定义一个对时间连续可微的系统状态 $\boldsymbol{x}$ 的标量函数 $V(\boldsymbol{x},t)$，它具有下列性质。

(1) $V(\boldsymbol{x},t)$ 是正定的，而且是 $\boldsymbol{x}$ 的单调非负函数。即 $V(\boldsymbol{x},t)>0$，当 $x\neq 0$ 时。

(2) $V(0,t)=0$，具有连续的偏导数。

(3) $\dot{V}(\boldsymbol{x},t)$ 是负定的，则称 $V(\boldsymbol{x},t)$ 是严格的李雅普诺夫函数，也常简称李雅普诺夫函数。

下面不加证明地给出李雅普诺夫第二法的有关定理。

定理 3.1 如果在包含原点在内的某个域 S 内，存在李雅普诺夫函数 $V(\boldsymbol{x},t)>0$，且 $\dot{V}(\boldsymbol{x},t)\leqslant 0$，则系统的平衡状态是稳定的。

定理 3.2 如果在包含原点在内的某个域 S 内，存在李雅普诺夫函数 $V(\boldsymbol{x},t)>0$，且

$\dot{V}(\boldsymbol{x},t)<0$，则系统的平衡状态是渐近稳定的。

定理 3.3 如果在包含原点在内的某个域 S 内，存在李雅普诺夫函数 $V(\boldsymbol{x},t)>0$，且 $\dot{V}(\boldsymbol{x},t)\leqslant 0$，则系统的运动轨迹将收敛于使 $\dot{V}(\boldsymbol{x},t)=0$ 的 $\boldsymbol{x}$ 集合 E 中的不变子集 M。M 是状态空间中满足 $\dot{V}(\boldsymbol{x},t)=0$ 状态的集合。当系统的状态运动轨迹进入 M 后，将不会越出集合 M。由此可见，当不变子集 M 缩小成状态空间的原点后，系统对原点的平衡状态接近稳定。

定理 3.4 如果在包含原点在内的某个域 S 内，存在一个 $\boldsymbol{x}$ 的标量函数，它具有连续的一阶偏导数，且满足下列条件。

(1) $V(\boldsymbol{x},t)$ 在原点的某一邻域内是正定的。

(2) $\dot{V}(\boldsymbol{x},t)$ 在同样的邻域内也是正定的，则系统在平衡状态 $\boldsymbol{x}_e=0$ 是不稳定的。

以上所介绍的李雅普诺夫稳定性概念及定理是用李雅普诺夫稳定性理论设计模型参考自适应系统的基础。限于篇幅，没有进行证明，读者欲详细了解，可参阅有关资料。李雅普诺夫稳定性理论在系统稳定性分析和系统设计中得到较多的应用。下面讨论李雅普诺夫第二法在线性系统稳定性分析中的应用。

3.1.4 李雅普诺夫第二法的应用

设系统的状态方程为

$$\dot{\boldsymbol{x}}=\boldsymbol{A}\boldsymbol{x} \tag{3.8}$$

式中，$\boldsymbol{x}$ 为 n 维状态向量；$\boldsymbol{A}$ 为 $n\times n$ 的常数矩阵。选下列二次型函数为可能的李雅普诺夫函数

$$V(\boldsymbol{x})=\boldsymbol{x}^{\mathrm{T}}\boldsymbol{P}\boldsymbol{x} \tag{3.9}$$

式中，$\boldsymbol{P}$ 为 $n\times n$ 对称正定矩阵。求 $V(x)$ 对时间 t 的导数

$$\dot{V}=\frac{\mathrm{d}V}{\mathrm{d}t}=\dot{\boldsymbol{x}}^{\mathrm{T}}\boldsymbol{P}\boldsymbol{x}+\boldsymbol{x}^{\mathrm{T}}\boldsymbol{P}\dot{\boldsymbol{x}}=(\boldsymbol{A}\boldsymbol{x})^{\mathrm{T}}\boldsymbol{P}\boldsymbol{x}+\boldsymbol{x}^{\mathrm{T}}\boldsymbol{P}\boldsymbol{A}\boldsymbol{x}=\boldsymbol{x}^{\mathrm{T}}(\boldsymbol{A}^{\mathrm{T}}\boldsymbol{P}+\boldsymbol{P}\boldsymbol{A})\boldsymbol{x} \tag{3.10}$$

由于 $V(\boldsymbol{x})$ 取正定，要使系统渐近稳定，必须使 $V(\boldsymbol{x})$ 为负定，即要求

$$\dot{V}=-\boldsymbol{x}^{\mathrm{T}}\boldsymbol{Q}\boldsymbol{x} \tag{3.11}$$

$$-\boldsymbol{Q}=\boldsymbol{A}^{\mathrm{T}}\boldsymbol{P}+\boldsymbol{P}\boldsymbol{A} \tag{3.12}$$

因此，使一个线性系统稳定的充分条件是 $\boldsymbol{Q}$ 必须为正定。可先选取一个正定阵 $\boldsymbol{Q}$，然后用式(3.11)求解 $\boldsymbol{P}$，再根据 $\boldsymbol{P}$ 是否正定来判定系统的渐近稳定性。这比选一个正定的 $\boldsymbol{P}$，再检查 $\boldsymbol{Q}$ 阵是否也是正定要方便得多。$\boldsymbol{P}$ 为正定是一个必要条件。为方便计算，$\boldsymbol{Q}$ 阵常取单位阵 $\boldsymbol{I}$，此时 $\boldsymbol{P}$ 的元素可按下式确定

$$\boldsymbol{A}^{\mathrm{T}}\boldsymbol{P}+\boldsymbol{P}\boldsymbol{A}=-\boldsymbol{I} \tag{3.13}$$

例 3.2 设系统状态方程为

$$\dot{\boldsymbol{x}}=\boldsymbol{A}\boldsymbol{x}$$

式中

$$\boldsymbol{x}=\begin{bmatrix} x_1 \\ x_2 \end{bmatrix},\quad \boldsymbol{A}=\begin{bmatrix} 0 & 4 \\ -8 & -12 \end{bmatrix}$$

求系统的李雅普诺夫函数。

设

$$\boldsymbol{P}=\begin{bmatrix} p_{11} & p_{12} \\ p_{21} & p_{22} \end{bmatrix},\quad p_{12}=p_{21}$$

由式(3.12)有

$$\begin{bmatrix}0 & -8\\4 & 12\end{bmatrix}\begin{bmatrix}p_{11} & p_{12}\\p_{21} & p_{22}\end{bmatrix}+\begin{bmatrix}p_{11} & p_{12}\\p_{21} & p_{22}\end{bmatrix}\begin{bmatrix}0 & 4\\-8 & 12\end{bmatrix}=\begin{bmatrix}-1 & 0\\0 & -1\end{bmatrix} \tag{3.14}$$

求解式(3.14)可得

$$p_{11}=5,\quad p_{22}=1,\quad p_{21}=p_{12}=1$$

$\boldsymbol{P}$ 为

$$\boldsymbol{P}=\begin{bmatrix}5 & 1\\1 & 1\end{bmatrix} \tag{3.15}$$

$\boldsymbol{P}$ 为正定矩阵,李雅普诺夫函数为

$$V(\boldsymbol{x})=\boldsymbol{x}^{\mathrm{T}}\boldsymbol{P}\boldsymbol{x}=4x_1^2+(x_1+x_2)^2 \tag{3.16}$$

对 t 的导数为

$$\dot{V}(\boldsymbol{x})=\frac{\partial V}{\partial x_1}\dot{x}_1+\frac{\partial V}{\partial x_2}\dot{x}_2=-16(x_1^2+x_2^2) \tag{3.17}$$

$V(\boldsymbol{x})$正定,$\dot{V}(\boldsymbol{x})$负定,因此系统渐近稳定。

寻找李雅普诺夫函数并不是一件容易的事情,如果一时找不到合适的李雅普诺夫函数,还不能说明系统不稳定。

后面将应用李雅普诺夫稳定性理论来设计自适应控制系统。

3.2 用可调系统的状态变量构成自适应规律的设计方法

用李雅普诺夫稳定性理论设计模型参考自适应控制系统,其自适应规律既可由系统的状态变量构成,也可由系统的输入/输出构成。本节讨论被控对象的全部状态变量都可以直接获取自适应规律的设计方法。

3.2.1 自适应控制律推导

设被控对象是结构已知参数未知的线性系统,系统的结构如图 3.3 所示。

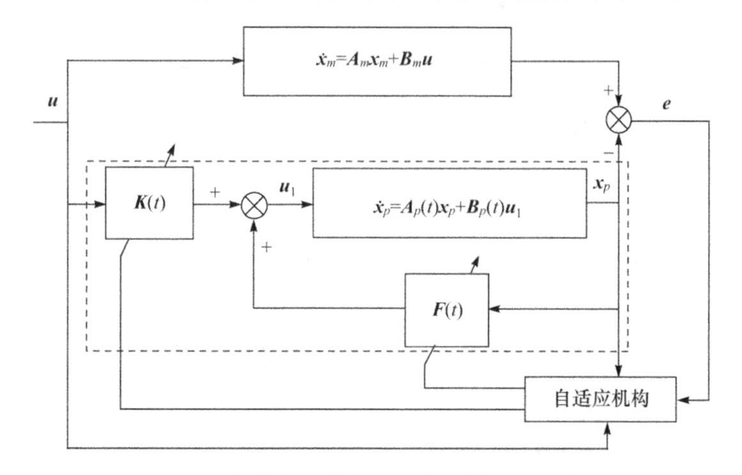

图 3.3 用状态变量构成自适应规律的自适应系统

可调系统的状态方程为

$$\dot{\boldsymbol{x}}_p=\boldsymbol{A}_p(t)\boldsymbol{x}_p+\boldsymbol{B}_p(t)\boldsymbol{u}_1 \tag{3.18}$$

$$\boldsymbol{u}_1=\boldsymbol{K}(t)\boldsymbol{u}+\boldsymbol{F}(t)\boldsymbol{x}_p \tag{3.19}$$

将式(3.19)代入式(3.18)得

$$\begin{aligned}\dot{\boldsymbol{x}}_p&=\boldsymbol{A}_p(t)\boldsymbol{x}_p+\boldsymbol{B}_p(t)[\boldsymbol{K}(t)\boldsymbol{u}+\boldsymbol{F}(t)\boldsymbol{x}_p]\\&=[\boldsymbol{A}_p(t)+\boldsymbol{B}_p(t)\boldsymbol{F}(t)]\boldsymbol{x}_p+\boldsymbol{B}_p(t)\boldsymbol{K}(t)\boldsymbol{u}\end{aligned} \tag{3.20}$$

式中,$\boldsymbol{A}_p(t)$为 $n\times n$ 阶矩阵;$\boldsymbol{B}_p(t)$为 $n\times m$ 阶矩阵;而矩阵的元素 a_{pij} 和 b_{pij} 是受干扰影响的时变参数。通常被控系统的参数是不便于直接调整的,因此,为了补偿被控对象参数的变化,需要引进可调的前馈增益矩阵 $\boldsymbol{K}(t)$和反馈补偿矩阵 $\boldsymbol{F}(t)$与被控对象一起组成一个可调系统,如图 3.3 虚线方框所示,其状态方程如式(3.20)所示。

给定一个参考模型,模型对输入 $\boldsymbol{u}$ 的响应就代表被控对象所期望的响应。参考模型的状态方程为

$$\dot{\boldsymbol{x}}_m=\boldsymbol{A}_m\boldsymbol{x}_m+\boldsymbol{B}_m\boldsymbol{u} \tag{3.21}$$

式中,$\boldsymbol{A}_m$ 为 $n\times n$ 阶矩阵,$\boldsymbol{B}_m$ 为 $n\times m$ 阶矩阵。系统的广义状态误差向量为

$$\boldsymbol{e}=\boldsymbol{x}_m-\boldsymbol{x}_p \tag{3.22}$$

因此,广义误差为状态向量的方程

$$\dot{\boldsymbol{e}}=\boldsymbol{A}_m\boldsymbol{e}+[\boldsymbol{A}_m-\boldsymbol{A}_p(t)-\boldsymbol{B}_p(t)\boldsymbol{F}(t)]\boldsymbol{x}_p+[\boldsymbol{B}_m-\boldsymbol{B}_p(t)\boldsymbol{K}(t)]\boldsymbol{u} \tag{3.23}$$

为了使可调系统对输入 $\boldsymbol{u}$ 的动态响应与参考模型对输入 $\boldsymbol{u}$ 的动态响应完全一致,自适应机构对 $\boldsymbol{K}(t)$和 $\boldsymbol{F}(t)$进行调整,使可调系统与参考模型相匹配。即

$$\boldsymbol{A}_m=\boldsymbol{A}_p(t)+\boldsymbol{B}_p(t)\boldsymbol{F}^* \tag{3.24}$$

$$\boldsymbol{B}_m=\boldsymbol{B}_p(t)\boldsymbol{K}^* \tag{3.25}$$

带“ * ”表示模型完全匹配时的取值,则式(3.23)可写成

$$\dot{\boldsymbol{e}}=\boldsymbol{A}_m\boldsymbol{e}+\boldsymbol{B}_m\boldsymbol{K}^{*-1}\tilde{\boldsymbol{F}}\boldsymbol{x}_p+\boldsymbol{B}_m\boldsymbol{K}^{*-1}\tilde{\boldsymbol{K}}\boldsymbol{u} \tag{3.26}$$

式中,$\tilde{\boldsymbol{F}}=\boldsymbol{F}^*-\boldsymbol{F}$ 为 $m\times n$ 阶矩阵;$\tilde{\boldsymbol{K}}=\boldsymbol{K}^*-\boldsymbol{K}$ 为 $m\times m$ 阶矩阵。

为用李雅普诺夫稳定性理论设计自适应规律,在包含广义状态误差及可调参数误差所组成的增广状态 $\boldsymbol{e}\in R^n$,$\boldsymbol{F}\in R^{n\times n}$,$\boldsymbol{K}\in R^{n\times m}$。设李雅普诺夫函数

$$V=\frac{1}{2}[\boldsymbol{e}^{\mathrm{T}}\boldsymbol{P}\boldsymbol{e}+\mathrm{tr}(\tilde{\boldsymbol{F}}^{\mathrm{T}}\boldsymbol{R}_1^{-1}\tilde{\boldsymbol{F}}+\tilde{\boldsymbol{K}}^{\mathrm{T}}\boldsymbol{R}_2^{-1}\tilde{\boldsymbol{K}})] \tag{3.27}$$

式中,$\boldsymbol{P}$、$\boldsymbol{R}_1^{-1}$ 和 $\boldsymbol{R}_2^{-1}$ 都是对称正定矩阵,这就保证了 $V>0$,对式(3.27)两边求时间导数,有

$$\begin{aligned}\dot{V}&=\frac{1}{2}[\boldsymbol{e}^{\mathrm{T}}\boldsymbol{P}\dot{\boldsymbol{e}}+\dot{\boldsymbol{e}}^{\mathrm{T}}\boldsymbol{P}\boldsymbol{e}+\mathrm{tr}(\dot{\tilde{\boldsymbol{F}}}^{\mathrm{T}}\boldsymbol{R}_1^{-1}\tilde{\boldsymbol{F}}+\tilde{\boldsymbol{F}}^{\mathrm{T}}\boldsymbol{R}_1^{-1}\dot{\tilde{\boldsymbol{F}}}+\dot{\tilde{\boldsymbol{K}}}^{\mathrm{T}}\boldsymbol{R}_2^{-1}\tilde{\boldsymbol{K}}+\tilde{\boldsymbol{K}}^{\mathrm{T}}\boldsymbol{R}_2^{-1}\dot{\tilde{\boldsymbol{K}}})]\\&=\frac{1}{2}[\boldsymbol{e}^{\mathrm{T}}(\boldsymbol{P}\boldsymbol{A}_m+\boldsymbol{A}_m^{\mathrm{T}}\boldsymbol{P})\boldsymbol{e}]+\boldsymbol{e}^{\mathrm{T}}\boldsymbol{P}\boldsymbol{B}_m\boldsymbol{K}^{*-1}\tilde{\boldsymbol{F}}\boldsymbol{x}_p+\boldsymbol{e}^{\mathrm{T}}\boldsymbol{P}\boldsymbol{B}_m\boldsymbol{K}^{*-1}\tilde{\boldsymbol{K}}\boldsymbol{u}\\&\quad+\frac{1}{2}\mathrm{tr}(\dot{\tilde{\boldsymbol{F}}}^{\mathrm{T}}\boldsymbol{R}_1^{-1}\tilde{\boldsymbol{F}}+\tilde{\boldsymbol{F}}^{\mathrm{T}}\boldsymbol{R}_1^{-1}\dot{\tilde{\boldsymbol{F}}}+\dot{\tilde{\boldsymbol{K}}}^{\mathrm{T}}\boldsymbol{R}_2^{-1}\tilde{\boldsymbol{K}}+\tilde{\boldsymbol{K}}^{\mathrm{T}}\boldsymbol{R}_2^{-1}\dot{\tilde{\boldsymbol{K}}})\end{aligned} \tag{3.28}$$

因为

$$\begin{aligned}\boldsymbol{e}^{\mathrm{T}}\boldsymbol{P}\boldsymbol{B}_m\boldsymbol{K}^{*-1}\tilde{\boldsymbol{F}}\boldsymbol{x}_p&=\mathrm{tr}(\boldsymbol{x}_p\boldsymbol{e}^{\mathrm{T}}\boldsymbol{P}\boldsymbol{B}_m\boldsymbol{K}^{*-1}\tilde{\boldsymbol{F}})\\\boldsymbol{e}^{\mathrm{T}}\boldsymbol{P}\boldsymbol{B}_m\boldsymbol{K}^{*-1}\tilde{\boldsymbol{K}}\boldsymbol{u}&=\mathrm{tr}(\boldsymbol{u}\boldsymbol{e}^{\mathrm{T}}\boldsymbol{P}\boldsymbol{B}_m\boldsymbol{K}^{*-1}\tilde{\boldsymbol{K}})\end{aligned} \tag{3.29}$$

故式(3.28)又可写成

$$\dot{V}=\frac{1}{2}[\boldsymbol{e}^{\mathrm{T}}(\boldsymbol{P}\boldsymbol{A}_m+\boldsymbol{A}_m^{\mathrm{T}}\boldsymbol{P})\boldsymbol{e}]+\mathrm{tr}(\dot{\widetilde{\boldsymbol{F}}}^{\mathrm{T}}\boldsymbol{R}_1^{-1}\widetilde{\boldsymbol{F}}+\boldsymbol{x}_p\boldsymbol{e}^{\mathrm{T}}\boldsymbol{P}\boldsymbol{B}_m\boldsymbol{K}^{*-1}\widetilde{\boldsymbol{F}})$$

$$+\mathrm{tr}(\dot{\widetilde{\boldsymbol{K}}}^{\mathrm{T}}\boldsymbol{R}_2^{-1}\widetilde{\boldsymbol{K}}+\boldsymbol{u}\boldsymbol{e}^{\mathrm{T}}\boldsymbol{P}\boldsymbol{B}_m\boldsymbol{K}^{*-1}\widetilde{\boldsymbol{K}}) \tag{3.30}$$

因为 $\boldsymbol{A}_m$ 为稳定矩阵，只要选择一个对称正定阵 $\boldsymbol{Q}$，使得 $\boldsymbol{P}\boldsymbol{A}_m+\boldsymbol{A}_m^{\mathrm{T}}\boldsymbol{P}=-\boldsymbol{Q}$ 成立，对任意 $\boldsymbol{e}\neq 0$，式(3.30)中右边的第一项必定是负定的。为了保证 $\dot{V}$ 是负定的，使式(3.30)中右边的第二项和第三项恒为零，则必须选

$$\dot{\widetilde{\boldsymbol{F}}}=-\boldsymbol{R}_1(\boldsymbol{B}_m\boldsymbol{K}^{*-1})^{\mathrm{T}}\boldsymbol{P}\boldsymbol{e}\boldsymbol{x}_p^{\mathrm{T}} \tag{3.31}$$

$$\dot{\widetilde{\boldsymbol{K}}}=-\boldsymbol{R}_2(\boldsymbol{B}_m\boldsymbol{K}^{*-1})^{\mathrm{T}}\boldsymbol{P}\boldsymbol{e}\boldsymbol{u}^{\mathrm{T}} \tag{3.32}$$

因为 $\widetilde{\boldsymbol{F}}=\boldsymbol{F}^*-\boldsymbol{F}$，$\widetilde{\boldsymbol{K}}=\boldsymbol{K}^*-\boldsymbol{K}$，可得自适应调节规律为

$$\dot{\boldsymbol{F}}=\boldsymbol{R}_1(\boldsymbol{B}_m\boldsymbol{K}^{*-1})^{\mathrm{T}}\boldsymbol{P}\boldsymbol{e}\boldsymbol{x}_p^{\mathrm{T}}$$

$$\boldsymbol{F}(t)=\int_0^t\boldsymbol{R}_1(\boldsymbol{B}_m\boldsymbol{K}^{*-1})^{\mathrm{T}}\boldsymbol{P}\boldsymbol{e}\boldsymbol{x}_p^{\mathrm{T}}\mathrm{d}t+\boldsymbol{F}(0) \tag{3.33}$$

$$\dot{\boldsymbol{K}}=\boldsymbol{R}_2(\boldsymbol{B}_m\boldsymbol{K}^{*-1})^{\mathrm{T}}\boldsymbol{P}\boldsymbol{e}\boldsymbol{u}^{\mathrm{T}}$$

$$\boldsymbol{K}(t)=\int_0^t\boldsymbol{R}_2(\boldsymbol{B}_m\boldsymbol{K}^{*-1})^{\mathrm{T}}\boldsymbol{P}\boldsymbol{e}\boldsymbol{u}^{\mathrm{T}}\mathrm{d}t+\boldsymbol{K}(0) \tag{3.34}$$

这样由式(3.33)、式(3.34)确定的 $\boldsymbol{K}(t)$ 和 $\boldsymbol{F}(t)$ 参数调整的自适应规律，就保证了李雅普诺夫函数 V 为正定的，它对时间 t 的导数 $\dot{V}$ 是负定的。从而对任意分段连续输入向量函数 $\boldsymbol{u}$ 能保证模型参考自适应系统是全局稳定的，即

$$\lim_{t\to\infty}\boldsymbol{e}(t)=0 \tag{3.35}$$

当 $\boldsymbol{e}(t)=0$ 时，则据广义状态误差向量方程式(3.26)有下面关系成立

$$\boldsymbol{B}_m\boldsymbol{K}^{*-1}\widetilde{\boldsymbol{F}}\boldsymbol{x}_p+\boldsymbol{B}_m\boldsymbol{K}^{*-1}\widetilde{\boldsymbol{K}}\boldsymbol{u}=0 \tag{3.36}$$

若输入信号 $\boldsymbol{u}(t)$ 是足够“丰富”的，例如，采用具有一定频率的方波信号，或为 q 个不同频率的正弦信号组成的分段连续的信号，其中 $q>\frac{n}{2}$ 或 $\frac{n-1}{2}$，则 $\boldsymbol{x}_p$ 和 $\boldsymbol{u}$ 不恒等于零，且彼此线性独立，可保证参数向量 $\widetilde{\boldsymbol{K}}(t)$ 和 $\widetilde{\boldsymbol{F}}(t)$ 收敛，即有

$$\lim_{t\to\infty}\widetilde{\boldsymbol{F}}(t)=0 \tag{3.37}$$

$$\lim_{t\to\infty}\widetilde{\boldsymbol{K}}(t)=0 \tag{3.38}$$

3.2.2 数字算例

例 3.3 如图 3.3 所示，设被控对象的状态方程为

$$\dot{\boldsymbol{x}}_p=\begin{bmatrix}2 & 0\\ -6 & -7\end{bmatrix}\boldsymbol{x}_p+\begin{bmatrix}2\\ 4\end{bmatrix}\boldsymbol{u} \tag{3.39}$$

参考模型的状态方程为

$$\dot{\boldsymbol{x}}_m=\begin{bmatrix}0 & 1\\ -10 & -5\end{bmatrix}\boldsymbol{x}_m+\begin{bmatrix}1\\ 2\end{bmatrix}\boldsymbol{r} \tag{3.40}$$

由图 3.3 可知

$$\boldsymbol{u}=\boldsymbol{r}\cdot\boldsymbol{K}+\boldsymbol{x}_p\cdot\boldsymbol{F} \tag{3.41}$$

根据前面的推导可知，$\dot{\boldsymbol{F}}$、$\dot{\boldsymbol{K}}$ 的大小和 $\boldsymbol{r}_1$、$\boldsymbol{r}_2$ 及 $\boldsymbol{p}$ 的选择有关，这里选择 $\boldsymbol{r}_1=\boldsymbol{r}_2=\boldsymbol{I}$，$\boldsymbol{p}=\begin{bmatrix}3 & 1\\ 1 & 1\end{bmatrix}$，

因为 $\boldsymbol{B}_m=\boldsymbol{B}_p\boldsymbol{K}^*$，由此可得 $\boldsymbol{B}_m\boldsymbol{K}^{*-1}=\boldsymbol{B}_p$，则 $\dot{\boldsymbol{F}}$、$\dot{\boldsymbol{K}}$ 的自适应规律为

$$\dot{\boldsymbol{F}}=[2\quad 4]\begin{bmatrix}3 & 1\\1 & 1\end{bmatrix}\begin{bmatrix}e_1\\e_2\end{bmatrix}[x_{p1}\ x_{p2}]=(10e_1+6e_2)[x_{p1}x_{p2}] \tag{3.42}$$

$$\dot{\boldsymbol{K}}=[2\quad 4]\begin{bmatrix}3 & 1\\1 & 1\end{bmatrix}\begin{bmatrix}e_1\\e_2\end{bmatrix}\boldsymbol{r}^{\mathrm{T}}=(10e_1+6e_2)\boldsymbol{r} \tag{3.43}$$

3.3 用被控对象的输入/输出构成自适应规律的设计方法

当被控系统的全部状态变量能够准确获取时，用被控系统的状态变量构成自适应规律，能够保证模型参考自适应系统的全局稳定性。但对许多实际系统来说，要准确地获取被控系统的全部状态变量是困难的。在这种情况下就要根据被控对象的输入/输出信号来构成自适应规律。根据被控对象的输入/输出构成自适应规律目前有两种途径可以实现。其一为直接法，根据被控对象的输入/输出或系统输出的广义误差向量，构成自适应规律调节某一特定结构的控制器的可调参数，使得由控制器和被控对象所组成的可调系统的传递函数与参考模型的传递函数相匹配。其二为根据被控对象的输入/输出信号设计一个自适应观测器，实时地给出对象的未知参数和状态估计值，再利用这些估计值构成自适应规律，使可调系统的传递函数或动态特性与参考模型相一致，这种方法称为间接法。下面讨论直接法。

3.3.1 具有可调增益的自适应系统的设计

1. 一阶系统情况

先考虑被控系统为一阶的情况，如图 3.4 所示。

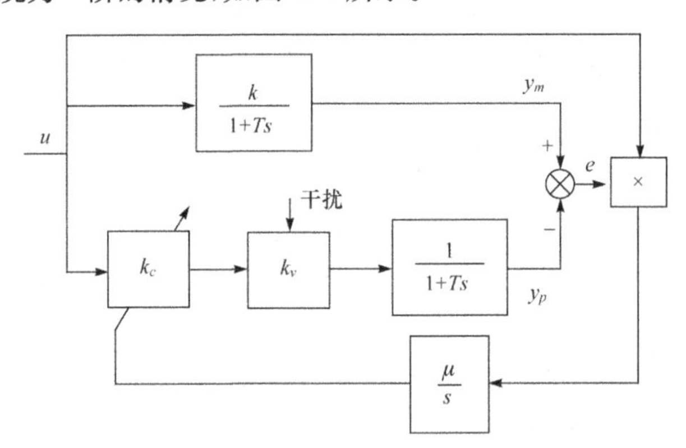

图 3.4 被控对象为一阶时具有可调增益的自适应系统

设在初始时刻 $k_ck_v\neq k$，则产生输出广义误差 e。于是开环系统的动态方程为

$$T\dot{e}+e=(k-k_ck_v)u(t) \tag{3.44}$$

设 $\psi=k-k_ck_v$，选择包含广义误差 e 和增益偏差 ψ 的标量函数为李雅普诺夫函数

$$V=e^2+c\psi^2,\quad c>0 \tag{3.45}$$

取李雅普诺夫函数对时间的导数得

$$\dot{V}=2e\dot{e}+2c\psi\dot{\psi} \tag{3.46}$$

为了沿系统的轨迹求李雅普诺夫函数的导数，由式(3.44)解出

$$\dot{e}=-\frac{1}{T}e+\frac{1}{T}\psi u(t) \tag{3.47}$$

代入式(3.46)得

$$\dot{V}=2e\left[-\frac{1}{T}e+\frac{1}{T}\psi u(t)\right]+2c\psi\dot{\psi}=-\frac{2}{T}e^2+\frac{2}{T}\psi eu(t)+2c\psi\dot{\psi} \tag{3.48}$$

式中，右边第一项恒为负，为了保证 $\dot{V}$ 是负定的，这里取上式右边第二项和第三项之和恒为零，即

$$\frac{2}{T}\psi eu(t)+2c\psi\dot{\psi}=0$$

$$\dot{\psi}=-\frac{1}{cT}eu(t) \tag{3.49}$$

因为 $\psi=k-k_ck_v$，故 $\dot{\psi}=-\dot{k}_ck_v$，所以获得调整可调增益 k_c 的自适应规律为

$$\dot{k}_c=\frac{1}{cTk_v}eu(t)=\mu eu(t) \tag{3.50}$$

式中，$\mu=1/(cTk_v)$。最后得到闭环自适应系统的动态方程为

$$\begin{cases}T\dot{e}+e=(k-k_ck_v)u(t)\\ T\dot{y}_m+y_m=ku(t)\\ \dot{k}_c=\mu eu(t)\end{cases} \tag{3.51}$$

2. 二阶系统情况

下面考虑对象为二阶系统的情况，如图 3.5 所示。

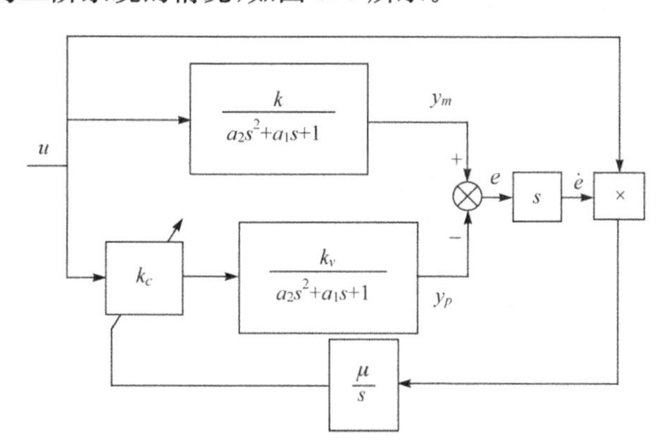

图 3.5　被控对象为二阶时具有可调增益的自适应系统

开环系统的动态方程为

$$a_2\ddot{\boldsymbol{e}}+a_1\dot{\boldsymbol{e}}+\boldsymbol{e}=(k-k_ck_v)\boldsymbol{u}(t) \tag{3.52}$$

设 $\psi=k-k_ck_v$，选取李雅普诺夫函数为

$$V=\frac{a_1}{a_2^2}\boldsymbol{e}^2+\frac{a_1}{a_2}\dot{\boldsymbol{e}}^2+c\psi^2 \tag{3.53}$$

则有

$$\dot{V}=2\frac{a_1}{a_2^2}\boldsymbol{e}\dot{\boldsymbol{e}}+2\frac{a_1}{a_2}\dot{\boldsymbol{e}}\ddot{\boldsymbol{e}}+2c\psi\dot{\psi} \tag{3.54}$$

从式(3.52)中解得

$$\ddot{\boldsymbol{e}}=-\frac{a_1}{a_2}\dot{\boldsymbol{e}}-\frac{1}{a_2}\boldsymbol{e}+\frac{1}{a_2}\psi\boldsymbol{u}(t) \tag{3.55}$$

将式(3.55)代入式(3.54)得到

$$\dot{V}=-2\left(\frac{a_1}{a_2}\right)^2\dot{\boldsymbol{e}}^2+2\frac{a_1}{a_2^2}\dot{\boldsymbol{e}}\psi\boldsymbol{u}(t)+2c\psi\dot{\psi} \tag{3.56}$$

因式(3.56)等号右边第一项恒为负,为保证 $\dot{V}$ 负定,令式(3.56)等号右边第二项与第三项之和为零。因此,可取可调增益 k_c 调整得自适应规律

$$2\frac{a_1}{a_2^2}\dot{\boldsymbol{e}}\psi\boldsymbol{u}(t)+2c\psi\dot{\psi}=0 \tag{3.57}$$

即

$$\dot{\psi}=-\frac{a_1}{ca_2^2}\dot{\boldsymbol{e}}\boldsymbol{u}(t) \tag{3.58}$$

因为 $\dot{\psi}=-k_v\dot{k}_c$,故

$$\dot{k}_c=\frac{a_1}{ca_2^2k_v}\dot{\boldsymbol{e}}\boldsymbol{u}(t)=\mu\dot{\boldsymbol{e}}\boldsymbol{u}(t) \tag{3.59}$$

式中,$\mu=a_1/(ca_2^2k_v)$。

从而用李雅普诺夫第二法设计出来的可调增益闭环自适应系统的结构如图 3.5 所示。这里需指出的是,结构图中通过对误差信号微分的办法得到 $\dot{\boldsymbol{e}}$。而在实际系统中,最好将被控对象的速度信号与参考模型的速度信号相比较获得误差的微分信号,而不用附加微分环节。

3. 一般情况

下面讨论更一般的情况,设该系统如图 3.6 所示。其可调系统的传递函数为 $k_ck_vN(s)/D(s)$,参考模型的传递函数为 $kN(s)/D(s)$,其中

$$N(s)=b_{n-1}s^{n-1}+b_{n-2}s^{n-2}+\cdots+b_0 \tag{3.60}$$

$$D(s)=s^n+a_{n-1}s^{n-1}+\cdots+a_0 \tag{3.61}$$

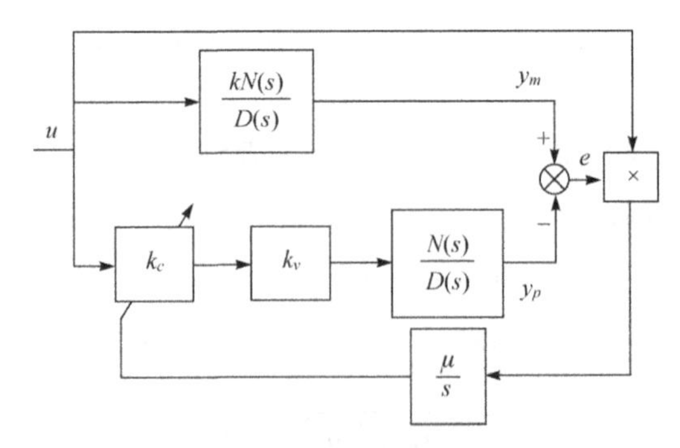

图 3.6　具有可调增益的模型参考自适应系统

环境的干扰使 k_v 发生变化，从而使得 $k_c k_v \neq k$。当被控系统与参考模型同时在信号 $u(t)$ 的作用下，便产生广义输出误差 $e=y_m-y_p$，其误差传递函数为

$$\frac{E(s)}{U(s)}=(k-k_c k_v)\frac{N(s)}{D(s)}=\psi\frac{N(s)}{D(s)} \tag{3.62}$$

式中，$\psi=k-k_c k_v$。

开环系统广义误差的动态方程可写成

$$e^{(n)}+a_{n-1}e^{(n-1)}+\cdots+a_0 e=\psi[b_{n-1}u^{(n-1)}+b_{n-2}u^{(n-2)}+\cdots+b_0 u] \tag{3.63}$$

将上式写成状态方程的形式为

$$\dot{\boldsymbol{e}}=\boldsymbol{A}\boldsymbol{e}+y\boldsymbol{C}\boldsymbol{u} \tag{3.64}$$

式中

$$\boldsymbol{e}=[e_1,\cdots,e_n]^{\mathrm{T}},\quad e_1=e,\quad e_2=\dot{e},\quad e_n=e^{(n-1)} \tag{3.65}$$

$$\boldsymbol{A}=\left[\begin{array}{c|ccc} 0 & & \boldsymbol{I}_{n-1} & \\ \hline -a_0 & -a_1 & \cdots & -a_{n-1} \end{array}\right] \tag{3.66}$$

$$\boldsymbol{C}=\begin{bmatrix} c_n \\ c_{n-1} \\ \vdots \\ c_1 \end{bmatrix}=\begin{bmatrix} 1 & 0 & \cdots & 0 & 0 \\ a_{n-1} & 1 & \cdots & 0 & 0 \\ \vdots & \vdots & & \vdots & \vdots \\ a_1 & a_2 & \cdots & a_{n-1} & 1 \end{bmatrix}^{-1}\begin{bmatrix} b_{n-1} \\ b_{n-2} \\ \vdots \\ b_0 \end{bmatrix} \tag{3.67}$$

为用李雅普诺夫第二法设计可调增益的自适应调整规律，试选用包含广义误差的可调增益的李雅普诺夫函数为

$$V=\boldsymbol{e}^{\mathrm{T}}\boldsymbol{P}\boldsymbol{e}+\lambda\psi^2 \tag{3.68}$$

为保证 V 是正定的，选择 $\boldsymbol{P}$ 为对称正定阵，$\lambda>0$，则

$$\dot{V}=\boldsymbol{e}^{\mathrm{T}}(\boldsymbol{P}\boldsymbol{A}+\boldsymbol{A}^{\mathrm{T}}\boldsymbol{P})\boldsymbol{e}+2\boldsymbol{e}^{\mathrm{T}}\boldsymbol{P}\boldsymbol{C}\boldsymbol{u}\psi+2\lambda\psi\dot{\psi} \tag{3.69}$$

为保证 $\dot{V}$ 负定，因为 $\boldsymbol{A}$ 为稳定阵，$\boldsymbol{P}$ 为对称正定阵，当选择一个对称阵 $\boldsymbol{Q}\geqslant 0$，且使 $\boldsymbol{P}\boldsymbol{A}+\boldsymbol{A}^{\mathrm{T}}\boldsymbol{P}=-\boldsymbol{Q}$ 成立，同时使上式中等号右边两项之和为零。即

$$2\boldsymbol{e}^{\mathrm{T}}\boldsymbol{P}\boldsymbol{C}\boldsymbol{u}\psi+2\lambda\psi\dot{\psi}=0 \tag{3.70}$$

$$\dot{\psi}=-\frac{1}{\lambda}\boldsymbol{e}^{\mathrm{T}}\boldsymbol{P}\boldsymbol{C}\boldsymbol{u} \tag{3.71}$$

考虑到 $\psi=k-k_c k_v$，则有

$$\dot{k}_c=\mu\boldsymbol{e}^{\mathrm{T}}\boldsymbol{P}\boldsymbol{C}\boldsymbol{u} \tag{3.72}$$

式中，$\mu=1/(\lambda k_v)$。

这样，自适应系统满足李雅普诺夫稳定性条件，对任意分段连续的输入量 u，可以保证自适应系统稳定或全局渐近稳定。

但是上述方法包含广义误差 e 以及它的各阶导数，这在具体实现上是有困难的。为了克服这一困难，在选择李雅普诺夫函数时，可设法使

$$\boldsymbol{P}\boldsymbol{C}=[\rho,0,\cdots,0]^{\mathrm{T}} \tag{3.73}$$

取 $\rho>0$，由这样的 $\boldsymbol{P}$ 所综合出来的自适应规律就只和广义误差 e 有关。这时

$$\dot{k}_c=\mu' \boldsymbol{e}\boldsymbol{u} \tag{3.74}$$

式中，$\mu'=\mu\rho$。

因此，对具有可调增益的自适应系统综合出只用输出广义误差 e，而不用其各阶导数的自适应规律，需要满足下列两个条件

$$\begin{cases}\boldsymbol{PA}+\boldsymbol{A}^{\mathrm{T}}\boldsymbol{P}=-\boldsymbol{Q}, \quad \boldsymbol{Q}\geqslant 0\\ \boldsymbol{PC}=[\rho,0,\cdots,0]^{\mathrm{T}}\end{cases} \tag{3.75}$$

满足上式的对称正定阵 $\boldsymbol{P}$ 可根据下述卡尔曼辅助定理来确定。

定理 3.5 卡尔曼辅助定理 若给定一个实数 r 和两个 n 维实向量 $\boldsymbol{g}$ 和 $\boldsymbol{h}$，以及 $n\times n$ 实矩阵 $\boldsymbol{F}$。令 $r\geqslant 0$，若矩阵 $\boldsymbol{F}$ 是稳定的(特征根具有负实部)，$\boldsymbol{F}$ 和 $\boldsymbol{g}$ 完全可控，当且仅当对于一切实数 ω，有

$$\frac{1}{2}r+R_e[\boldsymbol{h}^{\mathrm{T}}(j\omega\boldsymbol{I}-\boldsymbol{F})\boldsymbol{g}]\geqslant 0 \tag{3.76}$$

则存在一个 n 维实向量 $\boldsymbol{q}$ 和实对称阵 $\boldsymbol{P}$，满足

$$\boldsymbol{F}^{\mathrm{T}}\boldsymbol{P}+\boldsymbol{PF}=-\boldsymbol{q}\boldsymbol{q}^{\mathrm{T}} \tag{3.77}$$

$$\boldsymbol{P}g-k=\sqrt{r}\boldsymbol{q} \tag{3.78}$$

这一辅助定理说明，对于一个稳定的矩阵 $\boldsymbol{A}$，存在一个实对称阵 $\boldsymbol{P}$，使 $\boldsymbol{A}^{\mathrm{T}}\boldsymbol{P}+\boldsymbol{PA}$ 负定。倘若要求在不用误差导数的方式下，综合出稳定的自适应增益调整规律，则必须使开环传递函数 $\boldsymbol{h}^{\mathrm{T}}(s\boldsymbol{I}-\boldsymbol{F})^{-1}\boldsymbol{g}$ 为正实数。

3.3.2 单输入/单输出自适应控制系统的设计

这里所谓自适应控制系统的设计主要是讨论自适应机构的自适应规律的设计。设被控对象的微分方程为

$$y_p^{(n)}+\sum_{i=0}^{n-1}a_{pi}y_p^{(i)}=u^{(m)}+\sum_{i=0}^{m-1}b_{pi}u^{(i)} \tag{3.79}$$

参考模型的微分方程为

$$y_m^{(n)}+\sum_{i=0}^{n-1}a_{mi}y_m^{(i)}=u^{(m)}+\sum_{i=0}^{m-1}b_{mi}u^{(i)} \tag{3.80}$$

式中，y_p 和 y_m 分别为被控对象和参考模型的输出；u 为输入。设广义误差 $e=y_m-y_p$，则由式(3.79)和式(3.80)可得误差方程为

$$e^{(n)}+\sum_{i=0}^{n-1}a_{mi}e^{(i)}=\sum_{i=0}^{n-1}\delta_i y_p^{(i)}+\sum_{i=0}^{m-1}\sigma_i u^{(i)} \tag{3.81}$$

式中

$$\delta_i=a_{mi}-a_{pi}, \quad \sigma_i=b_{mi}-b_{pi} \tag{3.82}$$

设参数误差向量和广义误差向量分别为

$$\tilde{\boldsymbol{\theta}}=[\delta_0,\delta_1,\cdots,\delta_{n-1},\sigma_0,\sigma_1,\cdots,\sigma_{m-1}]^{\mathrm{T}} \tag{3.83}$$

$$\boldsymbol{e}=[e_1,e_2,\cdots,e_n]^{\mathrm{T}} \tag{3.84}$$

式中，$e_1=e,e_2=\dot{e},e_n=e^{(n-1)}$。

为用李雅普诺夫稳定性理论设计自适应规律，选用如下形式的李雅普诺夫函数

$$V=\frac{1}{2}[\boldsymbol{e}^{\mathrm{T}}\boldsymbol{P}\boldsymbol{e}+\tilde{\boldsymbol{\theta}}^{\mathrm{T}}\boldsymbol{\Lambda}\tilde{\boldsymbol{\theta}}] \tag{3.85}$$

式中，$\boldsymbol{P}$ 选为对称正定阵，$\boldsymbol{\Lambda}$ 选为$(n+m)$的对角线正定阵，即

$$\boldsymbol{\Lambda}=\mathrm{diag}[\lambda_0,\lambda_1,\cdots,\lambda_{n-1},\mu_0,\mu_1,\cdots,\mu_{m-1}]^{\mathrm{T}} \tag{3.86}$$

为讨论问题方便，将式(3.81)的误差方程改写成向量微分方程的形式

$$\dot{\boldsymbol{e}}=A\boldsymbol{e}+\Delta_a+\Delta_b \tag{3.87}$$

式中

$$\boldsymbol{A}=\begin{bmatrix} 0 & \cdots & \cdots & 1 \\ \vdots & \vdots & & \vdots \\ -a_{m0} & -a_{m1} & \cdots & -a_{mn-1} \end{bmatrix} \tag{3.88}$$

$$\Delta_a=\left[0,0,\cdots,\sum_{i=0}^{n-1}\delta_i y_p^{(i)}\right]^{\mathrm{T}} \tag{3.89}$$

$$\Delta_b=\left[0,0,\cdots,\sum_{j=0}^{m-1}\sigma_j u^{(j)}\right]^{\mathrm{T}} \tag{3.90}$$

求 V 对时间的导数得

$$\begin{aligned}\dot{V}=&\frac{1}{2}\boldsymbol{e}^{\mathrm{T}}(PA+A^{\mathrm{T}}P)\boldsymbol{e}+\sum_{i=0}^{n-1}\delta_i\left[\lambda_i\dot{\delta}_i+\left(\sum_{k=1}^{n}e_kP_{kn}\right)y_p^{(i)}\right]\\&+\sum_{i=0}^{m-1}\sigma_i\left[\mu_i\dot{\sigma}_i+\left(\sum_{k=1}^{n}e_kP_{kn}\right)u^{(i)}\right]\end{aligned} \tag{3.91}$$

为保证 $\dot{V}$ 是负定的，选 $\boldsymbol{Q}$ 为对称正定阵，使 $\boldsymbol{PA}+\boldsymbol{A}^{\mathrm{T}}\boldsymbol{P}=-\boldsymbol{Q}$，并使上式中后面项分别为零，即可获得参数调整的自适应规律为

$$\dot{\delta}_i=-\frac{1}{\lambda_i}\left(\sum_{k=1}^{n}e_kP_{kn}\right)y_p^{(i)} \tag{3.92}$$

$$\dot{\sigma}_i=-\frac{1}{\mu_i}\left(\sum_{k=1}^{n}e_kP_{kn}\right)u^{(i)} \tag{3.93}$$

由于这样设计出的自适应规律符合李雅普诺夫稳定性条件，对任意分段连续频带较宽的输入向量函数 u，能保证自适应系统是全局渐近稳定的。

单输入/单输出自适应系统利用其输入/输出构成自适应规律，不仅包含广义误差和被控系统的输出，而且包含它们的各阶导数，因而就要求在自适应机构中设置微分环节，这样实现比较困难，而且降低了系统抵抗外来噪声干扰的能力。为了克服这一缺点，许多学者做了不少研究工作，提出了许多改进方案。

3.3.3 数字算例

例 3.4 设二阶模型参考自适应系统如图 3.7 所示。

其可调系统的动态方程为

$$\ddot{y}_p+a_{p1}\dot{y}_p+a_{p0}y_p=k_ck_vu \tag{3.94}$$

式中

$$a_{p1}=b_1+f_1k_v,\quad a_{p0}=b_0+f_0k_v \tag{3.95}$$

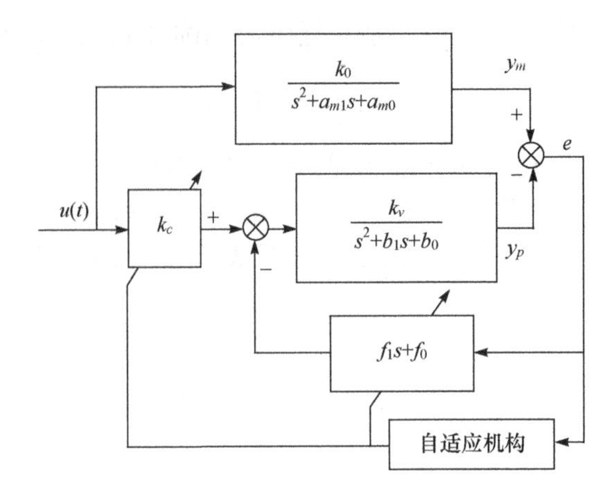

图 3.7　二阶模型参考自适应系统

参考模型的动态方程为

$$\ddot{y}_m+a_{m1}\dot{y}_m+a_{m0}y_m=k_0u \tag{3.96}$$

该系统的广义误差方程为

$$\ddot{e}+a_{m1}\dot{e}+a_{m0}e=\delta_1\dot{y}_p+\delta_0y_p+\sigma u \tag{3.97}$$

式中

$$\delta_1=a_{p1}-a_{m1},\quad \delta_0=a_{p0}-a_{m0},\quad \sigma=k_0-k_ck_v \tag{3.98}$$

把式(3.97)写成向量微分方程的形式

$$\dot{\boldsymbol{e}}=\boldsymbol{Ae}+\Delta_a+\Delta_b \tag{3.99}$$

式中

$$\boldsymbol{A}=\begin{bmatrix}0 & 1\\ -a_{m0} & -a_{m1}\end{bmatrix}$$

$$\Delta_a=\begin{bmatrix}0\\ \sum_{i=0}^{n-1}\delta_i y_p^{(i)}\end{bmatrix} \tag{3.100}$$

$$\Delta_b=\begin{bmatrix}0\\ \sigma u\end{bmatrix}$$

设参数误差向量为

$$\tilde{\boldsymbol{\theta}}^{\mathrm{T}}=[\delta_0,\delta_1,\sigma]^{\mathrm{T}} \tag{3.101}$$

广义误差向量为

$$\boldsymbol{e}=[e_1,e_2]^{\mathrm{T}},\quad e_1=e,\quad e_2=\dot{e} \tag{3.102}$$

取李雅普诺夫函数为

$$V=\frac{1}{2}[\boldsymbol{e}^{\mathrm{T}}\boldsymbol{Pe}+\tilde{\boldsymbol{\theta}}^{\mathrm{T}}\boldsymbol{\Lambda}\tilde{\boldsymbol{\theta}}] \tag{3.103}$$

式中，$\boldsymbol{P}$ 为对称正定阵；$\boldsymbol{\Lambda}$ 为对角线正定阵，且

$$\boldsymbol{\Lambda}=\mathrm{diag}[\lambda_0,\lambda_1,\mu] \tag{3.104}$$

取 V 对时间的导数，则有

$$\dot{V}=\frac{1}{2}\boldsymbol{e}^{\mathrm{T}}(\boldsymbol{PA}+\boldsymbol{A}^{\mathrm{T}}\boldsymbol{P})\boldsymbol{e}+\sum_{i=0}^{1}\delta_i\left[\lambda_i\dot{\delta}_i+\left(\sum_{k=1}^{2}e_kp_{k2}\right)y_p^{(i)}\right]$$
$$+\sigma\left[\mu\dot{\sigma}+\left(\sum_{k=1}^{2}e_kp_{k2}\right)u\right] \tag{3.105}$$

为使 $\dot{V}$ 为负定的，选 $\boldsymbol{Q}$ 为对称正定阵，并使 $\boldsymbol{PA}+\boldsymbol{A}^{\mathrm{T}}\boldsymbol{P}=-\boldsymbol{Q}$，同时，使上式中等式右边的第二项及第三项恒为零，即得自适应规律为

$$\begin{aligned}\dot{\delta}_0&=-(e_1p_{12}+e_2p_{22})y_p/\lambda_0\\\dot{\delta}_1&=-(e_1p_{12}+e_2p_{22})\dot{y}_p/\lambda_1\\\dot{\sigma}&=-(e_1p_{12}+e_2p_{22})u/\mu\end{aligned} \tag{3.106}$$

从而可以得到可调系统中 f_0、f_1 和 k_c 的自适应调整规律为

$$\begin{aligned}\dot{f}_0&=-(e_1p_{12}+e_2p_{22})y_p/(\lambda_0k_v)\\\dot{f}_1&=-(e_1p_{12}+e_2p_{22})\dot{y}_p/(\lambda_1k_v)\\\dot{k}_c&=-(e_1p_{12}+e_2p_{22})u/(\mu k_v)\end{aligned} \tag{3.107}$$

并且对任意分段连续频带较宽的输入信号 u，能使自适应系统是全局稳定的，即

$$\lim_{t\to\infty}\boldsymbol{e}(t)=0,\quad \lim_{t\to\infty}\tilde{\boldsymbol{\theta}}(t)=0 \tag{3.108}$$

为讨论问题方便，取 $\boldsymbol{\Lambda}=\mathrm{diag}[\lambda_0\quad\lambda_1\quad\mu]=\mathrm{diag}\begin{bmatrix}\frac{1}{3} & \frac{1}{3} & \frac{1}{3}\end{bmatrix}$，$\boldsymbol{P}=\begin{bmatrix}2 & 1\\1 & 2\end{bmatrix}$，$a_1=b_1=2$，$a_0=b_0=k_p=3$，$f_1(0)=f_0(0)=0$，$k_c(0)=1$。

利用 MATLAB 进行仿真，构建自适应控制系统仿真模型（图 3.8），对系统的参考模型、可调模型及 k_c 等重要参数进行分析。

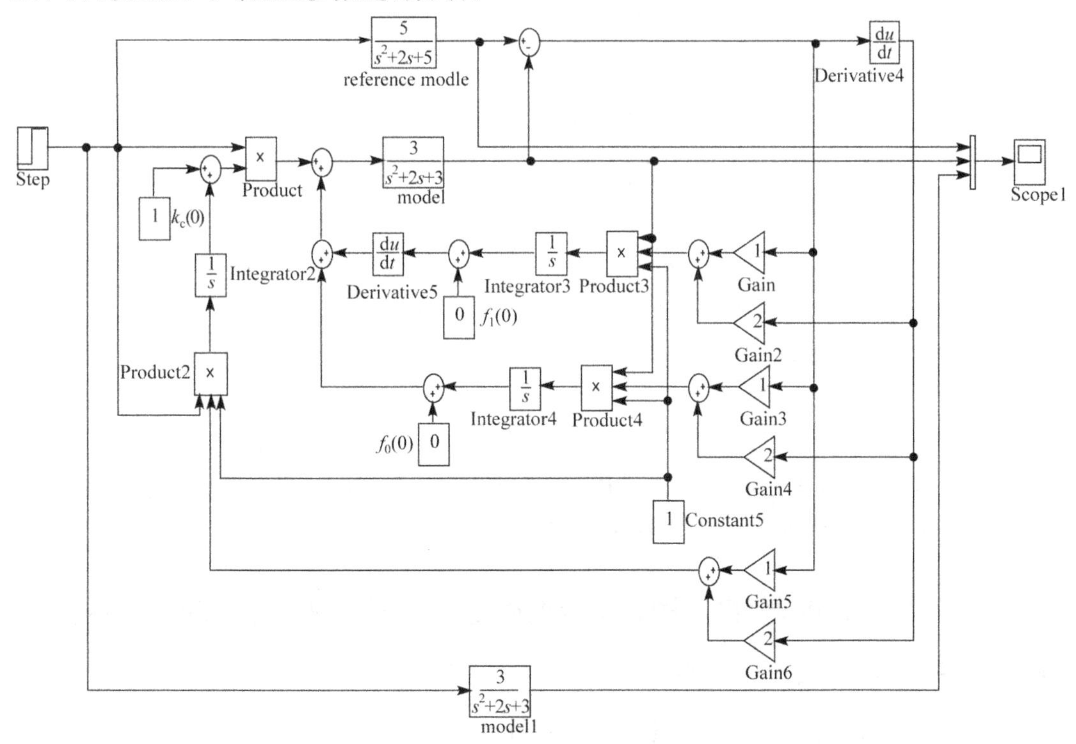

图 3.8　自适应控制系统仿真模型

按照上述参数进行仿真，得到仿真输出曲线（图 3.9）和输出误差曲线（图 3.10），图 3.9 为参考模型对阶跃信号的响应、可调对象对阶跃信号的响应及未采用自适应控制的响应曲线。

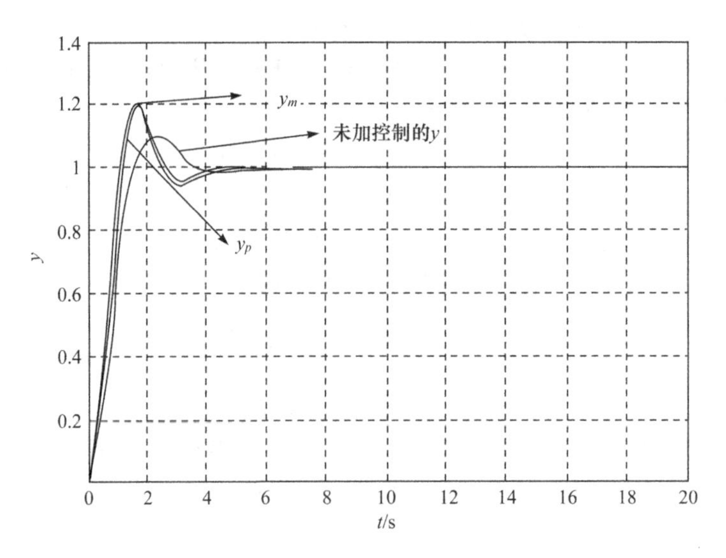

图 3.9 输出曲线

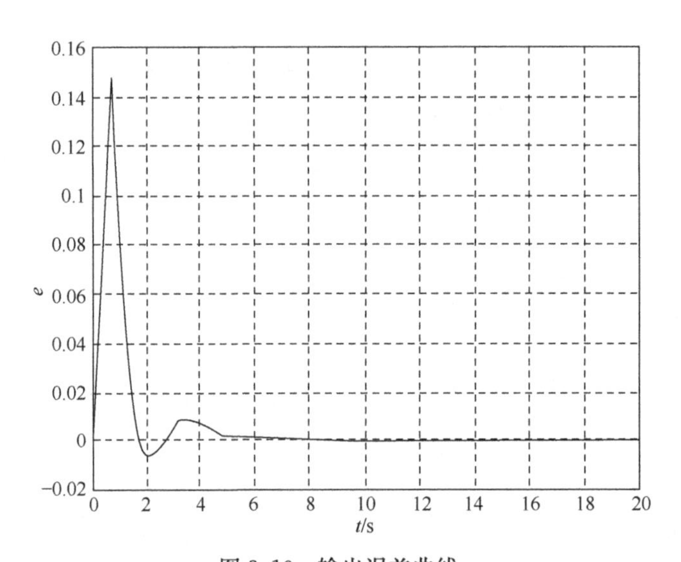

图 3.10 输出误差曲线

从图 3.10 可以很直观地看出，未采用自适应控制前，系统输出与参考模型差别很大，而采用设计的模型参考自适应控制后，输出与参考模型几乎重合，效果明显。

3.4 基于李雅普诺夫稳定性理论设计自适应控制律应用实例

3.4.1 汽车减振系统自适应控制律设计

例 3.5 汽车减振系统的简化模型如图 3.11 所示。

由上述模型可得减振系统的动力学方程为

$$\begin{cases} m_s\ddot{x}_r = -k_s(x_r - z_r) - f_{dr} \\ m_u\ddot{z}_r = k_s(x_r - z_r) - k_t(z_r - d) + f_{dr} \end{cases} \tag{3.109}$$

式中，m_s 为簧载质量；x_r 为簧载质量位移；z_r 为非簧载质量位移；d 为路面输入；k_s 为悬架刚度；k_t 为轮胎的刚度；f_{dr} 为天棚控制阻尼力，且

$$f_{dr} = c_s\dot{x}_r \tag{3.110}$$

路面的输入模型

$$\dot{d} + \alpha v d = \xi \tag{3.111}$$

式中，输入 ξ 是一个白噪声过程；v 为车速。由式(3.109)～式(3.111)可得参考模型的状态方程

$$\dot{\boldsymbol{x}}_m = \boldsymbol{A}_m\boldsymbol{x}_m + \boldsymbol{B}_m\boldsymbol{u} \tag{3.112}$$

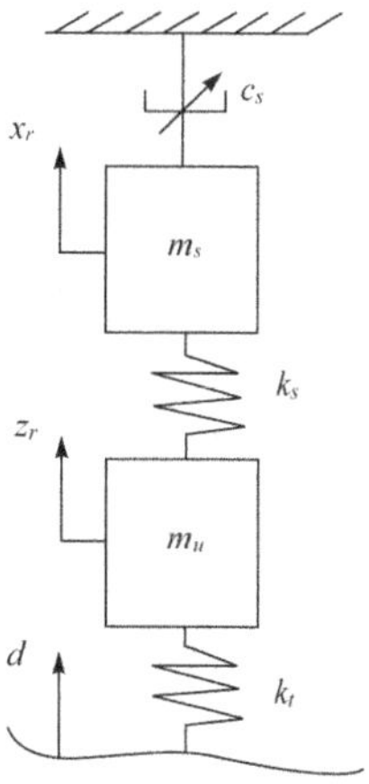

图 3.11　汽车减振系统

式中

$$\boldsymbol{x}_m = [d, x_r, z_r, \dot{x}_r, \dot{z}_r]^{\mathrm{T}}, \quad \boldsymbol{u} = \xi \tag{3.113}$$

$$\boldsymbol{A}_m = \begin{bmatrix} -av & 0 & 0 & 0 & 0 \\ 0 & 0 & 0 & 1 & 0 \\ 0 & 0 & 0 & 0 & 1 \\ 0 & -\dfrac{k_s}{m_s} & \dfrac{k_s}{m_s} & -\dfrac{c_s}{m_s} & 0 \\ \dfrac{k_t}{m_u} & \dfrac{k_s}{m_u} & -\dfrac{k_t + k_s}{m_u} & \dfrac{c_s}{m_u} & 0 \end{bmatrix} \tag{3.114}$$

$$\boldsymbol{B}_m = [1, 0, 0, 0, 0]^{\mathrm{T}} \tag{3.115}$$

自适应控制器由前馈控制器 K 和反馈控制器 F 组成，整个可调系统为

$$\dot{\boldsymbol{x}}_p = \boldsymbol{A}_p\boldsymbol{x}_p + \boldsymbol{B}_p\boldsymbol{u}_a \tag{3.116}$$

$$\boldsymbol{u}_a = \boldsymbol{K}(e,t)\boldsymbol{u} + \boldsymbol{F}(e,t)\boldsymbol{x}_p(t) \tag{3.117}$$

汽车减振系统结构图如图 3.11 所示。定义广义误差为 $\boldsymbol{e} = \boldsymbol{x}_m - \boldsymbol{x}_p$，则

$$\dot{\boldsymbol{e}} = \boldsymbol{A}_m\boldsymbol{e} + [\boldsymbol{A}_m - \boldsymbol{A}_p(t) - \boldsymbol{B}_p(t)\boldsymbol{F}(t)]\boldsymbol{x}_p + [\boldsymbol{B}_m - \boldsymbol{B}_p(t)\boldsymbol{K}(t)]\boldsymbol{u} \tag{3.118}$$

构造李雅普诺夫函数

$$V = \frac{1}{2}[\boldsymbol{e}^{\mathrm{T}}\boldsymbol{P}\boldsymbol{e} + \mathrm{tr}(\tilde{\boldsymbol{F}}^{\mathrm{T}}\boldsymbol{R}_1^{-1}\tilde{\boldsymbol{F}} + \tilde{\boldsymbol{K}}^{\mathrm{T}}\boldsymbol{R}_2^{-1}\tilde{\boldsymbol{K}})] \tag{3.119}$$

式中，$\boldsymbol{P}$、$\boldsymbol{R}_1^{-1}$ 和 $\boldsymbol{R}_2^{-1}$ 都是对称正定矩阵，由李雅普诺夫稳定性理论可知，自适应规律为

$$\dot{\boldsymbol{F}} = \boldsymbol{R}_1(\boldsymbol{B}_m\boldsymbol{K}^{*-1})^{\mathrm{T}}\boldsymbol{P}\boldsymbol{e}\boldsymbol{x}_p^{\mathrm{T}} \tag{3.120}$$

$$\dot{\boldsymbol{K}} = \boldsymbol{R}_2(\boldsymbol{B}_m\boldsymbol{K}^{*-1})^{\mathrm{T}}\boldsymbol{P}\boldsymbol{e}\boldsymbol{u}^{\mathrm{T}} \tag{3.121}$$

这里代入 $m_s = 400\mathrm{kg}$，$m_u = 40\mathrm{kg}$，$k_s = 15800\mathrm{N/m}$，$k_t = 15800\mathrm{N/m}$，$c_s = 3000\mathrm{N \cdot s/m}$，$v = 30\mathrm{km/h}$，$\alpha = 0.2$，MATLAB 仿真实验结果如图 3.12 所示。

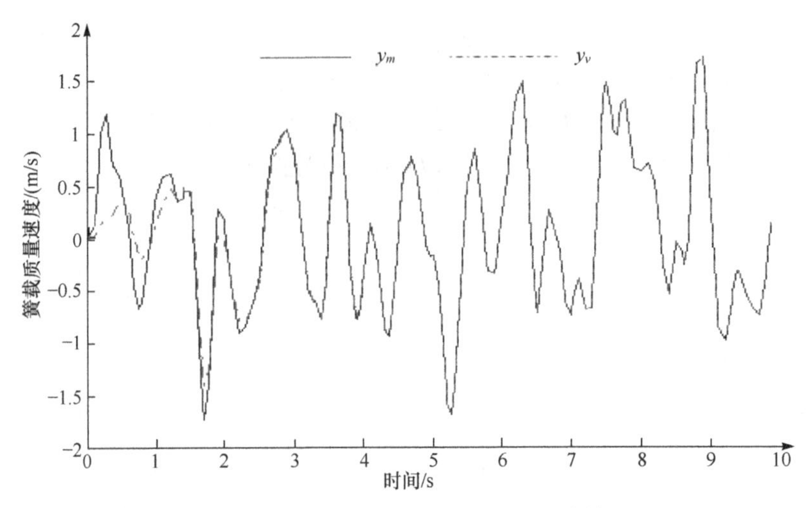

图 3.12　汽车减振系统自适应控制仿真结果

3.4.2　弹性结构振动抑制的自适应控制律设计

振动主动控制作为动力学与控制理论、计算机等多学科的交叉，是振动工程领域的一项高新技术，有着重要的应用价值与发展前景。由于结构的不确定性及建模的复杂性，自适应振动控制的理论和应用研究成为振动主动控制研究的最主要分支之一。以下例题就悬臂梁结构，用有限元方法建立系统方程，在模态空间将其解耦，针对其最主要的第一阶模态的控制采用基于李雅普诺夫稳定性理论设计的模型参考自适应控制进行仿真。在不引入噪声的情况下仿真结果表明了对第一阶模态振动的抑制很好。

例 3.6　将图 3.13 所示的弹性悬臂梁：长 L、宽 W、厚 T、杨氏模量 E、密度 ρ 结构划分成 6 个简单有限元单元。

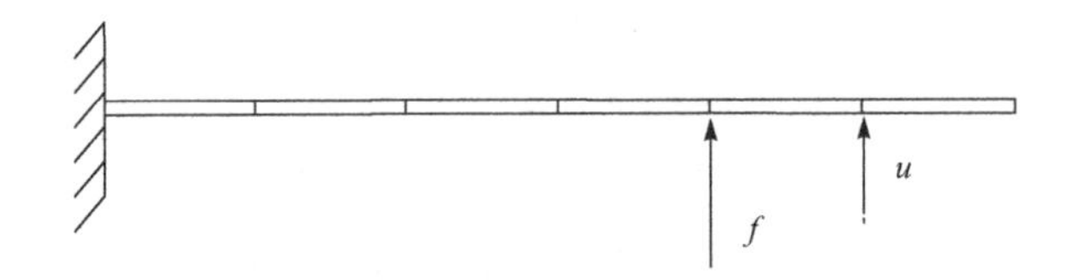

图 3.13　悬臂梁模型

单元刚度矩阵为

$$\mathrm{ke}=\frac{EI}{l^3}\begin{bmatrix} 12 & 6l & -12 & 6l \\ 6l & 4l^2 & -6l & 2l^2 \\ -12 & -6l & 12 & -6l \\ 6l & 2l^2 & -6l & 4l^2 \end{bmatrix} \tag{3.122}$$

单元质量阵为

$$\mathrm{Me}=\frac{rwtl}{420}\begin{bmatrix} 156 & 22l & 54 & -13l \\ 22l & 4l^2 & -13l & -3l^2 \\ 54 & 13l & 156 & -22l \\ -13l & -3l^2 & -22l & 4l^2 \end{bmatrix} \tag{3.123}$$

加入边界条件拼装总体矩阵得到动力学方程为

$$\boldsymbol{M}\ddot{x}+\boldsymbol{C}\dot{x}+\boldsymbol{K}x=\boldsymbol{F}+\boldsymbol{U} \tag{3.124}$$

式中，$\boldsymbol{M},\boldsymbol{C},\boldsymbol{K}\in\boldsymbol{R}^{12\times 12}$为系统矩阵，$\boldsymbol{C}$为比例阻尼且$\boldsymbol{C}=\alpha\boldsymbol{M}+\beta\boldsymbol{K}$；$\boldsymbol{F}$、$\boldsymbol{U}$是扰动和输入向量。

进行模态分析，得到特征向量$\phi_i,i=1,2,3,\cdots,12$，令

$$\boldsymbol{\Phi}=\phi_1 \quad \phi_2 \quad \cdots \quad \phi_{12} \tag{3.125}$$

则用$x=\boldsymbol{\Phi}q$变换坐标得到解耦方程

$$\widetilde{\boldsymbol{M}}\ddot{q}+\widetilde{\boldsymbol{C}}\dot{q}+\widetilde{\boldsymbol{K}}q=\widetilde{\boldsymbol{F}}+\widetilde{\boldsymbol{U}} \tag{3.126}$$

式中，$\widetilde{\boldsymbol{M}}=\boldsymbol{\Phi}^{\mathrm{T}}\boldsymbol{M}\boldsymbol{\Phi},\widetilde{\boldsymbol{C}}=\boldsymbol{\Phi}^{\mathrm{T}}\boldsymbol{C}\boldsymbol{\Phi},\widetilde{\boldsymbol{K}}=\boldsymbol{\Phi}^{\mathrm{T}}\boldsymbol{K}\boldsymbol{\Phi}$对角线元素分别为$\widetilde{m}_i$、$\widetilde{c}_i$、$\widetilde{k}_i$，$i=1,2,\cdots,12$。解耦方程为

$$\widetilde{m}_i\ddot{q}+\widetilde{c}_i\dot{q}+\widetilde{k}_iq=\widetilde{f}_i+\widetilde{u}_i \tag{3.127}$$

质量归一化的情况下$\widetilde{m}_i=1_i$。针对前面的悬臂梁结构，代入仿真应用的一组参数长$L=0.826\text{m}$，宽$W=0.0531\text{m}$，厚$T=0.001\text{m}$，杨氏模量$E=7.03\times 10^{10}\text{N/m}^2$，密度$\rho=2690\text{kg/m}^3$，应用商用有限元软件PATRAN建立模型图3.14，进行模态分析并得到对质量归一化的模态参数，一阶模态如图3.15所示。

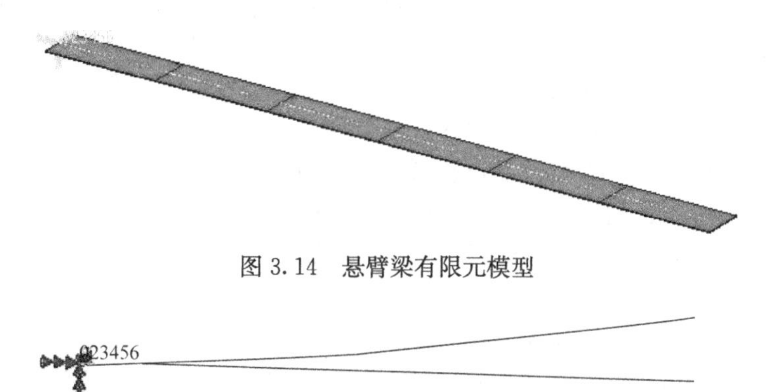

图3.14　悬臂梁有限元模型

图3.15　一阶振动模态

由动力学特性可知，结构振动的最主要贡献在最低的几阶模态，为了说明情况且主要目的是弹性结构振动抑制的MRAC仿真，这里只选第一阶模态

$$\widetilde{m}_i=1,\quad \widetilde{k}_i=56.4,\quad \omega_1=7.51\text{rad/s},\quad \xi_1=0.012 \tag{3.128}$$

解耦后的一阶方程为

$$\ddot{q}+0.18\dot{q}+56.4q=u \tag{3.129}$$

转化到状态空间

$$[\dot{q}\quad q]=\boldsymbol{x}_p \tag{3.130}$$

$$\dot{\boldsymbol{x}}_p=\begin{bmatrix}-0.18 & -56.4\\ 1 & 0\end{bmatrix}\cdot\boldsymbol{x}_p+\begin{bmatrix}1\\0\end{bmatrix}\cdot u \tag{3.131}$$

$$\boldsymbol{y}_p=\begin{bmatrix}1 & 0\\ 0 & 1\end{bmatrix}\cdot\boldsymbol{x}_p \tag{3.132}$$

MRAC振动抑制自适应控制框图如图3.3所示，本例基于李雅普诺夫稳定性理论设计MRAC自适应控制律，不需要验证稳定性而直接适用于系统，控制律为

$$u=F(t)x_p+K(t)f \tag{3.133}$$

选取能控能观且具有适当性能的参考系统

$$\dot{\boldsymbol{x}}_m=\begin{bmatrix}-1 & -101\\ 1 & 0\end{bmatrix}\cdot\dot{\boldsymbol{x}}+\begin{bmatrix}0.7\\ 0\end{bmatrix}\tag{3.134}$$

$$\boldsymbol{y}_m=\begin{bmatrix}1 & 0\\ 0 & 1\end{bmatrix}\cdot\boldsymbol{x}_m\tag{3.135}$$

控制律为

$$\boldsymbol{B}_m k^{*-1}=\boldsymbol{B}_p=\begin{bmatrix}1\\ 0\end{bmatrix},\quad \boldsymbol{P}=\begin{bmatrix}1 & 1\\ 1 & 2\end{bmatrix},\quad \Gamma_1=\Gamma_2=1\tag{3.136}$$

$$\begin{aligned}F(t)&=\int_0^t[1\quad 0]\cdot\begin{bmatrix}1 & 1\\ 1 & 2\end{bmatrix}\cdot\begin{bmatrix}e_1\\ e_2\end{bmatrix}\cdot[x_{p1}\quad x_{p2}]\mathrm{d}\tau+F(0)\\ &=\int_0^t[(e_1+e_2)x_{p1}\quad (e_1+e_2)x_{p2}]\mathrm{d}\tau+F(0)\end{aligned}\tag{3.137}$$

$$K(t)=\int_0^t(e_1+e_2)f\mathrm{d}\tau+K(0)\tag{3.138}$$

若初始值 $F(0)$、$K(0)$ 均为零，则所设计的模型参考自适应振动抑制控制律仿真如下。

前 10 秒钟作用 $\sin\omega_t(\omega\approx\omega_1)$，这里取 7.5 的正弦扰动信号，不加控制；从第 10 秒开始停止扰动，施加控制作用，仿真程序如图 3.16 所示，State-Space 为参考模型，State、Space、State-Space1 为同一受控系统。Step 和 Step1 产生一个 0～10s 为 1 而其余为 0 的信号来保证前 10 秒施加扰动而从第 10 秒开始停止，Step2 保证从 10 秒钟开始施加控制作用。Scope 显示 10 秒钟后加入所设计控制与否的系统广义位移输出，Scope1 显示加入控制前后广义位移跟踪误差。从图 3.17 可以看出上面基于李雅普诺夫稳定性理论设计 MRAC 自适应控制律能够使受控系统跟踪参考模型，在施加控制后广义位移跟踪误差很快收敛到 0。图 3.18为在扰动消失后是否施加控制的衰减情况，可以看出控制作用非常明显，施加控制作用的在 2～3 秒内迅速衰减，而未加控制的系统则需要长达 40 秒的时间。

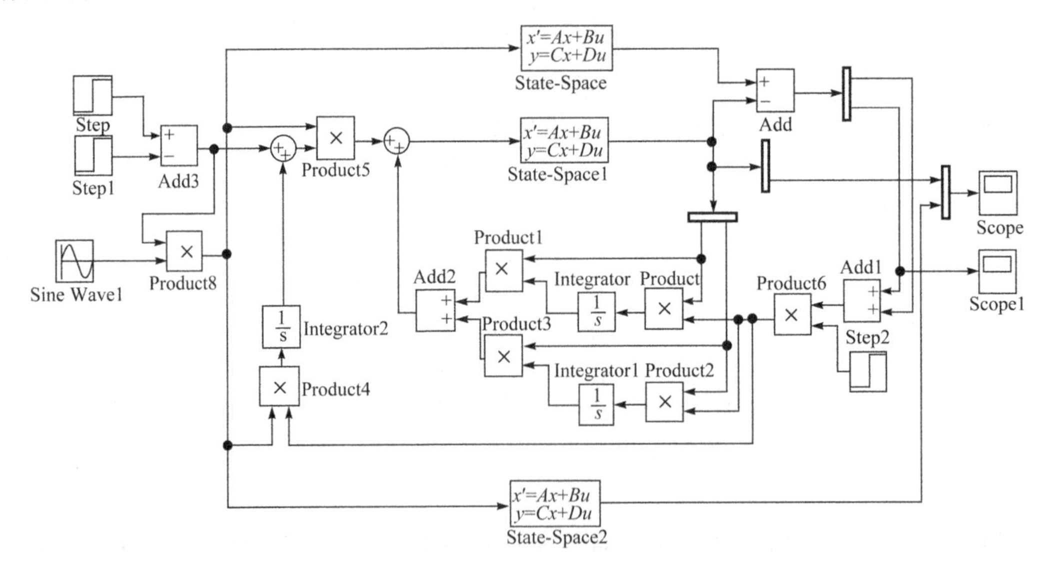

图 3.16　模型参考自适应控制的 Simulink 仿真程序(一)

始终施加扰动，在 10 秒钟施加控制作用，仿真程序如图 3.19 所示。与图 3.16 所示的程序基本相同，只是把在第 10 秒钟停止的扰动贯穿于整个仿真过程，以考察稳态扰动的控制情况。

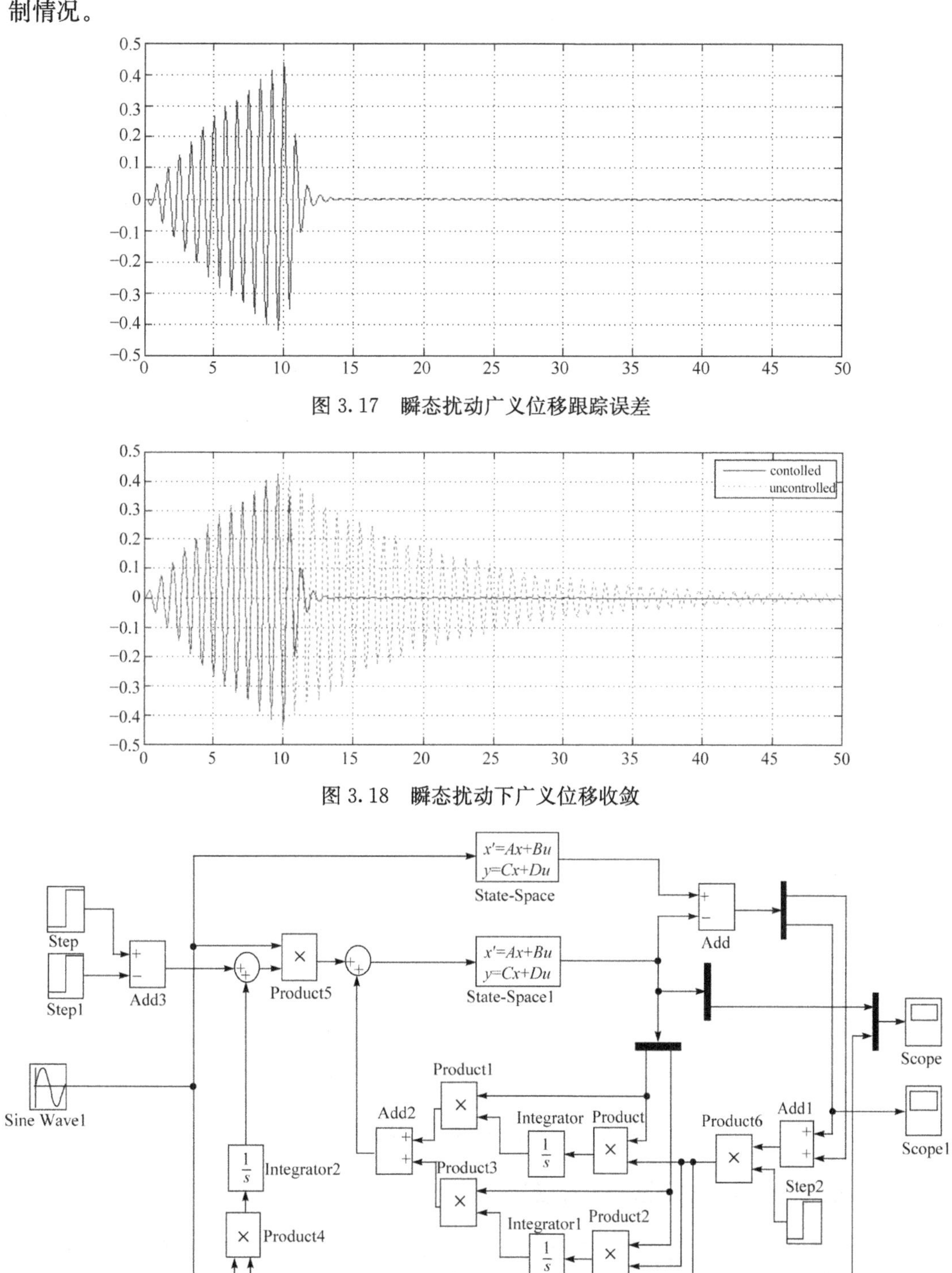

图 3.17　瞬态扰动广义位移跟踪误差

图 3.18　瞬态扰动下广义位移收敛

图 3.19　模型参考自适应控制的 Simulink 仿真程序(二)

图 3.20 是在稳态扰动下系统的广义位移跟踪误差，可以看出在较短的时间内衰减到 0 的小邻域内，但只是不能像瞬态情况一样衰减至 0。图 3.21 给出了在稳态扰动下的 MRAC 的抑制作用，可以看出抑制效果明显并且有较快的收敛速度。

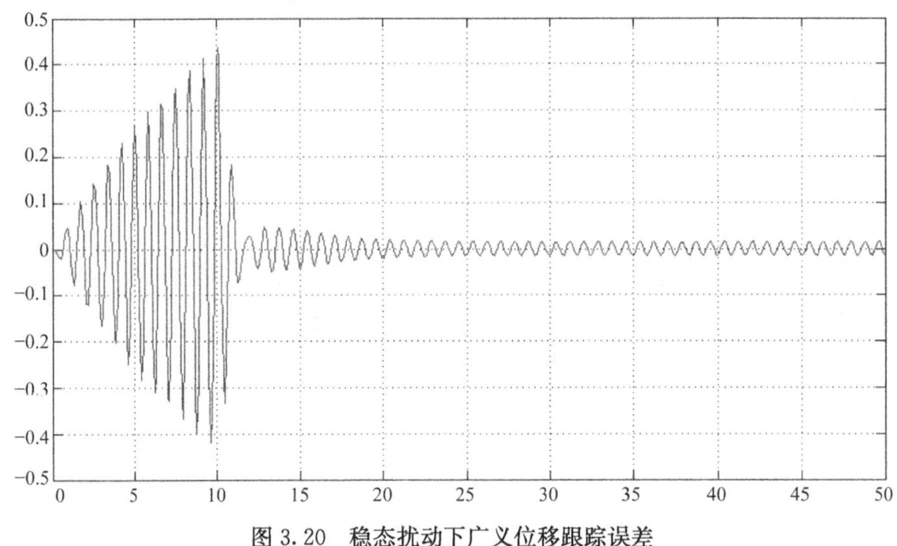

图 3.20　稳态扰动下广义位移跟踪误差

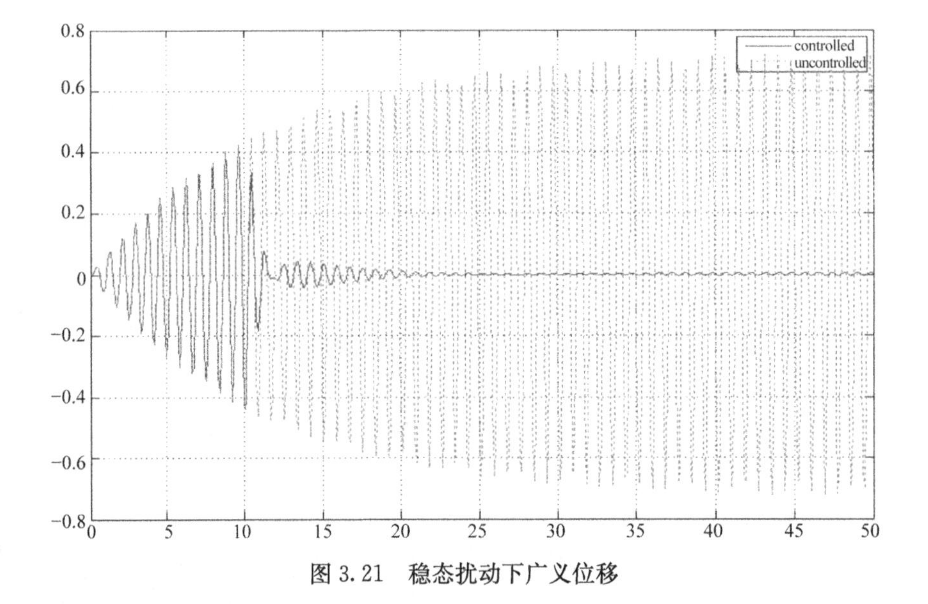

图 3.21　稳态扰动下广义位移

3.4.3　飞机起落架系统自适应控制律设计

飞机起落架的着陆运动过程分为起转和回弹两个阶段，其中起转阶段又分为轮胎开始压缩和缓冲器开始压缩两个分阶段。飞机在着陆的时候受到水平速度的影响，其参数与方程的变量之间实际上呈非线性关系。非线性方程可以较好地反映起落架真实的着陆情况，但不便于使用线性控制理论进行分析和控制。因此，必须进行线性化，建立线性起落架着陆数学模型。

假设 3.1　起落架线性化模型假设：

① 以地面坐标为参考系，起落架运动形式只考虑垂直落震情况；

② 不考虑飞机水平运动的影响，且车架轮轴相对于支柱中心线的任何偏离所带来的力学效应都不计；

③ 起落架缓冲器简化为弹簧-阻尼系统；

④ 机轮和轮胎被简化为质量-弹簧系统，不考虑阻尼力的影响；

⑤ 飞机的升力和重力保持不变，并且重力等于升力；

⑥ 取飞机停机时起落架缓冲器的位置为原点；

⑦ 所有轮轴上的机轮都等效为一个单一的机轮。

为了较好地模拟起落架结构中各部分的运动特点，把起落架结构质量按需要划分为两个集中质量：①弹性支撑质量 M_1，即缓冲器中空气弹簧的上部质量，包括机身、机翼、尾翼、缓冲器外筒等质量，即空气弹簧支承的质量；②弹性支撑质量 M_2，即空气弹簧下部的质量，包括缓冲器活塞杆、刹车装置、轮胎等质量，即非空气弹簧支撑的质量。

弹性支撑质量的运动方程为

$$M_1\ddot{Z}_1=C_S(\dot{Z}_2-\dot{Z}_1)+K_S(Z_2-Z_1) \tag{3.139}$$

非弹性支撑质量的运动方程为

$$M_2\ddot{Z}_2=-C_S(Z_2-Z_1)-K_S(Z_2-Z_1)+K_t(h-Z_2) \tag{3.140}$$

式中，M_1 为弹性支撑质量；M_2 为非弹性支撑质量；Z_1 为弹性支撑质量位移；Z_2 为非弹性支撑质量位移；h 为飞机跑道的形变；C_S 是油液缓冲器当量阻尼系数；K_S 是起落架气体弹簧刚度；K_t 是轮胎弹性当量刚度系数。

由于起落架是一个非线性元件，在一定条件下可忽略非线性因素，将起落架视为完全线性的元件，采用等效功量的方法选取适当的范围积分计算出其面积，然后等效成三角形计算出斜率。考虑到摩擦力对缓冲器的空气弹簧当量系数，地面对轮胎和轮胎的阻尼力有较大影响，这里取如下当量系数

$$K_S=2.5\times10^6\text{N/m},\quad C_S=1.0\times10^5\text{N/s/m},\quad K_t=3.2\times10^6\text{N/m} \tag{3.141}$$

例 3.7 图 3.22 所示的起落架线性模型自适应控制原理框图见图 3.3，系统的参考模型为

$$\dot{\boldsymbol{X}}_m=\boldsymbol{A}_m\boldsymbol{X}_m+\boldsymbol{B}_m r \tag{3.142}$$

式中

$$\boldsymbol{A}_m=\begin{bmatrix}0 & 1\\ -5 & -1\end{bmatrix},\quad \boldsymbol{B}_m=\begin{bmatrix}0\\ 5\end{bmatrix},\quad \boldsymbol{X}_m=\begin{bmatrix}X_{m1}\\ X_{m2}\end{bmatrix} \tag{3.143}$$

被控对象模型为

$$\dot{\boldsymbol{X}}_p=\boldsymbol{A}_p\boldsymbol{X}_p+\boldsymbol{B}_p u \tag{3.144}$$

$$\boldsymbol{X}_p=\begin{bmatrix}X_{p1}\\ X_{p2}\end{bmatrix},\quad \boldsymbol{A}_p=\begin{bmatrix}0 & 1\\ -8 & -8\end{bmatrix},\quad \boldsymbol{B}_p=\begin{bmatrix}0\\ 6\end{bmatrix},\quad \boldsymbol{F}=\begin{bmatrix}f_1\\ f_2\end{bmatrix} \tag{3.145}$$

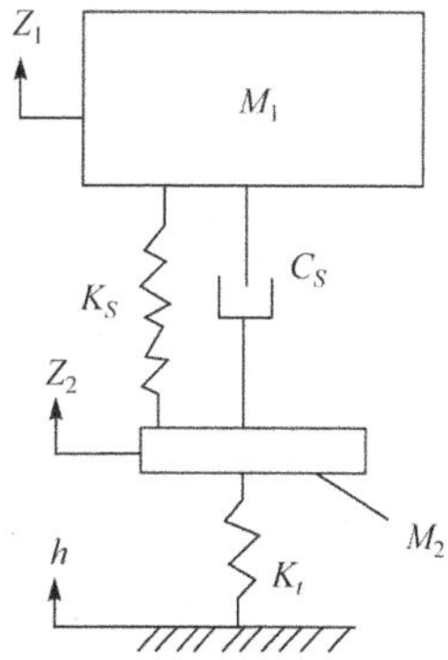

图 3.22 起落架线性化数学模型

在自适应控制中引入前馈增益阵 $\boldsymbol{K}$ 和反馈增益阵 $\boldsymbol{F}$，则可调系统方程为

$$\dot{\boldsymbol{X}}_p=[\boldsymbol{A}_p+\boldsymbol{B}_p\boldsymbol{F}]\boldsymbol{X}_p+\boldsymbol{B}_p\boldsymbol{K}r \tag{3.146}$$

自适应控制律为

$$\boldsymbol{B}_m\widetilde{\boldsymbol{K}}^{-1}=\boldsymbol{B}_p=\begin{bmatrix}0\\6\end{bmatrix} \tag{3.147}$$

选

$$\boldsymbol{P}=\begin{bmatrix}3 & 1\\1 & 1\end{bmatrix},\quad \Gamma_1=\Gamma_2=1 \tag{3.148}$$

将式(3.148)代入自适应控制律式(3.33)和式(3.34),计算得

$$\begin{aligned}F(t) &= \int_0^t[0\quad 6]\cdot\begin{bmatrix}3 & 1\\1 & 1\end{bmatrix}\cdot\begin{bmatrix}e_1\\e_2\end{bmatrix}\cdot[X_{p1}\quad X_{p2}]\mathrm{d}\tau+F(0)\\&=\int_0^t[(6e_1+6e_2)X_{p1}\quad (6e_1+6e_2)X_{p2}]\mathrm{d}\tau+F(0)\end{aligned} \tag{3.149}$$

$$K(t)=\int_0^t(6e_1+6e_2)r\mathrm{d}\tau+K(0) \tag{3.150}$$

式中

$$\begin{bmatrix}e_1\\e_2\end{bmatrix}=\begin{bmatrix}X_{m1}-X_{p1}\\X_{m2}-X_{p2}\end{bmatrix} \tag{3.151}$$

起落架的模型参考自适应控制结构图如图 3.23 所示,对其进行仿真,仿真图形见图 3.24。

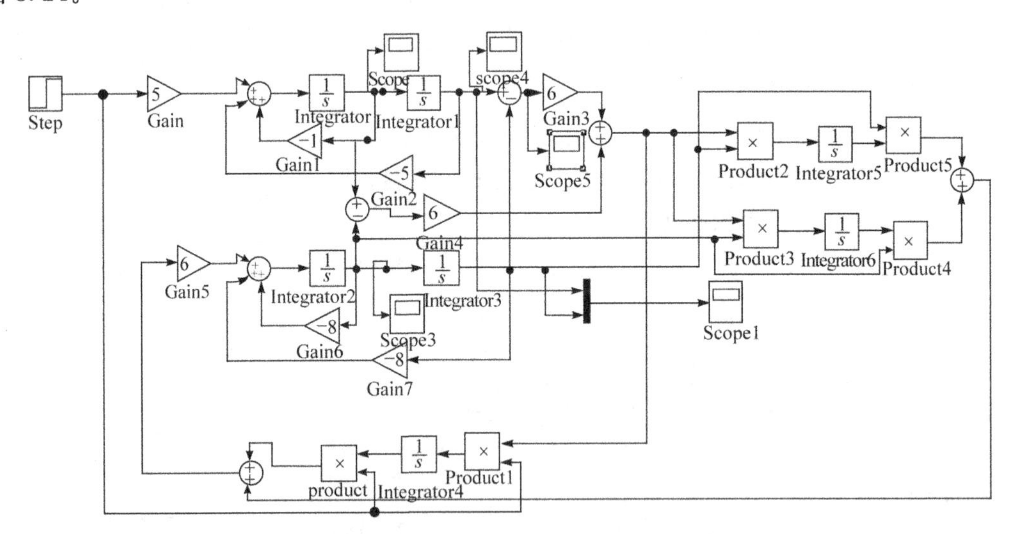

图 3.23　起落架的模型参考自适应控制结构图

通过仿真波形图 3.24 可以看出,基于李雅普诺夫稳定性理论设计模型参考自适应系统的方法很好地完成了控制功能,使得可调系统的输出严格地跟踪参考模型的输出,并且使得输出误差朝接近零的方向减小。

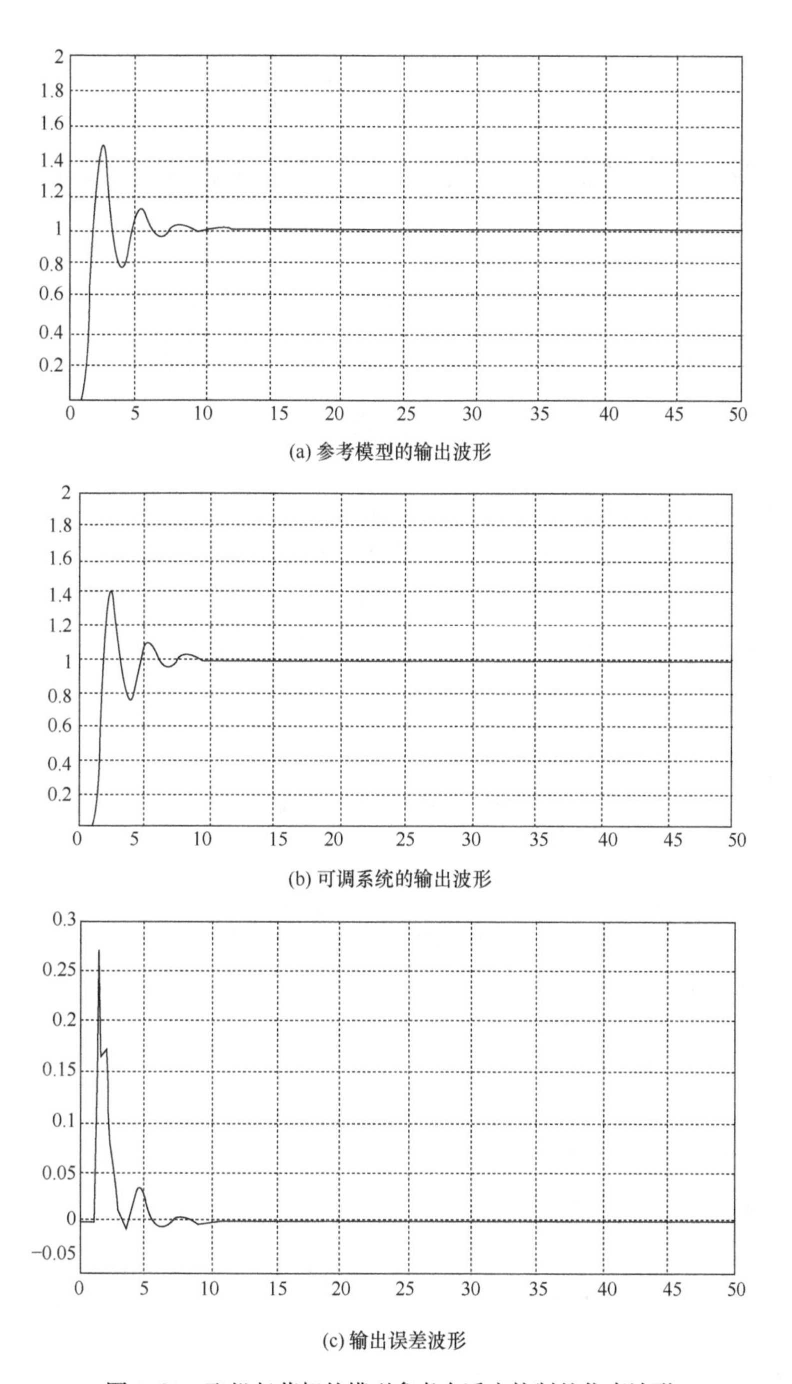

(a) 参考模型的输出波形

(b) 可调系统的输出波形

(c) 输出误差波形

图 3.24　飞机起落架的模型参考自适应控制的仿真波形

第 4 章　用超稳定性理论设计模型参考自适应系统

第 3 章介绍了用李雅普诺夫稳定性理论设计自适应控制的基本方法，它的主要缺点是针对具体系统难于构造一个适当的李雅普诺夫函数。而用超稳定性理论来设计模型参考自适应系统，可以给出一族自适应规律，并且有相应系统的一整套设计理论。

4.1　超稳定性理论的概念及基本定理

超稳定性概念是波波夫于 20 世纪 60 年代初研究非线性系统绝对稳定性时提出的。当时，波波夫针对某种类型的非线性系统的渐近稳定性问题，提出了一个具有充分条件的频率判据，为研究这类非线性系统的稳定性提供了比较实用的方法，波波夫所研究的这类非线性系统是由线性时不变部分与非线性无记忆元件串联构成的反馈系统。

4.1.1　绝对稳定性问题

设非线性控制系统如图 4.1 所示。

对于系统中的非线性无记忆元件，如图 4.2 所示，规定它满足

$$0\leqslant\phi(y)y=\omega y\leqslant ky^2,\quad k>0,\quad \phi(0)=0 \tag{4.1}$$

式中，$\omega=\phi(y)$为非线性无记忆元件的输出，由图 4.2 可见，函数 $\phi(y)$的图形全部在第一象限和第四象限中由横轴和斜率为 k 的直线所围成的扇形区域内，当 $k=\infty$时，扇形区域扩大为整个第一象限和第四象限。

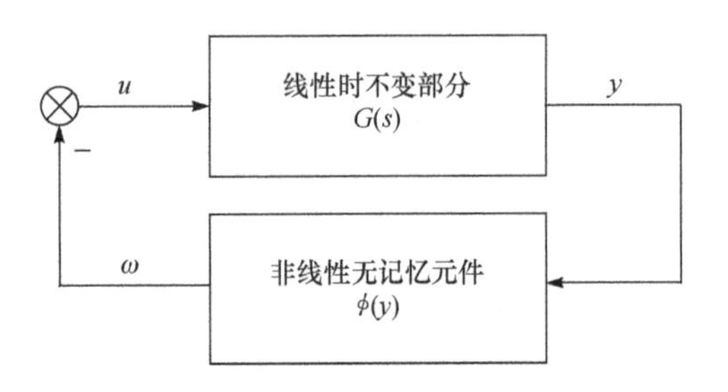

图 4.1　非线性控制系统框图

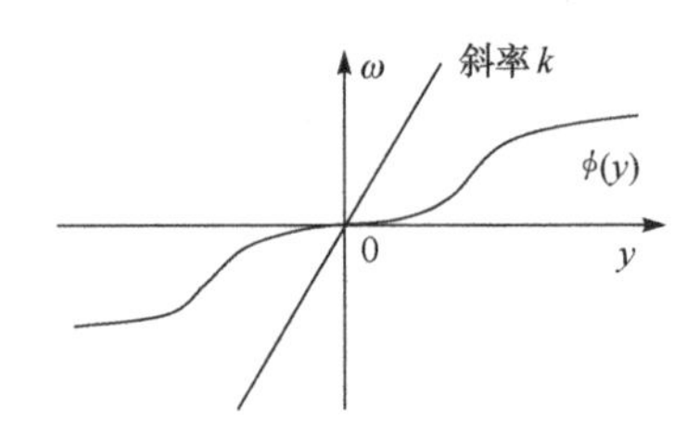

图 4.2　非线性反馈方块特征

在绝对稳定性问题中，对于任意满足形如不等式(4.1)的这类非线性反馈方块，可以找到前向方块 $G(s)$在满足什么样的条件下，使得所构成的闭环系统是全局稳定或全局渐近稳定的，这个条件就是波波夫提出的频率判据。

波波夫的绝对稳定性判据要求反馈方块在任一瞬间，输入和输出的乘积都大于或等于零，推广到图 4.3 所示的多变量系统，就是要求每一个分量在每一瞬间的乘积均大于或等于零，即

$$\omega_i y_i\geqslant 0,\quad i=1,2,\cdots,n \tag{4.2}$$

式中，ω_i 和 y_i 分别为非线性反馈方块 $\phi(\boldsymbol{y})$ 的输出向量 $\boldsymbol{\omega}$ 和输入向量 $\boldsymbol{y}$ 的对应分量。

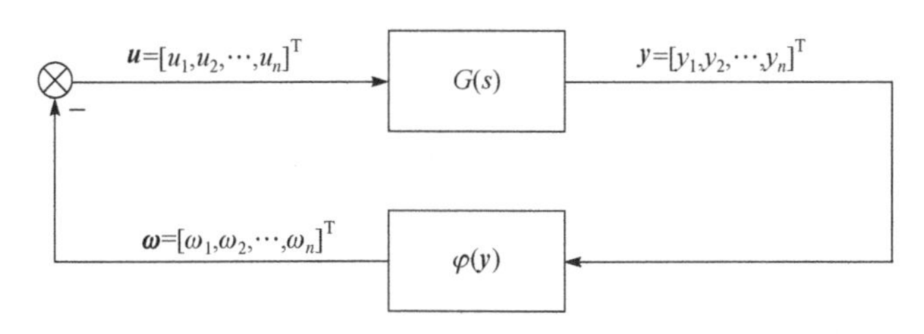

图 4.3　多变量非线性系统

对于波波夫所研究的绝对稳定性概念，如果把非线性无记忆元件推广到非线性有记忆元件(图 4.4)。这时，也就把非线性特性的条件放宽，扩大至并非要每一瞬间的输入和输出的乘积都大于或等于零，在小的时间间隙中，条件式(4.1)可以不满足，但是在大的时间间隙中，条件式(4.1)是满足的，这样的非线性类可以用下列积分不等式描述

$$\eta(t_0,t_1)=\int_{t_0}^{t_1}\boldsymbol{\omega}^{\mathrm{T}}(\tau)\boldsymbol{y}(\tau)\mathrm{d}\tau\geqslant -r_0^2,\quad t_1\geqslant t_0,\quad r_0^2\geqslant 0 \tag{4.3}$$

上式被称为波波夫积分不等式。

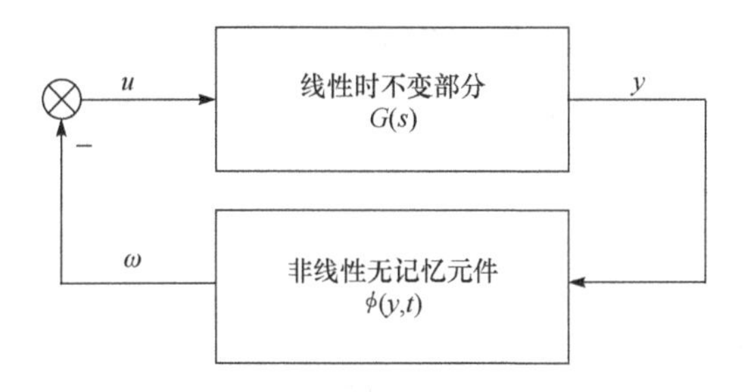

图 4.4　非线性系统框图

同样，如波波夫提出的绝对稳定性问题，在任意非线性方块满足式(4.3)条件的情况下，什么样的前向方块 $G(s)$ 可以使得所构成的闭环系统是全局稳定或全局渐近稳定的，这个问题就是波波夫定义的超稳定性问题。

4.1.2　超稳定性问题

前面已经介绍了超稳定性理论的基本出发点决定稳定性问题和超稳定性理论发展过程。下面简要介绍超稳定性定义，为读者以后利用这种方法设计自适应控制系统提供理论基础。

定义 4.1　超稳定系统　如果一个如图 4.4 所示的闭环系统，其前向方块 $G(s)$ 的解 $\boldsymbol{x}[\boldsymbol{x}(0),t]$，对所有满足波波夫积分不等式

$$\eta(0,t_1)=\int_0^{t_1}\boldsymbol{\omega}^{\mathrm{T}}\boldsymbol{y}\mathrm{d}t\geqslant -r_0^2,\quad t_1\geqslant 0,\quad r_0^2<\infty \tag{4.4}$$

的反馈方块，都能满足

$$\|\boldsymbol{x}(t)\|\leqslant\delta[\|\boldsymbol{x}(0)\|+r_0],\quad t\geqslant 0,\quad \delta>0,\quad r_0\geqslant 0 \tag{4.5}$$

那么这个闭环系统称为超稳定系统。

定义 4.2　渐近超稳定系统　如图 4.4 所示的闭环系统，其前向方块 $G(s)$ 的解

$\boldsymbol{x}[\boldsymbol{x}(0),t]$，对所有满足波波夫积分不等式(4.4)的反馈方块，都有

$$\lim_{t\to\infty}\boldsymbol{x}(t)=0 \tag{4.6}$$

那么这个闭环系统称为渐近超稳定系统。

满足定义 4.1 的闭环系统的前向方块 $G(s)$ 称为超稳定方块；满足定义 4.2 的闭环系统的前向方块 $G(s)$ 称为渐近超稳定方块。由此可以看出，超稳定性理论的应用关键是判定图 4.4所示系统的前向方块和反馈方块应该满足的条件。从定义可知，反馈方块要求满足波波夫积分不等式，而前向方块要求其所有的解满足式(4.6)。事实上，要把 $G(s)$ 的所有解求出来是相当困难的，所以正如波波夫研究绝对稳定性一样，对于超稳定性系统，也希望找出一个前向方块 $G(s)$ 所应满足的频率条件，这个条件就是要求 $G(s)$ 为正实函数或严格正实函数。因此，有必要首先给出正实函数的定义及其基本概念。

4.1.3 正实性问题

正实函数的概念最初是在网络分析与综合中提出来的，数学上的正实函数的概念与物理上的无源网络的概念密切相关。由无源元件电阻、电感、电容及变压器等元件构成的网络，总是要从外界吸收能量的。因此，无源性表示了网络中能量的非负性，即无源网络自身不能产生能量，若这个网络中的所有元件都是线性的，其相应的传递函数就是正实函数。随着控制理论的发展，正实性的概念也被引申进来，并且在研究最优控制和自适应控制方面都起着重要的作用。

1. 正实函数

下面从正实函数基本数学定义出发来讨论它的有关理论和特性。

定义 4.3 正实函数 设 $G(s)=M(s)/N(s)$ 是复变量 $s=\sigma+\mathrm{j}\omega$ 的有理函数，其中 $M(s)$ 和 $N(s)$ 都是 s 的多项式。如果①当 s 为实数时，$G(s)$ 也是实数；②$G(s)$ 在开的右半平面 $\mathrm{Re}s>0$ 上没有极点；③$G(s)$ 在 $\mathrm{Re}s=0$ 上(也就是 $s=\mathrm{j}\omega$)如果存在极点，则是相异的，相应留数为实，且为正或为零；④对任意 ω，当 $s=\mathrm{j}\omega$ 不是 $G(s)$ 的极点，有 $\mathrm{Re}G(\mathrm{j}\omega)\geqslant 0$；就称 $G(s)$ 为正实函数。

例 4.1 判别下列函数的正实性。

$$G(s)=\frac{1}{s+a},\quad a>0 \tag{4.7}$$

令 $s=\mathrm{j}\omega$，则

$$G(\mathrm{j}\omega)=\frac{a-\mathrm{j}\omega}{\omega^2+a^2} \tag{4.8}$$

$$\mathrm{Re}[G(\mathrm{j}\omega)]=\frac{a}{\omega^2+a^2}>0 \tag{4.9}$$

故 $G(s)$ 为正实函数。

例 4.2 判别下列函数的正实性。

$$G(s)=\frac{1}{s^2+a_1s+a_0},\quad a_0>0,\quad a_1>0 \tag{4.10}$$

令 $s=\mathrm{j}\omega$，则

$$G(\mathrm{j}\omega)=\frac{a_0-\omega^2-ja_1\omega}{(a_0-\omega^2)^2+(a_1\omega)^2} \tag{4.11}$$

$$\mathrm{Re}[G(\mathrm{j}\omega)]=\frac{a_0-\omega^2}{(a_0-\omega^2)^2+(a_1\omega)^2} \tag{4.12}$$

当 $\omega^2>a_0$ 时

$$\mathrm{Re}[G(\mathrm{j}\omega)]<0 \tag{4.13}$$

故 $G(s)$不是正实函数。

例 4.3 判别下列函数的正实性。

$$G(s)=\frac{b_1s+b_0}{s^2+a_1s+a_0} \tag{4.14}$$

令 $s=\mathrm{j}\omega$,则

$$G(\mathrm{j}\omega)=\frac{a_0b_0+(a_1b_1-a_0b_0)\omega^2+j\omega[b_1(a_0-\omega^2)-a_1b_0]}{(a_0-\omega^2)^2+(a_1\omega)^2} \tag{4.15}$$

$$\mathrm{Re}[G(\mathrm{j}\omega)]=\frac{a_0b_0+(a_1b_1-a_0b_0)\omega^2}{(a_0-\omega^2)^2+(a_1\omega)^2} \tag{4.16}$$

若 $a_1b_1\geqslant a_0b_0$,则

$$\mathrm{Re}[G(\mathrm{j}\omega)]\geqslant 0 \tag{4.17}$$

故 $G(s)$为正实函数。

定义 4.4 严格正实函数 设 $G(s)=M(s)/N(s)$是复变量 $s=\sigma+\mathrm{j}\omega$ 的有理函数,其中 $M(s)$和 $N(s)$都是 s 的多项式。如果①当 s 为实数时,$G(s)$也是实数;②$G(s)$在开的右半平面 $\mathrm{Re}s\geqslant 0$ 上没有极点;③对任意 ω,当 $s=\mathrm{j}\omega$ 时有 $\mathrm{Re}G(\mathrm{j}\omega)>0$;就称 $G(s)$为严格正实函数。

例 4.4 判别下列函数的严格正实性。

$$G(s)=\frac{b_1s+b_0}{s^2+a_1s+a_0} \tag{4.18}$$

令 $s=\mathrm{j}\omega$,则

$$G(\mathrm{j}\omega)=\frac{a_0b_0+(a_1b_1-a_0b_0)\omega^2+\mathrm{j}\omega[b_1(a_0-\omega^2)-a_1b_0]}{(a_0-\omega^2)^2+(a_1\omega)^2} \tag{4.19}$$

$$\mathrm{Re}[G(\mathrm{j}\omega)]=\frac{a_0b_0+(a_1b_1-a_0b_0)\omega^2}{(a_0-\omega^2)^2+(a_1\omega)^2} \tag{4.20}$$

若 $a_1b_1\geqslant a_0b_0$,则

$$\mathrm{Re}[G(\mathrm{j}\omega)]\geqslant 0 \tag{4.21}$$

故 $G(s)$为严格正实函数。

本书主要讨论具有以下形式的传递函数

$$G(s)=\frac{M(s)}{N(s)} \tag{4.22}$$

的正实性。式中,$M(s)$和 $N(s)$都是复变量 s 的互质多项式。当 $M(s)$和 $N(s)$具有以下特点时,$G(s)$为正实函数。

(1) $M(s)$与 $N(s)$都具有实系数。

(2) $M(s)$与$N(s)$都是古尔维奇多项式(稳定多项式)。

(3) $M(s)$与$N(s)$的阶数差不超过±1。关于这一点可解释如下:$G(j\omega)$为$G(s)$的频率特性,因为要求正实传递函数的频率特性的实部$\mathrm{Re}[G(j\omega)]\geqslant 0$,所以在复变量$s$平面上,当$\omega$在$(-\infty,+\infty)$范围内变化时,$G(j\omega)$只能在第一象限和第四象限内变化,也就是正实函数$G(j\omega)$的相角在$-\frac{\pi}{2}\sim+\frac{\pi}{2}$范围内变化,因此$M(s)$与$N(s)$的阶数差不超过±1。

(4) $\frac{1}{G(s)}$仍为正实函数。

2. 正实矩阵

设传递函数矩阵$\boldsymbol{G}(s)$是一个$m\times m$的实有理函数矩阵。与正实函数一样,传递函数矩阵也可分为正实矩阵与严格正实矩阵。

定义 4.5 正实矩阵 当$\boldsymbol{G}(s)$为正实函数矩阵时,必须满足下列三个条件:

(1) $\boldsymbol{G}(s)$的所有元素在开右半平面$\mathrm{Re}s>0$上都是解析的,即$\mathrm{Re}s>0$,$\boldsymbol{G}(s)$没有极点;

(2) $\boldsymbol{G}(s)$的任何元素在轴$\mathrm{Re}s=0$(虚轴)上,如果存在极点,同时是相异的,则相应的$\boldsymbol{G}(s)$的留数矩阵为非负的埃尔米特矩阵;

(3) 对于不是$\boldsymbol{G}(s)$任何元素的极点的所有实ω指,矩阵$\boldsymbol{G}(j\omega)+\boldsymbol{G}^{\mathrm{T}}(-j\omega)$是非负埃尔米特矩阵。

在这里还需对埃尔米特矩阵的性质进行简单介绍,以便加深对上面内容的理解。

复变量$s=\sigma+j\omega$的函数矩阵$\boldsymbol{\varphi}(s)$为埃尔米特矩阵,如果

$$\boldsymbol{\varphi}(s)=\boldsymbol{\varphi}^{\mathrm{T}}(\bar{s})$$

式中,$\bar{s}$为s的共轭($s=\sigma+j\omega$,$\bar{s}=\sigma-j\omega$)。

埃尔米特矩阵的特性如下。

(1) 埃尔米特矩阵为一方阵,它的对角元素为实数。

(2) 埃尔米特矩阵的特征值恒为实数。

(3) 如$\varphi(s)$为埃尔米特矩阵,$\boldsymbol{x}$为具有复数分量的向量,则二次型$\boldsymbol{x}^{\mathrm{T}}\varphi\bar{\boldsymbol{x}}$恒为实数($\bar{\boldsymbol{x}}$为$\boldsymbol{x}$的共轭)。

上面的第(2)和第(3)两个条件也可表示为:在$\mathrm{Re}s>0$的平面内,矩阵$\boldsymbol{H}(s)+\boldsymbol{H}^{\mathrm{T}}(\bar{s})$是非负定的埃尔米特矩阵。

定义 4.6 严格正实矩阵 当$\boldsymbol{G}(s)$为严格正实函数矩阵时,须满足下列条件:

(1) $\boldsymbol{G}(s)$的所有元素在闭右半平面$\mathrm{Re}s\geqslant 0$内都是解析的,即在$\mathrm{Re}s\geqslant 0$内$\boldsymbol{G}(s)$没有极点;

(2) 对所有实数ω,矩阵$\boldsymbol{G}(j\omega)+\boldsymbol{G}^{\mathrm{T}}(j\omega)$是正定的埃尔米特矩阵。

3. 正定积分核

定义 4.7 正定积分核 方阵核$K(t,\tau)$称为正定,如果对于每个区间(t_0,t_1)和在$[t_0,t_1]$上分段连续的所有矢量函数$\boldsymbol{u}(t)$有

$$\eta(t_0,t_1)=\int_{t_0}^{t_1}\boldsymbol{u}^{t}(t)\left[\int_{t_0}^{t_1}K(t,\tau)u(\tau)\mathrm{d}\tau\right]\mathrm{d}t\geqslant -r_0^2,\quad r_0^2<\infty \tag{4.23}$$

式中，$\int_{t_0}^{t_1} K(t,\tau)u(\tau)\mathrm{d}\tau$ 这一项可解释为系统的脉冲传递函数为 $K(t,\tau)$、输入为 $\boldsymbol{u}(t)$ 的系统的输出。

因此，式(4.23)可解释为系统输入/输出内积的积分。当 $K(t,\tau)$ 为正定核时，这个积分值为正或为零，如果 $K(t,\tau)$ 只依赖于变化元 $(t-\tau)$ 之值，即 $K(t,\tau)=K(t-\tau)$，并且 $K(t-\tau)$ 的各元有界，则 $K(t-\tau)$ 的拉氏变换为

$$K(s)=\int_0^{\infty} K(t)\mathrm{e}^{-st}\mathrm{d}t \tag{4.24}$$

4. 连续正性系统

设线性定常系统的方程为

$$\dot{\boldsymbol{x}}=\boldsymbol{A}\boldsymbol{x}+\boldsymbol{B}\boldsymbol{u} \tag{4.25}$$

$$\boldsymbol{y}=\boldsymbol{C}\boldsymbol{x}+\boldsymbol{J}\boldsymbol{u} \tag{4.26}$$

式中，$\boldsymbol{x}$ 为 n 维状态向量；$\boldsymbol{u}$ 和 $\boldsymbol{y}$ 分别为 m 维输入向量和 m 维输出向量；$\boldsymbol{A}$、$\boldsymbol{B}$、$\boldsymbol{C}$ 和 $\boldsymbol{J}$ 为具有相应维数的矩阵。假定矩阵对$[\boldsymbol{A},\boldsymbol{B}]$为完全可控，矩阵对$[\boldsymbol{A},\boldsymbol{C}]$为完全可测，则系统的传递函数矩阵为

$$\boldsymbol{G}(s)=\boldsymbol{J}+\boldsymbol{C}[s\boldsymbol{I}-\boldsymbol{A}]^{-1}\boldsymbol{B} \tag{4.27}$$

定义 4.8　正性系统　如果由式(4.25)和式(4.26)所描述的系统，$\boldsymbol{u}(t)$ 是输入，$\boldsymbol{y}(t)$ 是输出，则系统的脉冲响应为 $K(t-\tau)$，若

$$\eta(0,t_1)=\int_0^{t_1}\boldsymbol{u}^{\mathrm{T}}y\mathrm{d}t=\int_0^{t_1}\boldsymbol{y}^{\mathrm{T}}\boldsymbol{u}\mathrm{d}t=\int_0^{t_1}\boldsymbol{u}^{\mathrm{T}}(t)\left[\int_0^{t_1}K(t-\tau)\boldsymbol{u}(\tau)\mathrm{d}\tau\right]\mathrm{d}t\geqslant -r_0^2,\quad r_0^2<\infty \tag{4.28}$$

成立，则该系统为正性系统。

5. 离散正性系统

设离散线性定常系统的状态方程为

$$\boldsymbol{x}(k+1)=\boldsymbol{A}\boldsymbol{x}(k)+\boldsymbol{B}\boldsymbol{x}(k) \tag{4.29}$$

$$\boldsymbol{y}(k)=\boldsymbol{C}\boldsymbol{x}(k)+\boldsymbol{J}\boldsymbol{u}(k) \tag{4.30}$$

式中，$\boldsymbol{x}(k)$ 为 n 维状态向量；$\boldsymbol{u}(k)$ 为 m 维输入向量；$\boldsymbol{y}(k)$ 为 m 维输出向量；$\boldsymbol{A}$、$\boldsymbol{B}$、$\boldsymbol{C}$ 和 $\boldsymbol{J}$ 为具有相应维数的矩阵，矩阵对$[\boldsymbol{A},\boldsymbol{B}]$为完全可控，矩阵对$[\boldsymbol{A},\boldsymbol{C}]$为完全可测。

离散传递矩阵为

$$\boldsymbol{G}[z]=\boldsymbol{J}+\boldsymbol{C}[z\boldsymbol{I}-\boldsymbol{A}]^{-1}\boldsymbol{B} \tag{4.31}$$

它是一个实有理函数 $m\times m$ 矩阵。

$\boldsymbol{G}[z]$为正实矩阵的条件如下：

(1) $\boldsymbol{G}[z]$的所有元素在单位圆外是解析的，也就是说在 $|Z|>1$ 时，这些元素没有极点；

(2) 在单位圆 $|Z|=1$ 上，$\boldsymbol{G}[z]$的任何元素可能有的极点是简单极点(无重极点)，相应的留数矩阵是一个半正定埃尔米特矩阵；

(3) 除了 $\boldsymbol{G}[z]$在 $|Z|=|\mathrm{e}^{\mathrm{j}\omega}|=1$ 的单位圆上的极点以外的所有 ω 值，矩阵

$$\boldsymbol{G}[z]+\boldsymbol{G}^{\mathrm{T}}(\bar{z})=\boldsymbol{G}(\mathrm{e}^{\mathrm{j}\omega})+\boldsymbol{G}^{\mathrm{T}}(\mathrm{e}^{-\mathrm{j}\omega}) \tag{4.32}$$

是半正定埃尔米特矩阵($\bar{z}$ 是 z 的共轭矩阵)。

$G[z]$为严格正实矩阵的条件如下：

(1) 在$|Z|\geqslant 1$时，$G[z]$有元素没有极点；

(2) 对所有ω(在$|Z|=|e^{j\omega}|=1$单位圆上的所有Z)，矩阵

$$\boldsymbol{G}[z]+\boldsymbol{G}^{\mathrm{T}}(\bar{z})=\boldsymbol{G}(e^{j\omega})+\boldsymbol{G}^{\mathrm{T}}(e^{-j\omega})$$

是一个正定埃尔米特矩阵。

定义 4.9　离散正性系统　如果由式(4.29)和式(4.30)描述的离散系统的脉冲过渡函数为$F(k,l)$，区间(k_0,k_N)有界，输入为$u(k)$，输出为

$$y(k)=\sum_{l=k_0}^{k}F(k,l)u(l) \tag{4.33}$$

如果对所有$k_N>k_0$，有

$$\sum_{k=k_0}^{k_N}u^{\mathrm{T}}(k)\Big[\sum_{l=k_0}^{k}F(k,l)u(l)\Big]\geqslant 0 \tag{4.34}$$

则该离散系统为正性的。

6. 正实函数等价定理

正实函数和严格正实函数有许多等价的定义，有关引理、定理也很多。下面仅给出以后经常用到的几个重要定理。

对于线性时不变系统$G(s)$可等价用最小实现的状态方程描述

$$\dot{\boldsymbol{x}}(t)=\boldsymbol{A}\boldsymbol{x}(t)+\boldsymbol{B}\boldsymbol{u}(t) \tag{4.35}$$

$$\boldsymbol{y}(t)=\boldsymbol{C}\boldsymbol{x}(t)+\boldsymbol{J}\boldsymbol{u}(t) \tag{4.36}$$

式中，$\boldsymbol{x}$为传递函数$G(s)$的n维状态向量；$\boldsymbol{u}$、$\boldsymbol{y}$分别为$G(s)$的输入和输出向量；$\boldsymbol{A}$、$\boldsymbol{B}$、$\boldsymbol{C}$、$\boldsymbol{J}$分别为具有相应维数的矩阵，且$[\boldsymbol{A},\boldsymbol{B}]$是完全可控的，$[\boldsymbol{A},\boldsymbol{C}]$是完全可观测的。

系统的传递函数可表达为

$$G(s)=\boldsymbol{J}+\boldsymbol{C}(s\boldsymbol{I}-\boldsymbol{A})^{-1}\boldsymbol{B} \tag{4.37}$$

定理 4.1　$G(s)$是正实函数的充分必要条件是：存在一个正实对称阵$\boldsymbol{P}$和一个半正定阵$\boldsymbol{Q}$，以及矩阵$\boldsymbol{S}$和$\boldsymbol{R}$对应于形如式(4.35)和式(4.36)的系统满足

$$\boldsymbol{P}\boldsymbol{A}+\boldsymbol{A}^{\mathrm{T}}\boldsymbol{P}=-\boldsymbol{Q} \tag{4.38}$$

$$\boldsymbol{B}^{\mathrm{T}}\boldsymbol{P}+\boldsymbol{S}^{\mathrm{T}}=\boldsymbol{C} \tag{4.39}$$

$$\boldsymbol{J}+\boldsymbol{J}^{\mathrm{T}}=\boldsymbol{R} \tag{4.40}$$

$$\begin{bmatrix}\boldsymbol{Q} & \boldsymbol{S}\\ \boldsymbol{S}^{\mathrm{T}} & \boldsymbol{R}\end{bmatrix}\geqslant 0 \tag{4.41}$$

定理 4.2　$G(s)$是严格正实函数的充分必要条件是：存在两个正实对称阵$\boldsymbol{P}$和$\boldsymbol{Q}$，以及矩阵$\boldsymbol{S}$和$\boldsymbol{R}$，对应于形如式(4.35)和式(4.36)的系统满足

$$\boldsymbol{P}\boldsymbol{A}+\boldsymbol{A}^{\mathrm{T}}\boldsymbol{P}=-\boldsymbol{Q} \tag{4.42}$$

$$\boldsymbol{B}^{\mathrm{T}}\boldsymbol{P}+\boldsymbol{S}^{\mathrm{T}}=\boldsymbol{C} \tag{4.43}$$

$$\boldsymbol{J}+\boldsymbol{J}^{\mathrm{T}}=\boldsymbol{R} \tag{4.44}$$

$$\begin{bmatrix}\boldsymbol{Q} & \boldsymbol{S}\\ \boldsymbol{S}^{\mathrm{T}} & \boldsymbol{R}\end{bmatrix}>0 \tag{4.45}$$

上述定理就是著名的Kalman-Yckubovitch引理，在自适应控制中，这是一个很重要的

引理。正实引理可阐述如下，并进行引理充分性证明。

引理 4.1 若 $\boldsymbol{A}$、$\boldsymbol{B}$、$\boldsymbol{C}$、$\boldsymbol{J}$ 为 $\boldsymbol{G}(s)$的最小实现，相应的系统方程为

$$\dot{\boldsymbol{x}}=\boldsymbol{A}\boldsymbol{x}+\boldsymbol{B}\boldsymbol{u} \tag{4.46}$$

$$\boldsymbol{y}=\boldsymbol{C}\boldsymbol{x}+\boldsymbol{J}\boldsymbol{u} \tag{4.47}$$

式中，$\boldsymbol{A}$、$\boldsymbol{B}$ 为完全可控；$\boldsymbol{A}$、$\boldsymbol{C}$ 为完全可测。传递函数矩阵

$$\boldsymbol{G}(s)=\boldsymbol{C}[s\boldsymbol{I}-\boldsymbol{A}]^{-1}\boldsymbol{B}+\boldsymbol{J} \tag{4.48}$$

为复变量 s 的 $m\times m$ 实有理函数矩阵，且 $\boldsymbol{G}(\infty)<\infty$，$\boldsymbol{G}(s)$为正实函数矩阵的充要条件是存在实矩阵 $\boldsymbol{K}$、$\boldsymbol{L}$ 和实正定对称阵 $\boldsymbol{P}$，使得下列方程成立

$$\boldsymbol{P}\boldsymbol{A}+\boldsymbol{A}^{\mathrm{T}}\boldsymbol{P}=-\boldsymbol{L}\boldsymbol{L}^{\mathrm{T}} \tag{4.49}$$

$$\boldsymbol{B}^{\mathrm{T}}\boldsymbol{P}+\boldsymbol{K}^{\mathrm{T}}\boldsymbol{L}^{\mathrm{T}}=\boldsymbol{C} \tag{4.50}$$

$$\boldsymbol{K}^{\mathrm{T}}\boldsymbol{K}=\boldsymbol{J}+\boldsymbol{J}^{\mathrm{T}} \tag{4.51}$$

若式(4.49)转换为

$$\boldsymbol{P}\boldsymbol{A}+\boldsymbol{A}^{\mathrm{T}}\boldsymbol{P}=-\boldsymbol{L}\boldsymbol{L}^{\mathrm{T}}=-\boldsymbol{Q} \tag{4.52}$$

式中，$\boldsymbol{Q}=\boldsymbol{Q}^{\mathrm{T}}>0$，则 $\boldsymbol{G}(s)$为严格正实函数矩阵。下面证明引理 4.1 的充分性。

证明 设 $\bar{s}$ 为 s 的共轭复数，$\boldsymbol{G}^{\mathrm{T}}(\bar{s})$为 $\boldsymbol{G}(s)$的共轭转置矩阵，则

$$\begin{aligned}\boldsymbol{G}(s)+\boldsymbol{G}^{\mathrm{T}}(\bar{s})&=\boldsymbol{J}+\boldsymbol{C}[s\boldsymbol{I}-\boldsymbol{A}]^{-1}\boldsymbol{B}+\boldsymbol{J}^{\mathrm{T}}+\boldsymbol{B}^{\mathrm{T}}[\bar{s}\boldsymbol{I}-\boldsymbol{A}^{\mathrm{T}}]^{-1}\boldsymbol{C}^{\mathrm{T}}\\&=\boldsymbol{K}^{\mathrm{T}}\boldsymbol{K}+\boldsymbol{B}^{\mathrm{T}}[\bar{s}\boldsymbol{I}-\boldsymbol{A}^{\mathrm{T}}]^{-1}\boldsymbol{P}\boldsymbol{B}+\boldsymbol{B}^{\mathrm{T}}[\bar{s}\boldsymbol{I}-\boldsymbol{A}^{\mathrm{T}}]^{-1}\boldsymbol{L}\boldsymbol{K}\\&\quad+\boldsymbol{B}^{\mathrm{T}}\boldsymbol{P}[s\boldsymbol{I}-\boldsymbol{A}]^{-1}\boldsymbol{B}+\boldsymbol{K}^{\mathrm{T}}\boldsymbol{L}^{\mathrm{T}}[s\boldsymbol{I}-\boldsymbol{A}]^{-1}\boldsymbol{B}\end{aligned} \tag{4.53}$$

上式等号右边第二项和第四项之和为

$$\begin{aligned}&\boldsymbol{B}^{\mathrm{T}}[\bar{s}\boldsymbol{I}-\boldsymbol{A}^{\mathrm{T}}]^{-1}\boldsymbol{P}\boldsymbol{B}+\boldsymbol{B}^{\mathrm{T}}\boldsymbol{P}[s\boldsymbol{I}-\boldsymbol{A}]^{-1}\boldsymbol{B}\\&=\boldsymbol{B}^{\mathrm{T}}[\bar{s}\boldsymbol{I}-\boldsymbol{A}^{\mathrm{T}}]^{-1}\boldsymbol{P}[s\boldsymbol{I}-\boldsymbol{A}][s\boldsymbol{I}-\boldsymbol{A}]^{-1}\boldsymbol{B}+\boldsymbol{B}^{\mathrm{T}}[\bar{s}\boldsymbol{I}-\boldsymbol{A}^{\mathrm{T}}]^{-1}[\bar{s}\boldsymbol{I}-\boldsymbol{A}^{\mathrm{T}}]\boldsymbol{P}[s\boldsymbol{I}-\boldsymbol{A}]^{-1}\boldsymbol{B}\\&=\boldsymbol{B}^{\mathrm{T}}[\bar{s}\boldsymbol{I}-\boldsymbol{A}^{\mathrm{T}}]^{-1}[\boldsymbol{P}(s+\bar{s})-\boldsymbol{P}\boldsymbol{A}-\boldsymbol{A}^{\mathrm{T}}\boldsymbol{P}][s\boldsymbol{I}-\boldsymbol{A}]^{-1}\boldsymbol{B}\\&=\boldsymbol{B}^{\mathrm{T}}[\bar{s}\boldsymbol{I}-\boldsymbol{A}^{\mathrm{T}}]^{-1}\boldsymbol{P}[s\boldsymbol{I}-\boldsymbol{A}]^{-1}\boldsymbol{B}\cdot 2\mathrm{Re}s+\boldsymbol{B}^{\mathrm{T}}[\bar{s}\boldsymbol{I}-\boldsymbol{A}^{\mathrm{T}}]^{-1}\boldsymbol{L}\boldsymbol{L}^{\mathrm{T}}[s\boldsymbol{I}-\boldsymbol{A}]^{-1}\boldsymbol{B}\end{aligned} \tag{4.54}$$

把式(4.54)代入式(4.53)得

$$\begin{aligned}\boldsymbol{G}(s)+\boldsymbol{G}^{\mathrm{T}}(\bar{s})&=\boldsymbol{K}^{\mathrm{T}}\boldsymbol{K}+\boldsymbol{B}^{\mathrm{T}}[\bar{s}\boldsymbol{I}-\boldsymbol{A}^{\mathrm{T}}]^{-1}\boldsymbol{P}[s\boldsymbol{I}-\boldsymbol{A}]^{-1}\boldsymbol{B}\cdot 2\mathrm{Re}s\\&\quad+\boldsymbol{B}^{\mathrm{T}}[\bar{s}\boldsymbol{I}-\boldsymbol{A}^{\mathrm{T}}]^{-1}\boldsymbol{L}\boldsymbol{L}^{\mathrm{T}}[s\boldsymbol{I}-\boldsymbol{A}]^{-1}\boldsymbol{B}+\boldsymbol{B}^{\mathrm{T}}[\bar{s}\boldsymbol{I}-\boldsymbol{A}^{\mathrm{T}}]^{-1}\boldsymbol{L}\boldsymbol{K}+\boldsymbol{K}^{\mathrm{T}}\boldsymbol{L}^{\mathrm{T}}[s\boldsymbol{I}-\boldsymbol{A}]^{-1}\boldsymbol{B}\\&=[\boldsymbol{K}+\boldsymbol{L}^{\mathrm{T}}[\bar{s}\boldsymbol{I}-\boldsymbol{A}^{\mathrm{T}}]^{-1}\boldsymbol{B}]^{\mathrm{T}}[\boldsymbol{K}+\boldsymbol{L}^{\mathrm{T}}[\bar{s}\boldsymbol{I}-\boldsymbol{A}^{\mathrm{T}}]^{-1}\boldsymbol{B}]\\&\quad+\boldsymbol{B}^{\mathrm{T}}[\bar{s}\boldsymbol{I}-\boldsymbol{A}^{\mathrm{T}}]^{-1}\boldsymbol{P}[s\boldsymbol{I}-\boldsymbol{A}]^{-1}\boldsymbol{B}\cdot 2\mathrm{Re}s\end{aligned} \tag{4.55}$$

在式(4.55)中，等号右边第一项为非负定矩阵，第二项中 $2\mathrm{Re}s$ 的系数矩阵为非负定矩阵，数值 $\mathrm{Re}s\geqslant 0$ 时，$\boldsymbol{G}(s)+\boldsymbol{G}^{\mathrm{T}}(\bar{s})\geqslant 0$ 为非负定埃尔米特矩阵，故 $\boldsymbol{G}(s)$为正实函数矩阵。

同理也可以证明，在 $\boldsymbol{G}(s)$中 $\boldsymbol{A}$、$\boldsymbol{B}$、$\boldsymbol{C}$、$\boldsymbol{J}$ 若满足式(4.50)、式(4.51)和式(4.52)的条件，则 $\boldsymbol{G}(s)$为严格正实函数矩阵。反过来，若 $\boldsymbol{G}(s)$为严格正实函数矩阵，则一定能找到满足条件式(4.52)的正定对称矩阵 $\boldsymbol{P}$ 和 $\boldsymbol{Q}$。

关于引理必要性的证明比较复杂，可参考其他文献。

引理 4.2 对应于形如式(4.35)、式(4.36)的系统以及关系式(4.38)、式(4.39)、式(4.40)，下述关系式恒成立

$$\int_0^{t_1}\boldsymbol{u}^{\mathrm{T}}\boldsymbol{y}\mathrm{d}t=\frac{1}{2}\left[\boldsymbol{x}^{\mathrm{T}}(t_1)\boldsymbol{P}\boldsymbol{x}(t_1)-\boldsymbol{x}^{\mathrm{T}}(0)\boldsymbol{P}\boldsymbol{x}(0)+\int_0^{t_1}(\boldsymbol{x}^{\mathrm{T}}\boldsymbol{Q}\boldsymbol{x}+2\boldsymbol{x}^{\mathrm{T}}\boldsymbol{S}\boldsymbol{u}+\boldsymbol{u}^{\mathrm{T}}\boldsymbol{R}\boldsymbol{u})\mathrm{d}t\right] \tag{4.56}$$

证明 由式(4.38)得

$$\boldsymbol{x}^{\mathrm{T}}\boldsymbol{Q}\boldsymbol{x}=-\boldsymbol{x}^{\mathrm{T}}(\boldsymbol{P}\boldsymbol{A}+\boldsymbol{A}^{\mathrm{T}}\boldsymbol{P})\boldsymbol{x}=-\frac{\mathrm{d}}{\mathrm{d}t}[\boldsymbol{x}^{\mathrm{T}}\boldsymbol{P}\boldsymbol{x}]+2\boldsymbol{u}^{\mathrm{T}}\boldsymbol{B}^{\mathrm{T}}\boldsymbol{P}\boldsymbol{x} \tag{4.57}$$

在上式两侧同时加上 $2\boldsymbol{u}^{\mathrm{T}}\boldsymbol{S}^{\mathrm{T}}\boldsymbol{x}+\boldsymbol{u}^{\mathrm{T}}\boldsymbol{R}\boldsymbol{u}$,整理后即得

$$2\boldsymbol{u}^{\mathrm{T}}\boldsymbol{y}=-\frac{\mathrm{d}}{\mathrm{d}t}(\boldsymbol{x}^{\mathrm{T}}\boldsymbol{P}\boldsymbol{x})+\boldsymbol{x}^{\mathrm{T}}\boldsymbol{Q}\boldsymbol{x}+2\boldsymbol{x}^{\mathrm{T}}\boldsymbol{S}\boldsymbol{x}+\boldsymbol{u}^{\mathrm{T}}\boldsymbol{R}\boldsymbol{u} \tag{4.58}$$

将上式两侧在区间$(0,t)$内积分,经整理后即可得式(4.56)。

定理 4.3 若系统 $G(s)$是正实函数,当$\int_0^{t_1}\boldsymbol{u}^{\mathrm{T}}\boldsymbol{y}\mathrm{d}t\leqslant r_0^2$ 时,则有 $\|\boldsymbol{x}\|<\infty$。

(1) 若系统 $G(s)$是严格正实函数,当$\int_0^{t_1}\boldsymbol{u}^{\mathrm{T}}\boldsymbol{y}\mathrm{d}t\leqslant r_0^2$ 时,则有$\lim\limits_{t\to\infty}\boldsymbol{x}(t)=0$。

(2) 当 $G(s)$分子、分母阶次相等($J\neq 0$)时,则有$\lim\limits_{t\to\infty}\boldsymbol{u}(t)=0$。

证明 (1) 由定理 4.1 可知,当 $G(s)$是正实函数时,有

$$P>0,\quad \begin{bmatrix}\boldsymbol{Q} & \boldsymbol{S}\\ \boldsymbol{S}^{\mathrm{T}} & \boldsymbol{R}\end{bmatrix}\geqslant 0 \tag{4.59}$$

代入式(4.56),考虑到 $\boldsymbol{x}(0)$有界,可得关系式

$$\int_0^{t_1}\boldsymbol{u}^{\mathrm{T}}\boldsymbol{y}\mathrm{d}t\geqslant a\|\boldsymbol{x}\|^2+a_1,\quad a>0,\quad a_1\text{ 为任意常数} \tag{4.60}$$

将条件$\int_0^{t_1}\boldsymbol{u}^{\mathrm{T}}\boldsymbol{y}\mathrm{d}t\leqslant r_0^2$ 代入上式,则有 $\|\boldsymbol{x}\|^2\leqslant a_2<\infty$。

(2) 由定理 4.2 可知,若 $G(s)$是严格正实的,则有

$$P>0,\quad \begin{bmatrix}\boldsymbol{Q} & \boldsymbol{S}\\ \boldsymbol{S}^{\mathrm{T}} & \boldsymbol{R}\end{bmatrix}>0 \tag{4.61}$$

考虑到 $\boldsymbol{Q}$、$\boldsymbol{S}$、$\boldsymbol{R}$ 是常数阵,必有关系式

$$\begin{bmatrix}\boldsymbol{Q} & \boldsymbol{S}\\ \boldsymbol{S}^{\mathrm{T}} & \boldsymbol{R}\end{bmatrix}\geqslant\begin{bmatrix}\varepsilon_1\boldsymbol{I} & 0\\ 0 & \varepsilon_2\boldsymbol{I}\end{bmatrix}>0,\quad \varepsilon_1,\varepsilon_2>0 \tag{4.62}$$

代入式(4.56),并考虑到条 件$\int_0^{t_1}\boldsymbol{u}^{\mathrm{T}}\boldsymbol{y}\mathrm{d}t\leqslant r_0^2$,则有

$$\int_0^{t_1}(\varepsilon_1\|\boldsymbol{x}\|^2+\varepsilon_2\|\boldsymbol{x}\|^2)\mathrm{d}t\leqslant a \tag{4.63}$$

又由状态方程式(4.36)可知

$$\|\boldsymbol{y}\|^2\leqslant\varepsilon_3\|\boldsymbol{x}\|^2+\varepsilon_4\|\boldsymbol{x}\|^2,\quad \varepsilon_3,\varepsilon_4>0 \tag{4.64}$$

故

$$\lim_{t\to\infty}\boldsymbol{x}(t)=0,\quad \lim_{t\to\infty}\boldsymbol{u}(t)=0,\quad \lim_{t\to\infty}\boldsymbol{y}(t)=0 \tag{4.65}$$

注意,当 $J=0$ 时,$\boldsymbol{R}$ 和 $\boldsymbol{S}$ 不存在。定理 4.2 只保证在 $G(s)$为严格正实函数时,有 $P>0$,$Q>0$。所以,代入式(4.56)只可得$\int_0^{t_1}\|\boldsymbol{x}\|^2\mathrm{d}t\leqslant a$,状态方程式(4.36)在 $J=0$ 时则有

$$\|\boldsymbol{y}\|^2\leqslant\varepsilon\|\boldsymbol{x}\|^2,\quad \varepsilon>0 \tag{4.66}$$

故

$$\lim_{t\to\infty}\boldsymbol{x}(t)=0,\quad \lim_{t\to\infty}\boldsymbol{y}(t)=0 \tag{4.67}$$

4.1.4 正实性与超稳定性等价定理

设所讨论的闭环系统如图 4.5 所示。

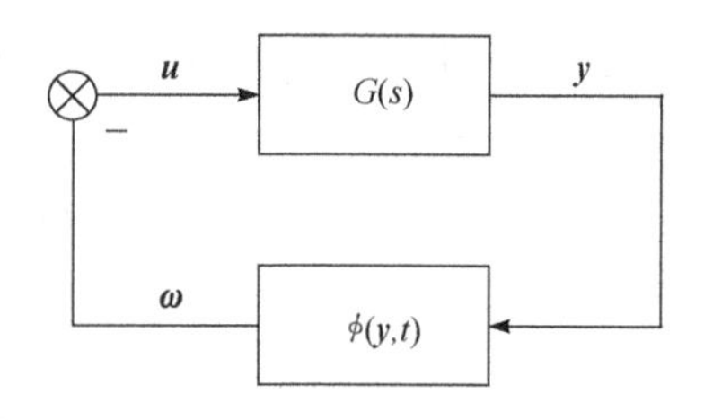

图 4.5 闭环系统结构图

这里，$\phi(\boldsymbol{y},t)$为有记忆的非线性方块，$G(s)$为前向线性方块，其最小实现的系统状态方程为

$$\dot{\boldsymbol{x}}=\boldsymbol{Ax}+\boldsymbol{Bu}=\boldsymbol{Ax}-\boldsymbol{B\omega} \tag{4.68}$$

$$\boldsymbol{y}=\boldsymbol{Cx}+\boldsymbol{Ju}=\boldsymbol{Cx}-\boldsymbol{J\omega} \tag{4.69}$$

$$\boldsymbol{\omega}=\phi(\boldsymbol{y},t) \tag{4.70}$$

设反馈方块的非线性特性满足波波夫积分不等式，即

$$\eta(0,t_1)=\int_0^{t_1}\boldsymbol{\omega}^{\mathrm{T}}\boldsymbol{y}\mathrm{d}t\geqslant -r_0^2 \tag{4.71}$$

或

$$\eta(0,t_1)=\int_0^{t_1}\boldsymbol{u}^{\mathrm{T}}\boldsymbol{y}\mathrm{d}t\leqslant r_0^2,\quad t_1\geqslant 0,\quad r_0^2<\infty \tag{4.72}$$

则超稳定性和正实函数的等价关系可以由以下几个定理综合得到。

定理 4.4 由方程式(4.68)～式(4.70)所描述的闭环系统超稳定的充分条件是前向方块的传递函数 $G(s)$是正实的。

证明 如果传递函数 $G(s)$为正实函数，根据定理 4.3 可知，当$\int_0^{t_1}\boldsymbol{u}^{\mathrm{T}}\boldsymbol{y}\mathrm{d}t\leqslant r_0^2$成立，则有

$$\|\boldsymbol{x}\|<\infty \tag{4.73}$$

由定义 4.1 可知，系统是超稳定的。

定理 4.5 由方程式(4.68)～式(4.70)所描述的闭环系统渐近超稳定的充分条件是前向方块的传递函数 $G(s)$是严格正实的。

证明 如果 $G(s)$是严格正实的，根据定理 4.3 可知，当$\int_0^{t_1}\boldsymbol{u}^{\mathrm{T}}\boldsymbol{y}\mathrm{d}t\leqslant r_0^2$成立，则有

$$\lim_{t\to\infty}\boldsymbol{x}(t)=0 \tag{4.74}$$

由定义 4.2 可知，系统是渐近超稳定的。

定理 4.6 由方程式(4.68)～式(4.70)所描述的闭环系统超稳定的必要条件是前向方块的传递函数 $G(s)$是正实的。

证明 利用反证法证明上述命题，若 $G(s)$为非正实函数，那么必存在复数 s_0，使得

$$\mathrm{Re}(\boldsymbol{u}_0^* G(s_0)\boldsymbol{u}_0)<0 \tag{4.75}$$

式中，$\boldsymbol{u}_0^*$ 为 $\boldsymbol{u}_0$ 的共轭转置向量。

令 $\boldsymbol{u}(t)=\boldsymbol{u}_0\mathrm{e}^{s_0 t}$，则

$$\boldsymbol{y}(t)=G(s_0)\boldsymbol{u}_0\mathrm{e}^{s_0 t} \tag{4.76}$$

代入式(4.4)得

$$\begin{aligned}\mathrm{Re}\int_0^{t_1}\boldsymbol{u}^*(t)\boldsymbol{y}(t)\mathrm{d}t&=\mathrm{Re}\int_0^{t_1}\mathrm{e}^{2\sigma_0 t}\boldsymbol{u}_0^* G(s_0)\boldsymbol{u}_0\mathrm{d}t\\&=\frac{1}{2\sigma_0}[\mathrm{e}^{2\sigma_0 t}-1]\mathrm{Re}(\boldsymbol{u}_0^* G(s_0)\boldsymbol{u}_0)\leqslant r_0^2\end{aligned} \tag{4.77}$$

从上式可知，为了保证对任意 t_1 不等式均成立，考虑到 $\mathrm{Re}(\boldsymbol{u}_0^* G(s_0)\boldsymbol{u}_0)<0$，此不等式有解 $\sigma_0>0$，从而可得系统状态方程式(4.68)中

$$\boldsymbol{x}(t)=\mathrm{e}^{s_0 t}(s_0\boldsymbol{I}-\boldsymbol{A})^{-1}\boldsymbol{B}\boldsymbol{u}_0 \tag{4.78}$$

当 $t\to\infty$ 时，$\boldsymbol{x}(t)\to\infty$，即 $\boldsymbol{x}(t)$ 无界。所以，由式(4.68)～式(4.70)所描述的闭环系统不能达到超稳定。

因此，超稳定方块与正实函数是完全等价的，渐近超稳定方块与严格正实函数是完全等价的。

4.2 用超稳定性理论设计模型参考自适应系统

4.1 节介绍了超稳定性的定义及基本概念，同时介绍了超稳定性和正实函数的等价关系。本节将应用这些概念来设计模型参考自适应系统。设计时，首先要将各式各样的模型参考自适应系统等效为非线性时变反馈系统。再根据超稳定性原理，分别使等效反馈方块满足波波夫积分不等式，同时使前向方块 $G(s)$ 为正实传递函数，从而确定合适的自适应规律。具体设计步骤可以归纳如下。

(1) 将模型参考自适应系统等价为非线性时变反馈系统的标准误差模型的形式，即由一个线性的前向方块和一个非线性的反馈方块组成。

(2) 使等价系统的反馈方块满足波波夫积分不等式，并由此确定合适的自适应规律。

(3) 确定等价系统的前向方块是严格正实的，从而确定另一部分自适应规律。

(4) 将等价系统返回至原始系统，从而完成整个自适应系统的工作原理图。

按照上述步骤，首先讨论用状态方程描述的模型参考自适应系统的设计。

4.2.1 用状态变量设计模型参考自适应系统

1. 自适应控制律推导

设自适应控制系统工作原理图如图 4.6 所示，其中参考模型的状态方程为

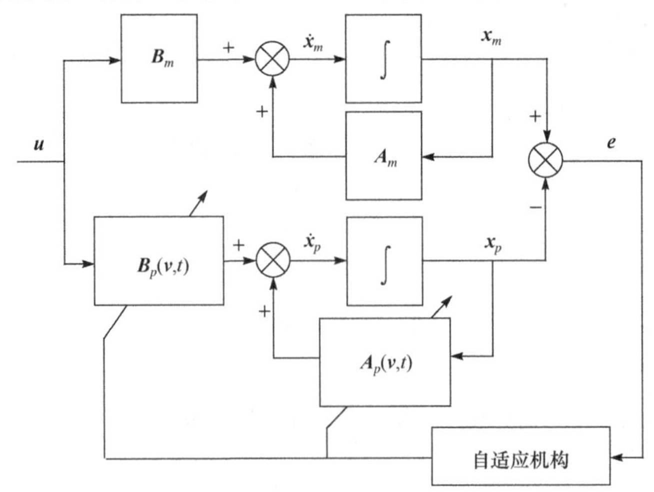

图 4.6　用状态方程描述的模型参考自适应系统

$$\dot{\boldsymbol{x}}_m=\boldsymbol{A}_m\boldsymbol{x}_m+\boldsymbol{B}_m\boldsymbol{u} \tag{4.79}$$

被控对象的状态方程为

$$\dot{\boldsymbol{x}}_p=\boldsymbol{A}_p(\boldsymbol{v},t)\boldsymbol{x}_s+\boldsymbol{B}_p(\boldsymbol{v},t)\boldsymbol{u} \tag{4.80}$$

下面按超稳定性理论的设计步骤设计。

(1) 求等价的非线性时变反馈系统，设广义状态误差为

$$\boldsymbol{e}=\boldsymbol{x}_m-\boldsymbol{x}_p \tag{4.81}$$

由式(4.79)和式(4.80)可得

$$\dot{\boldsymbol{e}}=\dot{\boldsymbol{x}}_m-\dot{\boldsymbol{x}}_p=\boldsymbol{A}_m\boldsymbol{e}+(\boldsymbol{B}_m-\boldsymbol{B}_p)\boldsymbol{u}+(\boldsymbol{A}_m-\boldsymbol{A}_p)\boldsymbol{x}_p \tag{4.82}$$

等价的非线性时变反馈系统是由对象和参考模型所组成的等价线性前向方块和有非线性时变性质的自适应机构等价反馈方块所组成。根据超稳定性理论，对于等价反馈方块，要求其特性满足波波夫积分不等式，同时要求等价前向方块必须是严格正实的，这样才能保证广义误差$\lim\limits_{t\to\infty}\boldsymbol{e}\to 0$。为了使前向方块严格正实，必须在前向通道中串入一个线性补偿器$\boldsymbol{D}$，使得

$$\boldsymbol{v}=\boldsymbol{D}\boldsymbol{e} \tag{4.83}$$

在式(4.80)中，$\boldsymbol{A}_p(\boldsymbol{v},t)$和$\boldsymbol{B}_p(\boldsymbol{v},t)$是受环境影响而变的系统参数，它们同时受自适应机构的调节作用而力图各自维持在接近模型的$\boldsymbol{A}_m$和$\boldsymbol{B}_m$的数值，自适应规律是$\boldsymbol{v}$的时变非线性函数。为了使得$\boldsymbol{e}(t)=0$时，自适应机构对参数$\boldsymbol{A}_p(\boldsymbol{v},t)$和$\boldsymbol{B}_p(\boldsymbol{v},t)$的调节仍起作用，自适应规律中应包含具有记忆功能的积分元件。因此，一般采用比例加积分的自适应调节规律

$$A_p(\boldsymbol{v},t)=\int_0^t \boldsymbol{\Phi}_1(\boldsymbol{v},t,\tau)\mathrm{d}\tau+\boldsymbol{\Phi}_2(\boldsymbol{v},t)+\boldsymbol{A}_{p0} \tag{4.84}$$

$$B_p(\boldsymbol{v},t)=\int_0^t \boldsymbol{\Psi}_1(\boldsymbol{v},t,\tau)\mathrm{d}\tau+\boldsymbol{\Psi}_2(\boldsymbol{v},t)+\boldsymbol{B}_{p0} \tag{4.85}$$

式中，$\boldsymbol{\Phi}_1$、$\boldsymbol{\Phi}_2$和$\boldsymbol{\Psi}_1$、$\boldsymbol{\Psi}_2$分别为A_p和B_p相应维数的矩阵，把式(4.84)和式(4.85)代入式(4.82)，即可得到下列方程组

$$\omega=\left[\int_0^t \boldsymbol{\Phi}_1(\boldsymbol{v},t,\tau)\mathrm{d}\tau+\boldsymbol{\Phi}_2(\boldsymbol{v},t)+\boldsymbol{A}_{p0}-\boldsymbol{A}_m\right]\boldsymbol{x}_p$$

$$+\left[\int_0^t \boldsymbol{\Psi}_1(\boldsymbol{v},t,\tau)\mathrm{d}\tau+\boldsymbol{\Psi}_2(\boldsymbol{v},t)+\boldsymbol{B}_{p0}-\boldsymbol{B}_m\right]\boldsymbol{u} \tag{4.86}$$

$$\dot{\boldsymbol{e}}=\boldsymbol{A}_m\boldsymbol{e}+I(-\boldsymbol{\omega}) \tag{4.87}$$

$$\boldsymbol{v}=\boldsymbol{D}\boldsymbol{e} \tag{4.88}$$

自适应系统等价系统的框图如图4.7所示。

(2) 使得等价反馈方块满足波波夫积分不等式

$$\eta(0,t_1)=\int_0^{t_1}\boldsymbol{v}^{\mathrm{T}}\boldsymbol{\omega}\mathrm{d}t\geqslant -r_0^2,\quad t_1\geqslant 0 \tag{4.89}$$

式中，$r_0^2>0$。

将式(4.86)代入式(4.89)有

$$\eta(0,t_1)=\int_0^{t_1}\boldsymbol{v}^{\mathrm{T}}\left[\int_0^t \boldsymbol{\Phi}_1(\boldsymbol{v},t,\tau)\mathrm{d}\tau+\boldsymbol{\Phi}_2(\boldsymbol{v},t)+\boldsymbol{A}_{p0}-\boldsymbol{A}_m\right]\boldsymbol{x}_p\mathrm{d}t$$

$$+\int_0^{t_1}\boldsymbol{v}^{\mathrm{T}}\left[\int_0^t \boldsymbol{\Psi}_1(\boldsymbol{v},t,\tau)\mathrm{d}\tau+\boldsymbol{\Psi}_2(\boldsymbol{v},t)+\boldsymbol{B}_{p0}-\boldsymbol{B}_m\right]\boldsymbol{u}\mathrm{d}t\geqslant -r_0^2 \tag{4.90}$$

使上述不等式成立的充分条件是使下面两个不等式同时成立

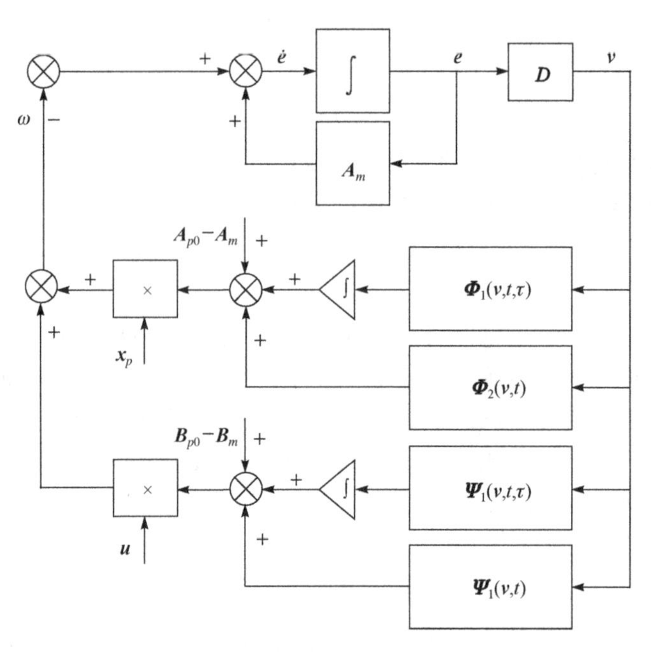

图 4.7 自适应系统等价系统框图

$$\eta_{\varphi}(0,t_1)=\int_0^{t_1}\boldsymbol{v}^{\mathrm{T}}\left[\int_0^t\boldsymbol{\Phi}_1(\boldsymbol{v},t,\tau)\mathrm{d}\tau+\boldsymbol{\Phi}_2(\boldsymbol{v},t)+\boldsymbol{A}_{p0}-\boldsymbol{A}_m\right]\boldsymbol{x}_p\mathrm{d}t\geqslant -r_0^2 \tag{4.91}$$

$$\eta_{\psi}(0,t_1)=\int_0^{t_1}\boldsymbol{v}^{\mathrm{T}}\left[\int_0^t\boldsymbol{\Psi}_1(\boldsymbol{v},t,\tau)\mathrm{d}\tau+\boldsymbol{\Psi}_2(\boldsymbol{v},t)+\boldsymbol{B}_{p0}-\boldsymbol{B}_m\right]\boldsymbol{u}\mathrm{d}t\geqslant -r_0^2 \tag{4.92}$$

式中，$r_0^2\geqslant 0$。由于式(4.91)和式(4.92)形式相同，所以仅讨论式(4.91)。为了求解 $\boldsymbol{\Phi}_1(\boldsymbol{v},t,\tau)$ 和 $\boldsymbol{\Phi}_2(\boldsymbol{v},t)$，需将式(4.91)分解成两个不等式，使得以下两个不等式成立即可保证式(4.91)成立

$$\eta_{\phi_1}(0,t_1)=\int_0^{t_1}\boldsymbol{v}^{\mathrm{T}}\left[\int_0^t\boldsymbol{\Phi}_1(\boldsymbol{v},t,\tau)\mathrm{d}\tau+\boldsymbol{A}_{p0}-\boldsymbol{A}_m\right]\boldsymbol{x}_p\mathrm{d}t\geqslant -r_0^2 \tag{4.93}$$

$$\eta_{\phi_2}(0,t_1)=\int_0^{t_1}\boldsymbol{v}^{\mathrm{T}}\boldsymbol{\Phi}_2(\boldsymbol{v},t)\boldsymbol{x}_p\mathrm{d}t\geqslant -r_0^2 \tag{4.94}$$

把 $n\times n$ 矩阵 $\boldsymbol{\Phi}_1(\boldsymbol{v},t,\tau)$ 和 $\boldsymbol{A}_{p0}-\boldsymbol{A}_m$ 分解为列向量

$$\boldsymbol{\Phi}_1(\boldsymbol{v},t,\tau)=[\phi_1,\phi_2,\cdots,\phi_n] \tag{4.95}$$

$$[\boldsymbol{A}_{p0}-\boldsymbol{A}_m]=[a_1,a_2,L,a_n] \tag{4.96}$$

式中

$$\boldsymbol{\phi}_i=[\phi_{1i},\phi_{2i},\cdots,\phi_{ni}]^{\mathrm{T}} \tag{4.97}$$

$$\boldsymbol{a}_i=[a_{1i},a_{2i},\cdots,a_{ni}]^{\mathrm{T}} \tag{4.98}$$

考虑到

$$\boldsymbol{x}_p=[x_{p1},x_{p2},\cdots,x_{pn}]^{\mathrm{T}} \tag{4.99}$$

可把 $\eta_{\phi_1}(0,t_1)$ 表示成

$$\eta_{\phi_1}(0,t_1)=\sum_{i=1}^n\eta_{\phi_1 i}(0,t_1) \tag{4.100}$$

式中

$$\eta_{\phi_1 i}(0,t_1)=\int_0^{t_1} x_{pi}\boldsymbol{v}^{\mathrm{T}}\left[\int_0^t \phi_i(\boldsymbol{v},t,\tau)\mathrm{d}\tau+\boldsymbol{a}_i\right]\mathrm{d}t \tag{4.101}$$

使式(4.100)满足波波夫积分不等式的充分条件是该式左边的每一项都满足同样类型的不等式，即

$$\eta_{\phi_1 i}(0,t_1)=\int_0^{t_1} x_{pi}\boldsymbol{v}^{\mathrm{T}}\left[\int_0^t \boldsymbol{\phi}_i(\boldsymbol{v},t,\tau)\mathrm{d}\tau+\boldsymbol{a}_i\right]\mathrm{d}t\geqslant -r_0^2 \tag{4.102}$$

求解上述不等式，可回顾正定积分核的定义和性质。

定义 4.10　正定积分核　设有方阵 $\boldsymbol{K}(t,\tau)$，如果在任意时间区间上，对该区间中的所有分段连续的向量函数 $\boldsymbol{f}(t)$ 有

$$\eta(t_0,t_1)=\int_{t_0}^{t_1}\boldsymbol{f}^{\mathrm{T}}(t)\left[\int_{t_0}^t \boldsymbol{K}(t,\tau)\boldsymbol{f}(\tau)\mathrm{d}\tau\right]\mathrm{d}t\geqslant 0 \tag{4.103}$$

则称 $\boldsymbol{K}(t,\tau)$ 为正定积分核。

积分 $\int_{t_0}^t \boldsymbol{K}(t,\tau)\boldsymbol{f}(\tau)\mathrm{d}\tau$ 可看作输入为 $\boldsymbol{f}(t)$ 的某个系统输出，因此，$\eta(t_0,t_1)$ 可解释为输入与输出内积的积分，使这个内积的积分大于或等于零的 $\boldsymbol{K}(t,\tau)$ 称为正定积分核。

若 $\boldsymbol{K}(t,\tau)=\boldsymbol{K}(t-\tau)$ 且它的元素都一致有界，则 $\boldsymbol{K}(t-\tau)$ 的拉氏变换

$$G(s)=\int_0^{\infty}\boldsymbol{K}(t)\mathrm{e}^{-st}\mathrm{d}t \tag{4.104}$$

使 $\boldsymbol{K}(t-\tau)$ 为正定积分核的充要条件是 $G(s)$ 为正实传递函数，在 $s=0$ 处有单极点。

经过证明可求得满足式(4.102)的 ϕ_i 为

$$\boldsymbol{\phi}_i(\boldsymbol{v},t,\tau)=\boldsymbol{F}_a(t-\tau)\boldsymbol{v}(\tau)x_{pi}(\tau) \tag{4.105}$$

式中，$\boldsymbol{F}_a(t-\tau)$ 为正定积分核。把上式代入式(4.102)得

$$\eta_{\phi_1 i}(0,t_1)=\int_0^{t_1} x_{pi}\boldsymbol{v}^{\mathrm{T}}\left[\int_0^t \boldsymbol{F}_a(t-\tau)\boldsymbol{v}(\tau)x_{pi}(\tau)\mathrm{d}\tau+\boldsymbol{a}_i\right]\mathrm{d}t \tag{4.106}$$

令

$$\boldsymbol{f}_i(\tau)=\boldsymbol{v}(\tau)x_{pi}(\tau) \tag{4.107}$$

则

$$\eta_{\phi_1 i}(0,t_1)=\int_0^{t_1}\boldsymbol{f}_i^{\mathrm{T}}(t)\left[\int_0^t \boldsymbol{F}_a(t-\tau)\boldsymbol{f}_i(\tau)\mathrm{d}\tau\right]\mathrm{d}t+\int_0^{t_1}\boldsymbol{f}_i^{\mathrm{T}}(t)a_i\mathrm{d}t \tag{4.108}$$

由于 $\boldsymbol{F}_a(t-\tau)$ 是正定积分核，所以

$$\int_0^{t_1}\boldsymbol{f}_i^{\mathrm{T}}(t)\left[\int_0^t \boldsymbol{F}_a(t-\tau)\boldsymbol{f}_i(\tau)\mathrm{d}\tau\right]\mathrm{d}t\geqslant 0 \tag{4.109}$$

对于 $a_i\neq 0$，可把 a_i 看作由积分核 $\boldsymbol{F}_a(t-\tau)$ 所表征的系统在 $t=0$ 时的输出，其输入量为 $\boldsymbol{f}_i(-t_0)$。由于 $\boldsymbol{F}_a(t-\tau)$ 的拉氏变换在 $s=0$ 处有极点，即有一积分环节，所以存在 $t_0<\infty$ 及有限输入 $\boldsymbol{f}_i(-t_0)$，使得

$$\boldsymbol{a}_i=\int_{-t_0}^0 \boldsymbol{F}_a(t-\tau)\boldsymbol{f}_i(-t_0)\mathrm{d}t\geqslant 0 \tag{4.110}$$

式中，$t_0<\infty$，$\|\boldsymbol{f}_i(-t_0)\|<\infty$。引进符号

$$\bar{f}_i(t)=\begin{cases}\boldsymbol{f}_i(t), & t\geqslant 0\\ \boldsymbol{f}_i(-t_0), & -t_0\leqslant t<0\end{cases} \tag{4.111}$$

则式(4.108)可写成

$$\eta_{\phi_1 i}(0,t_1)=\int_{-t_0}^{t}\bar{\boldsymbol{f}}_j^{\mathrm{T}}(t)\left[\int_{-t_0}^{t}\boldsymbol{F}_a(t-\tau)\bar{\boldsymbol{f}}_j(\tau)\mathrm{d}\tau\right]\mathrm{d}t$$
$$-\int_{-t_0}^{0}\bar{\boldsymbol{f}}_j^{\mathrm{T}}(-t_0)\left[\int_{-t_0}^{t}\boldsymbol{F}_a(t-\tau)\bar{\boldsymbol{f}}_j(-t_0)\mathrm{d}\tau\right]\mathrm{d}t \tag{4.112}$$

由于 $\boldsymbol{F}_a(t-\tau)$ 是正定积分核，相应的传递函数阵 $\boldsymbol{F}_a(s)$ 为正实函数，且为一个有界函数，设其上界为 m，那么式(4.112)的第一项必然大于或等于零，而第二项

$$\int_{-t_0}^{0}\bar{\boldsymbol{f}}_i^{\mathrm{T}}(-t_0)\left[\int_{-t_0}^{t}F_a(t-\tau)\bar{\boldsymbol{f}}_i(-t_0)\mathrm{d}\tau\right]\mathrm{d}t$$
$$\leqslant\int_{-t_0}^{0}\int_{-t_0}^{0}m\|\boldsymbol{f}_i(-t_0)\|^2\mathrm{d}\tau\mathrm{d}t$$
$$=\frac{mt_0^2\|\boldsymbol{f}_i(-t_0)\|^2}{2}<\infty \tag{4.113}$$

由此可见，式(4.102)是成立的。因此，选择

$$\begin{cases}\boldsymbol{\phi}_i(\boldsymbol{v},t,\tau)=\boldsymbol{F}_a(t-\tau)\boldsymbol{v}(\tau)x_{pi}(\tau)\\ \boldsymbol{\Phi}_1(\boldsymbol{v},t,\tau)=[\phi_1,\phi_2,\cdots,\phi_n]=\boldsymbol{F}_a(t-\tau)\boldsymbol{v}(\tau)\boldsymbol{x}_p^{\mathrm{T}}(\tau)\end{cases} \tag{4.114}$$

能使不等式(4.93)成立。

为了使(4.94)成立，取

$$\boldsymbol{\Phi}_2(\boldsymbol{v},t)=\boldsymbol{F}_a'(t)\boldsymbol{v}(t)\boldsymbol{x}_p^{\mathrm{T}}(t) \tag{4.115}$$

式中，$\boldsymbol{F}_a'(t)\geqslant 0$，则

$$\eta_{\phi 2}(0,t_1)=\int_0^{t_1}\boldsymbol{v}^{\mathrm{T}}\boldsymbol{F}'_a(t)\boldsymbol{v}\boldsymbol{x}_p^{\mathrm{T}}\mathrm{d}t\geqslant 0 \tag{4.116}$$

成立。因此，证得式(4.94)成立。同时，保证了不等式(4.90)成立。

同理，选择

$$\boldsymbol{\Psi}_1(\boldsymbol{v},t,\tau)=\boldsymbol{F}_b(t-\tau)\boldsymbol{v}(\tau)\boldsymbol{u}^{\mathrm{T}}(\tau) \tag{4.117}$$
$$\boldsymbol{\Psi}_2(\boldsymbol{v},t)=\boldsymbol{F}_b'(t-\tau)\boldsymbol{v}(t)\boldsymbol{u}^{\mathrm{T}}(t) \tag{4.118}$$

可使得(4.92)成立。这样所得到的等价反馈方块，其特性满足波波夫积分不等式。

(3) 根据等价前向方块正实性要求确定线性补偿器 $\boldsymbol{D}$。

当等价系统的反馈方块满足波波夫积分不等式时，要使系统为渐近超稳定系统，则要求由式(4.87)和式(4.88)形成的等价前向方块的传递函数阵

$$\boldsymbol{G}(s)=\boldsymbol{D}(s\boldsymbol{I}-\boldsymbol{A}_m)^{-1}\boldsymbol{I} \tag{4.119}$$

必须是严格正实的。式中，$\boldsymbol{D}$ 可以根据定理 4.2 求解

$$\boldsymbol{P}\boldsymbol{A}_m+\boldsymbol{A}_m^{\mathrm{T}}\boldsymbol{P}=-\boldsymbol{Q} \tag{4.120}$$
$$\boldsymbol{P}\boldsymbol{I}=\boldsymbol{D} \tag{4.121}$$

得到，式中，$\boldsymbol{Q}$、$\boldsymbol{P}$ 恒为正定阵，从而确定 $\boldsymbol{D}$ 阵使得 $\boldsymbol{G}(s)$ 为严格正实函数矩阵。

至此，状态模型参考自适应系统为全局渐近稳定，其状态误差

$$\lim_{t\to\infty}\boldsymbol{e}(t)=\lim_{t\to\infty}(\boldsymbol{x}_m-\boldsymbol{x}_p)=0 \tag{4.122}$$

(4) 在确定 $\boldsymbol{F}_a(t)$、$\boldsymbol{F}_b(t)$ 和 $\boldsymbol{D}$ 后，即可作出自适应系统的结构图，如图 4.8 所示。

2. 自适应控制律设计的补充说明

用状态方程描述的模型参考自适应系统进行了初步的设计，此处再作些补充说明。

说明 1 $\boldsymbol{F}_a(t)$、$\boldsymbol{F}_b(t)$ 为正实函数 $\boldsymbol{F}_a(s)$、$\boldsymbol{F}_b(s)$ 系统的脉冲响应函数。

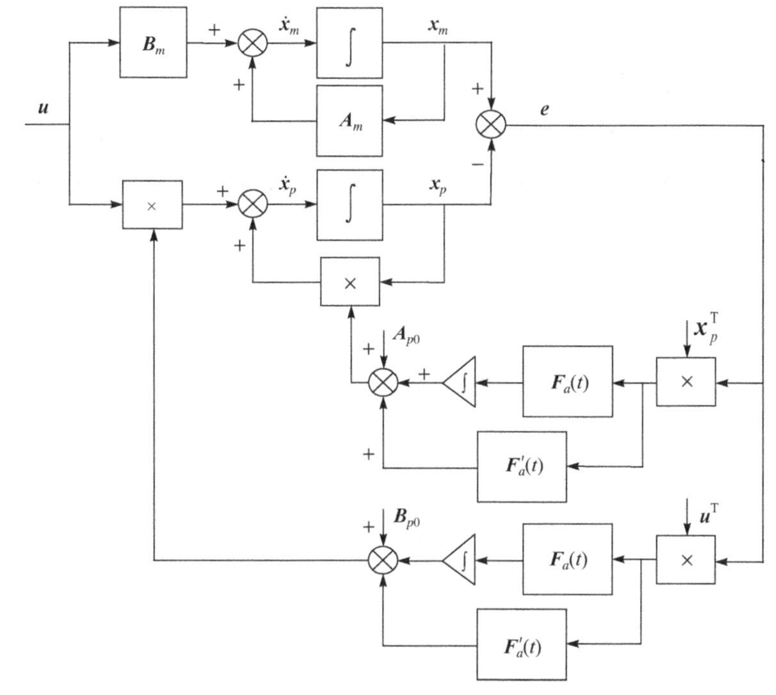

图 4.8 用超稳定性理论设计的并联模型参考自适应系统

因为正实函数 $\boldsymbol{F}_a(s)$、$\boldsymbol{F}_b(s)$可有多种选择，故 $\boldsymbol{F}_a(t)$、$\boldsymbol{F}_b(t)$也可有多种选择，最简单的一种是

$$\begin{aligned}\boldsymbol{F}_a(t)=\boldsymbol{F}_a>0\\ \boldsymbol{F}_b(t)=\boldsymbol{F}_b>0\end{aligned} \tag{4.123}$$

同时要求 $\boldsymbol{F}_a'(t)$，$\boldsymbol{F}_b'(t)\geqslant 0$，这样也表明它们有多种选择。最简单的一种是

$$\begin{aligned}\boldsymbol{F}_a'(t)=\boldsymbol{F}_a'>0\\ \boldsymbol{F}_b'(t)=\boldsymbol{F}_b'>0\end{aligned} \tag{4.124}$$

由式(4.115)和式(4.118)得到，当 $\phi_2(\boldsymbol{v},t)=k_1\boldsymbol{x}_s^{\mathrm{T}}\mathrm{sign}\boldsymbol{v}$ 时，$k_1\geqslant 0$，当 $\psi_2(\boldsymbol{v},t)=k_1\boldsymbol{u}^{\mathrm{T}}\mathrm{sign}\boldsymbol{v}$时，$k_2\geqslant 0$，这样同样可保证系统超稳定。这种自适应规律通常称为积分加继电型自适应规律。

说明 2 参数的收敛问题。

上述模型参考自适应系统的设计，保证被控对象的状态收敛于参考模型的状态，若要实现参数收敛，由式(4.82)可知，必须要求输入控制量 $\boldsymbol{u}$ 和状态变量 $\boldsymbol{x}_p$ 是线性独立的。这就要求满足参考模型完全能控和 $\boldsymbol{u}$ 的每个分量线性独立的条件。

说明 3 自适应系统实现问题。

在上述自适应系统中，其所实现的自适应控制规律都是基于被控系统状态 $\boldsymbol{x}_p$ 是可以获得的前提。然而，在许多实际控制系统中，状态量并不是可测的，获得的仅是被控系统的输出量，这时上述方法就不再适用了。

4.2.2 用输入/输出测量值设计模型参考自适应系统

用超稳定性理论设计的状态模型参考自适应系统，同用 Lyapunov 稳定性理论设计的状态模型参考自适应系统一样，都是基于全部状态可测的，以便用状态值来构成自适应规律，这往往是许多实际系统不易实现的。因此，必须考虑用输入/输出测量值来构成自适应规律，这自然是比较容易实现的。但是，这种适应规律往往不仅包含输入/输出量本身，而且包含了它们的各阶导数，这就意味着需要将输入/输出测量值再经过微分器处理。众所周知，输入/输出测量值不可避免地含有外来噪声，从而影响了自适应机构的正常工作。为了避免这一缺点，可以根据需要在系统中引入状态变量滤波器，由它提供相应的滤波信号的导数来构成自适应规律。这样可以避免直接需要输入/输出测量值的微分量。下面以单输入/单输出并联模型参考自适应系统为例进行讨论。

1. 无状态变量滤波器

首先讨论无状态变量滤波器的情况，系统框图如图 4.9 所示。

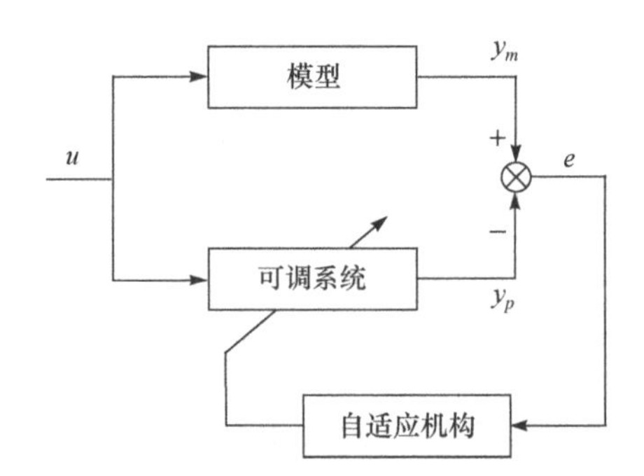

图 4.9　无状态变量滤波器的模型参考自适应系统

其中参考模型的方程为

$$\left(\sum_{t=0}^{n} a_{mi} p^i\right) y_m = \left(\sum_{t=0}^{m} b_{mi} p^i\right) u, \quad a_{mn} = 1 \tag{4.125}$$

可调系统方程为

$$\left(\sum_{t=0}^{n} a_{pi} p^i\right) y_p = \left(\sum_{t=0}^{m} b_{pi} p^i\right) u, \quad a_{pn} = 1 \tag{4.126}$$

广义输出误差为

$$e = y_m - y_p \tag{4.127}$$

串联线性补偿器 $D(p)$ 为

$$v = D(p)\varepsilon = \left(\sum_{i=0}^{n-1} d_i p^i\right) e \tag{4.128}$$

自适应规律为

$$a_{pi}(v,t) = \int_0^t \phi_{1i}(v,t,\tau)\mathrm{d}\tau + \phi_{2i}(v,\tau) + a_{pi}(0), \quad i = 0,\cdots,n-1 \tag{4.129}$$

$$b_{pi}(v,t) = \int_0^t \psi_{1i}(v,t,\tau)\mathrm{d}\tau + \psi_{2i}(v,\tau) + b_{pi}(0), \quad i = 0,\cdots,m \tag{4.130}$$

使得对任意误差 $e(0)$、$a_{mi} - a_{pi}(0)$、$b_{mi} - b_{pi}(0)$ 和任意分段连续的输入信号 u 有

$$\lim_{t\to\infty} e = \lim_{t\to\infty}(y_m - y_p) = 0 \tag{4.131}$$

由式(4.125)和式(4.126)可得

$$\left(\sum_{t=0}^{n} a_{mi} p^i\right) e = \left[\sum_{t=0}^{n} (a_{pi} - a_{mi}) p^i\right] y_p + \left[\sum_{t=0}^{m} (b_{mi} - b_{pi}) p^i\right] u \tag{4.132}$$

令

$$\omega_1 = \Big[\sum_{t=0}^{n}(a_{pi}-a_{mi})p^i\Big]y_p + \Big[\sum_{t=0}^{m}(b_{mi}-b_{pi})p^i\Big]u \tag{4.133}$$

则

$$\Big(\sum_{t=0}^{n}a_{mi}p^i\Big)e = \omega_1 \tag{4.134}$$

把式(4.129)、式(4.130)代入式(4.133)得

$$\begin{aligned}\omega = -\omega_1 = &-\Big(\sum_{i=0}^{n}\Big[\int_0^t \phi_{1i}(v,t,\tau)\mathrm{d}\tau + \phi_{2i}(v,\tau) + a_{pi}(0) - a_{mi}\Big]p^i y_p\Big)\\ &+\Big(\sum_{i=0}^{m}\Big[\int_0^t \psi_{1i}(v,t,\tau)\mathrm{d}\tau + \psi_{2i}(v,\tau) + b_{pi}(0) - b_{mi}\Big]p^i u\Big)\end{aligned} \tag{4.135}$$

式中，$v=D(p)e$；ω 为等价反馈方块的输出。根据超稳定性原理，要求等价反馈方块满足波波夫积分不等式，故可以求得

$$\begin{cases}\phi_{1i}=-k_{ai}(t-\tau)v(\tau)p^i y_p(\tau)\\ \phi_{2i}=-k'_{ai}(t)v(t)p^i y_p(t)\\ \psi_{1i}=k_{bi}(t-\tau)v(\tau)p^i u(\tau)\\ \psi_{2i}=k'_{bi}(t)v(t)p^i u(t)\end{cases} \tag{4.136}$$

按照 4.2.1 节的讨论，可选择 k_{ai} 和 k_{bi} 为正实传递函数的脉冲响应，函数 k'_{ai} 和 k'_{bi} 为大于或等于零的函数。

等价前向方块由式(4.128)和式(4.132)可得

$$G(s) = \frac{D(s)}{\sum_{t=0}^{n}a_{mi}s^i} = \frac{\sum_{t=0}^{n-1}d_i s^i}{\sum_{t=0}^{n}a_{mi}s^i} \tag{4.137}$$

要使整个闭环等价系统渐近超稳定，只要选取适当的 $D(s)$ 使得式(4.137)中的 $G(s)$ 为严格正实函数即可。

注意，由式(4.132)可以看出，由于有 $p^i y_p(t)$ 和 $p^i u(t)$，故自适应机构需要用到输入/输出测量值的微分项。前面已经提到，这样的自适应控制系统是不能很好地工作的。

2. 状态变量滤波器放在可调系统的输入端和参考模型的输出端

对于这种情况，整个自适应系统的结构如图 4.10 所示。

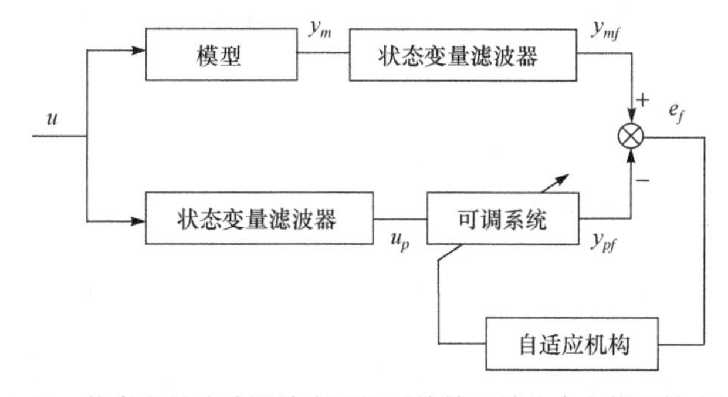

图 4.10　状态变量滤波器放在可调系统输入端和参考模型输出端的并联模型参考自适应系统

参考模型方程为

$$(\sum_{t=0}^{n} a_{mi} p^{i}) y_{m} = (\sum_{t=0}^{m} b_{mi} p^{i}) u, \quad a_{mn} = 1 \tag{4.138}$$

模型输出端的状态变量滤波器方程为

$$(\sum_{t=0}^{n-1} c_{i} p^{i}) y_{mf} = y_{m}, \quad c_{n-1} = 1 \tag{4.139}$$

可调系统输入端的状态变量滤波器方程为

$$(\sum_{t=0}^{n-1} c_{i} p^{i}) u_{p} = u, \quad c_{n-1} = 1 \tag{4.140}$$

可调系统方程为

$$(\sum_{t=0}^{n} a_{pi}(v,t) p^{i}) y_{pf} = (\sum_{t=0}^{m} b_{pi}(v,t) p^{i}) u_{p}, \quad a_{pn}(v,t) = 1 \tag{4.141}$$

广义输出误差为

$$e_{f} = y_{mf} - y_{pf} \tag{4.142}$$

串联线性补偿器 $D(p)$ 为

$$v = D(p) e_{f} = (\sum_{i=0}^{n-1} d_{i} p^{i}) e_{f} \tag{4.143}$$

自适应规律为

$$a_{pi}(v,t) = \int_{0}^{t} \phi_{1i}(v,t,\tau) \mathrm{d}\tau + \phi_{2i}(v,\tau) + a_{pi}(0), \quad i = 0, \cdots, n-1 \tag{4.144}$$

$$b_{pi}(v,t) = \int_{0}^{t} \psi_{1i}(v,t,\tau) \mathrm{d}\tau + \psi_{2i}(v,\tau) + b_{pi}(0), \quad i = 0, \cdots, m \tag{4.145}$$

使得对任意误差 $e_f(0)$、$a_{mi} - a_{pi}(0)$、$b_{mi} - b_{pi}(0)$ 和任意分段连续的输入信号 u，有

$$\lim_{t \to \infty} e_{f} = \lim_{t \to \infty} (y_{mf} - y_{pf}) = 0 \tag{4.146}$$

由于式(4.138)和式(4.139)也可写为

$$(\sum_{t=0}^{n} a_{mi} p^{i}) y_{mf} = (\sum_{t=0}^{m} b_{mi} p^{i}) u_{p} \tag{4.147}$$

所以由式(4.141)和式(4.147)可得

$$(\sum_{t=0}^{n} a_{mi} p^{i}) e_{f} = \Big[\sum_{t=0}^{n} (a_{pi} - a_{mi}) p^{i}\Big] y_{pf} + \Big[\sum_{t=0}^{m} (b_{mi} - b_{pi}) p^{i}\Big] u_{p} \tag{4.148}$$

令

$$\omega_{1} = \Big[\sum_{t=0}^{n} (a_{pi} - a_{mi}) p^{i}\Big] y_{p} + \Big[\sum_{t=0}^{m} (b_{mi} - b_{pi}) p^{i}\Big] u_{p} \tag{4.149}$$

则

$$(\sum_{t=0}^{n} a_{mi} p^{i}) e_{f} = \omega_{1} \tag{4.150}$$

把式(4.144)和式(4.145)代入式(4.149)得

$$\begin{aligned} \omega = -\omega_{1} = &-\Big(\sum_{i=0}^{n-1} \Big[\int_{0}^{t} \varphi_{1i}(v,t,\tau) \mathrm{d}\tau + \phi_{2i}(v,\tau) + a_{pi}(0) - a_{mi}\Big] p^{i} y_{pf}\Big) \\ &+ \Big(\sum_{i=0}^{m} \Big[\int_{0}^{t} \psi_{1i}(v,t,\tau) \mathrm{d}\tau + \psi_{2i}(v,\tau) + b_{pi}(0) - b_{mi}\Big] p^{i} u_{pf}\Big) \end{aligned} \tag{4.151}$$

式中，$v = D(p)e$；ω 为等价反馈方块的输出，根据超稳定性原理，要求等价反馈方块满足波

波夫积分不等式，故可以求得

$$\begin{cases}\phi_{1i}=-k_{ai}(t-\tau)v(\tau)p^i y_{pf}(\tau)\\ \phi_{2i}=-k'_{ai}(t)v(t)p^i y_{pf}(t)\\ \psi_{1i}=k_{bi}(t-\tau)v(\tau)p^i u(\tau)\\ \psi_{2i}=k'_{bi}(t)v(t)p^i u(t)\end{cases} \tag{4.152}$$

按照 4.2.1 节的讨论，可选择 k_{ai} 和 k_{bi} 为正实传递函数的脉冲响应，函数 k'_{ai} 和 k'_{bi} 为大于或等于零的函数。

系统等价前向方块由方程式(4.143)和式(4.148)可得

$$G(s)=\frac{D(s)}{\sum_{t=0}^{n}a_{mi}s^i}=\frac{\sum_{t=0}^{n-1}d_i s^i}{\sum_{t=0}^{n}a_{mi}s^i} \tag{4.153}$$

要使整个闭环等价系统渐近超稳定，只要选取适当的 $D(s)$ 使得式(4.153)中的 $G(s)$ 为严格正实函数即可。

4.3 基于超稳定性理论设计自适应控制律应用实例

4.3.1 室内温度控制系统自适应控制律设计

例4.5 人工温室可看作纯滞后的一阶对象，其传递函数是

$$G_p(s)=\frac{k_v e^{-\tau s}}{(Ts+1)} \tag{4.154}$$

式中，k_v 为随环境变化的放大系数；T 为对象时间常数；τ 为对象滞后时间。

由泰勒一阶近似式可得

$$e^{-\tau s}=\frac{1}{\tau s+1} \tag{4.155}$$

故可调系统的数学模型可写成

$$G_p(s)=\frac{k_v}{(Ts+1)(\tau s+1)}=\frac{k_v}{T\tau s^2+(T+\tau)s+1} \tag{4.156}$$

令 $a_2=T\tau$，$a_1=T+\tau$，则把可调系统改写为

$$G_p(s)=\frac{k_v}{a_2 s^2+a_1 s+1} \tag{4.157}$$

而参考模型可设为

$$G_m(s)=\frac{k}{a_2 s^2+a_1 s+1} \tag{4.158}$$

可调增益 k_c 的自适应规律设计为

$$k_c=\int_0^t \phi_1(v,t,\tau)\mathrm{d}\tau+\phi_2(v,\tau)+k_{c0} \tag{4.159}$$

广义输出误差为

$$e=y_m-y_p \tag{4.160}$$

式中，y_m 和 y_p 分别为参考模型和可调系统的输入/输出，则

$$(a_2p^2+a_1p+1)e=(k-k_ck_v)u \tag{4.161}$$

式中，u 为系统输入，设

$$\omega_1=(k-k_ck_v)u \tag{4.162}$$

则前向方块为

$$(a_2p^2+a_1p+1)e=\omega_1 \tag{4.163}$$

$$v=D(p)e=\Big(\sum_{i=0}^{n-1}d_ip^i\Big)e \tag{4.164}$$

反馈方块为

$$\omega=-\omega_1=\Big[\int_0^t k_v\phi_1(v,t,\tau)\mathrm{d}\tau+k_v\phi_2(v,\tau)+(k_vk_{c0}-k)\Big]u \tag{4.165}$$

根据波波夫超稳定性理论，由反馈方块满足波波夫积分不等式选择

$$\begin{cases}\phi_1=k_b(t-\tau)v(\tau)u(\tau)\\ \phi_2=k_b'(t)v(t)u(t)\end{cases} \tag{4.166}$$

式中，k_b 为正实传递函数的脉冲响应；k_b'为大于或等于零的函数。简单地，可以选取 k_b 为大于零的常数，k_b'为大于或等于零的常数。

根据前向方块满足正实函数要求，选择串联线性补偿器 D 应使得

$$G(s)=\frac{d_1s+d_0}{a_2s^2+a_1s+1} \tag{4.167}$$

为正实函数，则根据 $\mathrm{Re}[G(\mathrm{j}\omega)]>0$ 可知，D 的参数满足

$$d_0>0,\quad d_1a_1-d_0a_2>0 \tag{4.168}$$

即可。

对上述过程进行 MATLAB 仿真，其中各参数取值为 $T=60$，$\tau=80$，$a_1=140$，$a_2=4800$，$d_1=100$，$d_2=1$。参数 $k_b=1\times10^{-5}$，$k_b'=0$ 的系统输出响应曲线如图 4.11 所示；参数 $k_b=1\times10^{-4}$，$k_b'=0$ 的系统输出响应曲线如图 4.12 所示。

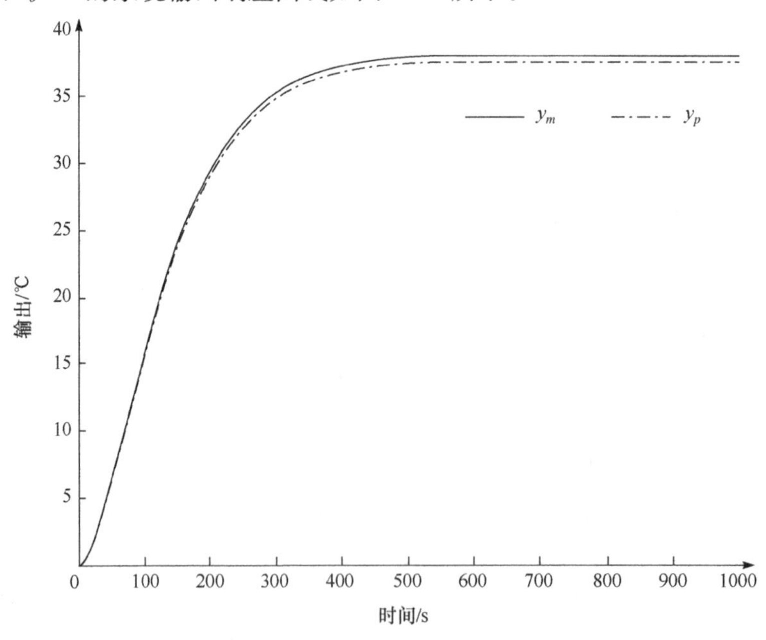

图 4.11 $k_b=1\times10^{-5}$，$k_b'=0$ 响应曲线

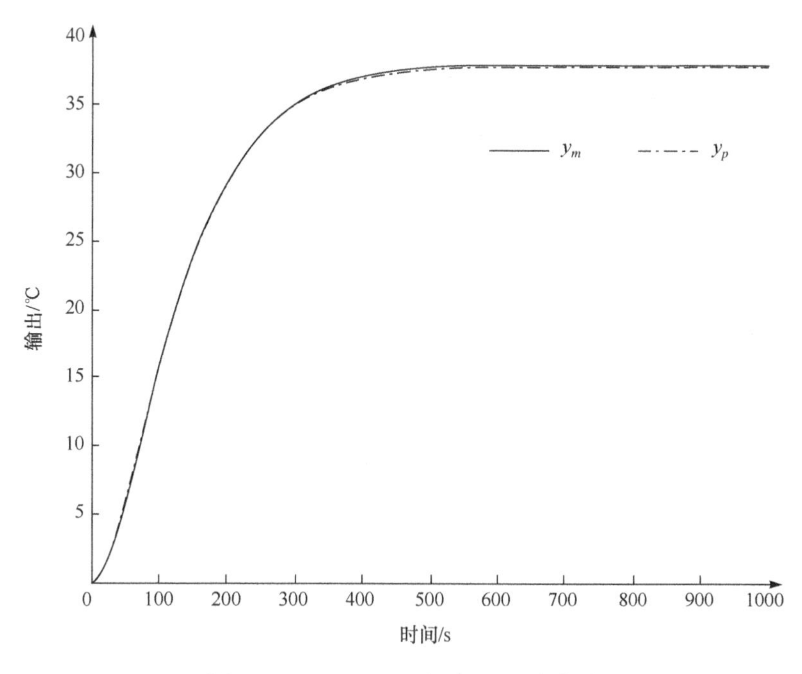

图 4.12　$k_b=1\times10^{-4}, k_b'=0$ 响应曲线

4.3.2　直接转矩控制系统自适应控制辨识转速

例 4.6　用超稳定性理论设计模型参考自适应(MRAC)的方法,辨识直接转矩控制(DTC)电机的转速。

直接转矩控制是近年来继矢量控制变频调速技术之后发展起来的一种新型的具有高性能的交流变频调速技术。自 20 世纪 70 年代矢量控制技术发展以来,交流传动技术从理论上解决了交流调速系统在静、动态性能上能与直流传动相媲美的问题。

直接转矩控制本身不需要速度信息,但为了实施对电机转速的精确控制,必须引入速度反馈。

高性能的变频调速系统都需要在电动机轴上加装速度传感器来检测转速,这在实际应用中将会带来一些不便,如高精度速度传感器价格昂贵,对于中小型容量设备将显著增加硬件投资;速度传感器不适用于温差较大以及较恶劣的工作环境;安装维护困难;在选用变频控制器时,必须顾及速度传感器的参数与其匹配,故互换性差。

如果交流变频调速系统不用速度传感器,只依据变频器输出的电压电流信号得到转速信号进行速度闭环控制,则可省去昂贵的速度传感器。

1) 转速估算

由转子磁链电压模型可知

$$\begin{cases} p\psi_{r\alpha}=\dfrac{L_r}{L_m}(u_{s\alpha}-R_s i_{s\alpha}-\sigma L_s p i_{s\alpha}) \\ p\psi_{r\beta}=\dfrac{L_r}{L_m}(u_{s\beta}-R_s i_{s\beta}-\sigma L_s p i_{s\beta}) \end{cases} \tag{4.169}$$

由转子磁链电流模型可知

$$
\begin{cases}
p\psi_{r\alpha} = -\dfrac{1}{T_r}\psi_{r\alpha} - \omega_r\psi_{r\beta} + \dfrac{L_m}{T_r}i_{s\alpha} \\
p\psi_{r\beta} = \omega_r\psi_{r\alpha} - \dfrac{1}{T_r}\psi_{r\beta} + \dfrac{L_m}{T_r}i_{s\beta}
\end{cases}
\tag{4.170}
$$

式中，$\sigma=1-\dfrac{L_m^2}{L_sL_r}$，$\sigma L_s=L_s-\dfrac{L_m^2}{L_r}$，$T_r=\dfrac{L_r}{R_r}$为转子时间常数。式(4.169)不含转子机械角速度 ω_r，而式(4.170)含有 ω_r。

定义转子磁链矢量电角度 θ 为

$$
\theta = \arctan\frac{\psi_{r\beta}}{\psi_{r\alpha}}
\tag{4.171}
$$

对其求导，得到转子磁链的电角速度

$$
\omega = \dot{\theta} = \frac{\dot{\psi}_{r\beta}\psi_{r\alpha} - \dot{\psi}_{r\alpha}\psi_{r\beta}}{\psi_{r\alpha}^2 + \psi_{r\beta}^2}
\tag{4.172}
$$

再将式(4.170)代入式(4.172)中得

$$
\omega_r = \omega + \frac{L_m}{T_r}\frac{\psi_{r\beta}i_{s\alpha} - \psi_{r\alpha}i_{s\beta}}{\psi_{r\alpha}^2 + \psi_{r\beta}^2}
\tag{4.173}
$$

ψ_r 的两个分量可由式(4.169)积分得到。

以上所有计算都是建立在定子静止坐标上的，这种算法比较简单，当运行速度不太低，要求不高时能满足要求；但其计算需要一个理想的积分器，同时对定子电阻 R_S 的变化非常敏感，当速度较低时，这种影响使系统性能变坏。

2) MRAC 方法辨识电机转速

根据异步电机数学模型，由于转子磁链的电压模型与电机的转速无关，而转子磁链的电流模型与电机和转速有关，所以可选转子磁链的电压模型为参考模型，而选转子磁链的电流模型为可调模型，采用并联型结构辨识转速。

(1) 被辨识过程

$$
\frac{\mathrm{d}}{\mathrm{d}t}\begin{bmatrix}\psi_{r\alpha}\\ \psi_{r\beta}\end{bmatrix} = \begin{bmatrix}\dfrac{-1}{T_r} & -\omega_r \\ \omega_r & \dfrac{-1}{T_r}\end{bmatrix}\begin{bmatrix}\psi_{r\alpha}\\ \psi_{r\beta}\end{bmatrix} + \frac{L_m}{T_r}\begin{bmatrix}i_{s\alpha}\\ i_{s\beta}\end{bmatrix}
\tag{4.174}
$$

可简写为

$$
\frac{\mathrm{d}}{\mathrm{d}t}\boldsymbol{\psi}_r = A\boldsymbol{\psi}_r + B\boldsymbol{i}_s
\tag{4.175}
$$

并联可调模型

$$
\frac{\mathrm{d}}{\mathrm{d}t}\begin{bmatrix}\hat{\psi}_{r\alpha}\\ \hat{\psi}_{r\beta}\end{bmatrix} = \begin{bmatrix}\dfrac{-1}{T_r} & -\hat{\omega}_r \\ \hat{\omega}_r & \dfrac{-1}{T_r}\end{bmatrix}\begin{bmatrix}\hat{\psi}_{r\alpha}\\ \hat{\psi}_{r\beta}\end{bmatrix} + \frac{L_m}{T_r}\begin{bmatrix}\hat{i}_{s\alpha}\\ \hat{i}_{s\beta}\end{bmatrix}
\tag{4.176}
$$

简写为

$$
\frac{\mathrm{d}}{\mathrm{d}t}\hat{\boldsymbol{\psi}}_r = A\,\hat{\boldsymbol{\psi}}_r + B\hat{\boldsymbol{i}}_s
\tag{4.177}
$$

状态误差

$$e=\boldsymbol{\psi}_r-\hat{\boldsymbol{\psi}}_r \tag{4.178}$$

(2) 自适应律推导。

根据 Popov 超稳定性定律，如果满足：① $\boldsymbol{H}(s)=\boldsymbol{D}(s\boldsymbol{I}-\boldsymbol{AP})^{-1}$ 为严格正实矩阵；② $\eta(0,t_0)=\int_0^{t_0}\boldsymbol{v}^{\mathrm{T}}\omega\mathrm{d}t\geqslant-\gamma_0^2$，$\forall t_0\geqslant0$，$-\gamma_0^2$ 为任一有限正数，那么有 $\lim\limits_{t\to\infty}e(t)=0$，即模型参考自适应系统是渐近稳定的。

为了利用上述定理进行系统设计，将并联模型表示成式(4.179)、式(4.180)所示的等价非线性时变反馈系统

$$\frac{\mathrm{d}}{\mathrm{d}t}\boldsymbol{e}=\boldsymbol{A}_p\boldsymbol{e}-\boldsymbol{I}\omega \tag{4.179}$$

$$v=\boldsymbol{De} \tag{4.180}$$

$$\omega=(\hat{\boldsymbol{A}}-\boldsymbol{A})\hat{\boldsymbol{\psi}}_r \tag{4.181}$$

取 $\boldsymbol{D}=\boldsymbol{I}$，则 $v=\boldsymbol{Ie}=\boldsymbol{e}$。

易证 $\boldsymbol{H}(s)=\boldsymbol{D}(s\boldsymbol{I}-\boldsymbol{AP})^{-1}$ 为严格正实矩阵；取比例＋积分型自适应律为

$$\hat{\omega}_r=\int_0^t\phi_1(v,t,\tau)\mathrm{d}\tau+\phi_2(v,t)+\hat{\omega}_{r(0)} \tag{4.182}$$

则

$$\begin{aligned}\eta(0,t_0)&=\int_0^{t_0}\boldsymbol{v}^{\mathrm{T}}\omega\mathrm{d}t=\int_0^{t_0}\boldsymbol{e}^{\mathrm{T}}(\hat{\boldsymbol{A}}-\boldsymbol{A})\hat{\boldsymbol{\psi}}_r\mathrm{d}t\\&=\int_0^{t_0}(\hat{\omega}_r-\omega_r)\boldsymbol{e}^{\mathrm{T}}\begin{bmatrix}0&-1\\1&0\end{bmatrix}\hat{\boldsymbol{\psi}}_r\mathrm{d}t=\boldsymbol{S}_1+\boldsymbol{S}_2\end{aligned} \tag{4.183}$$

$$\boldsymbol{S}_1=\int_0^{t_0}\left[\int\phi_{1(v,t,\tau)}\mathrm{d}t+\omega_{r(0)}-\omega_r\right]\boldsymbol{e}^{\mathrm{T}}\begin{bmatrix}0&-1\\1&0\end{bmatrix}\boldsymbol{\psi}_r\mathrm{d}t \tag{4.184}$$

$$\boldsymbol{S}_2=\int_0^{t_0}\phi_{2(v,t)}\boldsymbol{e}^{\mathrm{T}}\begin{bmatrix}0&-1\\1&0\end{bmatrix}\boldsymbol{\psi}_r\mathrm{d}t \tag{4.185}$$

可以证明，对于任一系数 $k_1,k_2\geqslant0$，若取

$$\phi_{1(v,t,\tau)}=k_1\boldsymbol{e}^{\mathrm{T}}\begin{bmatrix}0&-1\\1&0\end{bmatrix}\boldsymbol{\psi}_r=k_1(\psi_{r\beta}\hat{\psi}_{r\alpha}-\psi_{r\alpha}\hat{\psi}_{r\beta}) \tag{4.186}$$

$$\phi_{2(v,t)}=k_2\boldsymbol{e}^{\mathrm{T}}\begin{bmatrix}0&-1\\1&0\end{bmatrix}\boldsymbol{\psi}_r=k_2(\psi_{r\beta}\hat{\psi}_{r\alpha}-\psi_{r\alpha}\hat{\psi}_{r\beta}) \tag{4.187}$$

则有 $\eta(0,t_0)=\int_0^{t_0}\boldsymbol{v}^{\mathrm{T}}\omega\mathrm{d}t=\boldsymbol{S}_1+\boldsymbol{S}_2\geqslant-\gamma_0^2$，$-\gamma_0^2$ 为某一正常数，根据 Popov 超稳定性定律，该模型参考自适应系统是渐近稳定的，其辨识算法为

$$\hat{\omega}_r=\int_0^t k_1(\psi_{r\beta}\hat{\psi}_{r\alpha}-\psi_{r\alpha}\hat{\psi}_{r\beta})\mathrm{d}\tau+k_2(\psi_{r\beta}\hat{\psi}_{r\alpha}-\psi_{r\alpha}\hat{\psi}_{r\beta})+\hat{\omega}_{r(0)} \tag{4.188}$$

式中，$\hat{\psi}_{r\alpha}$、$\hat{\psi}_{r\beta}$ 由转子磁链的电流模型式(4.170)得到，现重写为

$$\begin{cases}p\psi_{r\alpha}=-\dfrac{1}{T_r}\psi_{r\alpha}-\omega_r\psi_{r\beta}+\dfrac{L_m}{T_r}i_{s\alpha}\\[2ex]p\psi_{r\beta}=\omega_r\psi_{r\alpha}-\dfrac{1}{T_r}\psi_{r\beta}+\dfrac{L_m}{T_r}i_{s\beta}\end{cases} \tag{4.189}$$

$\psi_{r\alpha}$、$\psi_{r\beta}$由转子磁链的电压模型式(4.169)得到，现重写为

$$\begin{cases}\psi_{r\alpha}=\dfrac{L_r}{L_m}\displaystyle\int(u_{s\alpha}-R_s i_{s\alpha})\mathrm{d}t-L_s i_{s\alpha}\\ \psi_{r\beta}=\dfrac{L_r}{L_m}\displaystyle\int(u_{s\beta}-R_s i_{s\beta})\mathrm{d}t-L_s i_{s\beta}\end{cases}\tag{4.190}$$

整个辨识算法的运算框图如图 4.13 所示。

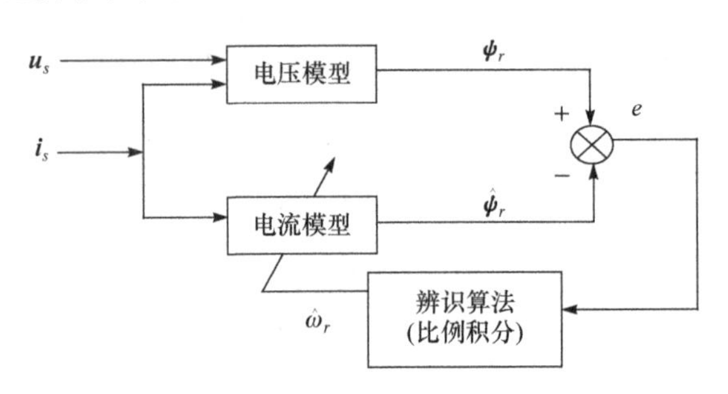

图 4.13 模型参考自适应转速辨识框图

4.3.3 自动导向车系统自适应控制律设计

例 4.7 用超稳定性理论设计模型参考自适应的方法设计自动导向车控制系统。

1）自动导向车模型的建立

自动导向车是计算机集成制造系统中物流系统的重要部件，广泛应用于邮电、仓库管理等系统中，通常它沿着预先确定的路径运行，并要求偏差较小，因此要设计一个有效的控制系统进行控制。

通常自动导向车沿着预先设定的路径运行，但是存在外部干扰时，相对于设定路径产生了偏差。偏差量用小车两个驱动轮连线中点与设定路径的垂直距离 d 和两个驱动轮连线中垂线与设定路径的夹角 θ 表示，具体参数如图 4.14 所示。

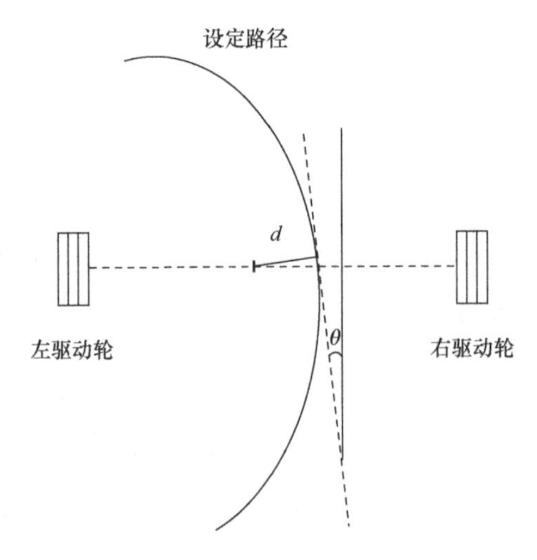

图 4.14 自动导向车运动示意图

角速度偏差 θ 和位置偏差 d 与左、右驱动轮线速度的关系为

$$\theta(s)=\frac{1}{Ds}(V_{\mathrm{R}}-V_{\mathrm{L}}),\quad d(s)=\frac{1}{2s}(V_{\mathrm{R}}+V_{\mathrm{L}})\theta \tag{4.191}$$

驱动轮分别采用两个直流电机拖动，左、右驱动轮线速度为

$$V_{\mathrm{R}}=\frac{k}{Ts+1}U_{\mathrm{R}},\quad V_{\mathrm{L}}=\frac{k}{Ts+1}U_{\mathrm{L}} \tag{4.192}$$

式中，V_{R}、V_{L} 为两轮线速度；U_{R}、U_{L} 为电机电势；k、T 分别为电机反电势系数有关常数以及电机及负载的机电时间常数。

由式(4.191)可看出系统为非线性系统，由于小车在确定的路径上运行，纠偏过程可看作在确定信号基础上叠加一个微小控制量，因而采用小偏差线性化方法转化为线性系统。采用模型参考自适应控制系统来控制车轮的速度，使速度在受到干扰时仍能渐近于参考模型的输出。速度按控制规律输出后，就消除了角度偏差量 θ 和位置偏差量 d。

2) 超稳定性理论设计自适应控制律

根据自动导向车的速度公式可建立对速度进行控制的模型参考自适应控制系统，其结构框图如图 4.15 所示。

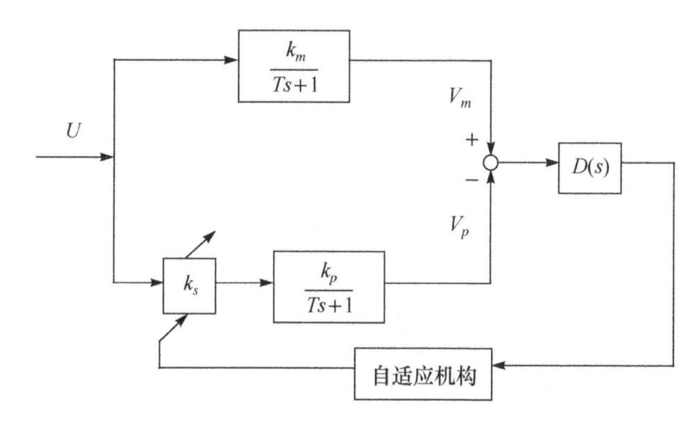

图 4.15　模型参考自适应控制系统结构框图

图 4.15 中，k_s 为可调增益，k_p 为受系统环境干扰的不确定参数，$D(s)$为补偿器，用来保证合成后的前向方块严格正实。在本设计中，k_s 的调节规律采用了比例-积分的形式，作用是消除稳态误差并且调节效果快，实现简单。

参考模型为

$$V_m=\frac{k_m}{Ts+1}U \tag{4.193}$$

被控对象为

$$V_p=\frac{k_s k_p}{Ts+1}U \tag{4.194}$$

误差为

$$e(t)=V_m-V_p \tag{4.195}$$

由式(4.193)和式(4.194)得

$$(1+Ts)e(t)=(k_m-k_s k_p)U \tag{4.196}$$

选择 k_s 的自适应律为比例-积分控制，则有

$$k_s(e,t)=\int_0^t \psi_1(V,t,\tau)\mathrm{d}\tau+\psi_2(V,t)+k_s(0) \tag{4.197}$$

$$V(t)=D(s)e(t) \tag{4.198}$$

式(4.196)右边可看作作用在线性定常块的输入，记为 W_1，且

$$W_1=(k_m-k_s k_p)U \tag{4.199}$$

对于非线性时变方块，将 $-W_1$ 看作输出，V 看作输入，则

$$\begin{aligned} W &=-W_1=[k_s(e,t)k_p-k_m]U \\ &=\left[\int_0^t \psi_1(V,t,\tau)\mathrm{d}\tau+\psi_2(V,t)+k_s(0)-k_m\right]U \end{aligned} \tag{4.200}$$

根据波波夫不等式得

$$\int_0^t VW\mathrm{d}t=\int_0^t VU\left[\int_0^t \psi_1(V,t,\tau)\mathrm{d}\tau+\psi_2(V,t)+k_s(0)-k_m\right]\mathrm{d}t\geqslant -U_0^2 \tag{4.201}$$

计算得

$$\psi_1(V,t,\tau)=k_1VU,\quad k_1\geqslant 0 \tag{4.202}$$

$$\psi_2(V,t,\tau)=k_2VU,\quad k_2\geqslant 0 \tag{4.203}$$

自适应控制律为

$$\begin{aligned} k_s(e,t) &=\int_0^t \psi_1(V,t,\tau)\mathrm{d}\tau+\psi_2(V,t)+k_s(0) \\ &=\int_0^t k_1VU\mathrm{d}\tau+k_2VU+k_s(0) \end{aligned} \tag{4.204}$$

前向方块为

$$G(s)=\frac{D(s)}{Ts+1} \tag{4.205}$$

为保证其严格正实，取 $D(s)=D_0$，D_0 为常数。

要求 $\mathrm{Re}G(\mathrm{j}\omega)=\dfrac{D_0}{T^2\omega^2+1}\geqslant 0$，即 $D_0\geqslant 0$。

综上所述，控制系统结构如图 4.16 所示。

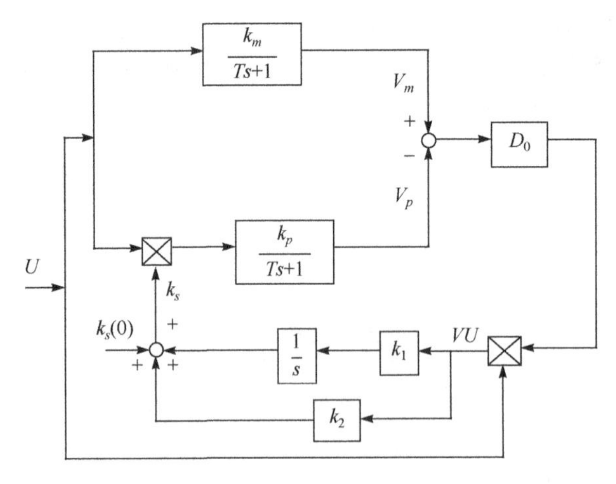

图 4.16 自动导向车模型参考自适应控制系统结构图

这里取 $T=5s$，$k_m=2$，得到的参考模型为

$$V_m = \frac{k_m}{Ts+1}U = \frac{2}{5s+1}U \tag{4.206}$$

根据上述算法所得的自适应控制系统 Simulink 仿真图如图 4.17 所示。

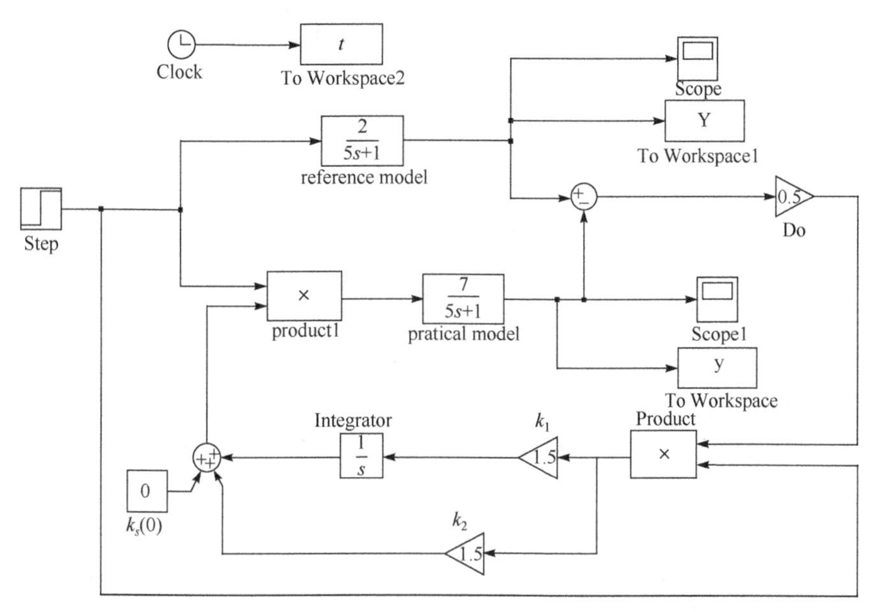

图 4.17 自动导向车自适应控制系统 Simulink 仿真图

经过反复试探，可选取 $k_s(0)=0, D_0=0.5, k_1=1.5, k_2=1.5$，取幅值为 1 的阶跃信号，在 Simulink 中运行，得到的参考模型和被控系统阶跃响应曲线如图 4.18 所示。

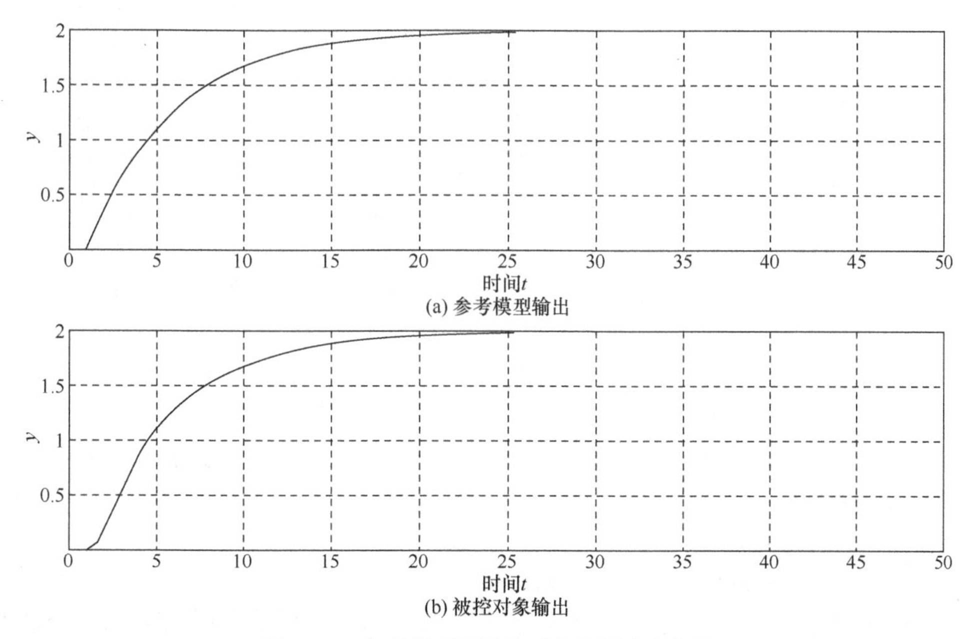

图 4.18 参考模型及被控对象阶跃响应曲线

由图 4.18 可看出，通过系统的可调参数调整，能使实际输出跟踪理想输出，达到所需的性能要求，从而验证了利用波波夫稳定性理论设计模型参考自适应系统的有效性。

第5章　自校正控制

5.1　自校正控制基本概念

常规的PID调节器被广泛应用于各种确定性的控制系统，并且收到了良好的效果，但是随着科学技术和生产的发展，人们对控制系统也提出了更高的要求，特别是对于有些控制过程，其受控系统的参数常是未知的，有时还因为原料、环境和工况等的变化而出现参数的时变现象和不可忽视的随机扰动。诸如此类情况，要取得良好的控制效果就应当在线实时整定调节器和控制器的参数，但是常规PID调节器要进行在线参数整定是十分困难的，如果采用自校正技术，就能自动整定调节器或控制器的参数，使系统在较好的性能下运行。

采用自校正控制技术设计调节器或控制器不需要知道参数的确切数值，在结构已知的情况下，可以通过系统的输入/输出信息对系统的参数进行在线估计，然后根据参数估计的结果自动地校正调节器或控制器的参数，以保证所产生的控制作用，能使受控系统达到预期的性能指标。因此，自校正控制技术实际上是参数的在线估计与在线的自动整定相结合的一种自适应控制技术，典型结构如图5.1所示。

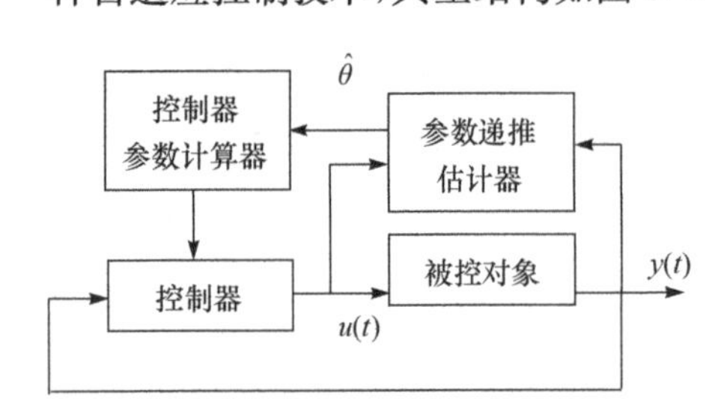

图5.1　自校正控制技术结构图

它基本上由参数递推估计器、控制器参数计算器和反馈控制器三部分组成，参数递推估计器的作用是根据对象的输入/输出信息连续不断地估计被控对象的参数θ，并将参数估计值$\hat{\theta}$送到参数计算器进行控制器的参数计算。然后，将计算结果D送至反馈控制器对控制器的参数进行校正，使其能送出最优或次优的控制规律，保证系统运行的性能指标达到最优或接近最优状态。

自校正的功能一般都是通过小型计算机或微处理机来实现的，因此受控系统的数学模型都采用离散形式。对于单输入/单输出受控系统，可以用受控自回归滑动平均模型来表示，即

$$y(k)=-\sum_{i=1}^{n_a}a_i y(k-i)+\sum_{i=0}^{n_b}b_i u(k-i-d)+\sum_{t=0}^{n_c}c_j\zeta(k-i) \tag{5.1}$$

式中，$y(k)$为受控系统的输出；$u(k)$为受控系统的输入；$\{\zeta(k)\}$为白噪声序列，$\zeta(k)$，$\zeta(k-1)$，…相互独立。

当引入单位时滞算子q^{-1}时，式(5.1)可写成

$$A(q^{-1})y(k)=B(q^{-1})q^{-d}u(k)+C(q^{-1})\zeta(k) \tag{5.2}$$

式中，$A(q^{-1})$、$B(q^{-1})$、$C(q^{-1})$为系数未知或系数时变的时滞算子多项式，q为系统的时滞时间，分别为

$$A(q^{-1})=1+a_1q^{-1}+a_2q^{-2}+\cdots+a_{n_a}q^{-n_a} \tag{5.3}$$

$$B(q^{-1})=b_0+b_1q^{-1}+b_2q^{-2}+\cdots+b_{n_b}q^{-n_b} \tag{5.4}$$

$$C(q^{-1})=1+c_1q^{-1}+c_2q^{-2}+\cdots+c_{n_c}q^{-n_c} \tag{5.5}$$

式中，A、B、C 的阶数分别为 $\deg A=n_a$，$\deg B=n_b$，$\deg C=n_c$，多项式 A 和 C 的首项系数都为 1，称为首一多项式。

定义 5.1　开环不稳定系统　当多项式 A 的零点位于 q^{-1} 平面单位圆上或单位圆内时，A 为不稳定多项式，受控系统为开环不稳定系统。

定义 5.2　开环稳定系统　当多项式 A 的零点位于 q^{-1} 平面单位圆外时，A 为稳定多项式，受控系统为开环稳定系统。

定义 5.3　非逆稳定系统　当多项式 B 的零点位于 q^{-1} 平面单位圆上或单位圆内时，B 为不稳定多项式，这样的受控系统定义为非逆稳定系统。

定义 5.4　逆稳定系统　当多项式 B 的零点位于 q^{-1} 平面单位圆外时，B 为不稳定多项式，这样的受控系统定义为逆稳定系统。

在一般情况下，系统的随机干扰是平稳的，因此除特殊说明外，假定式(5.2)中多项式 C 是稳定多项式。

例 5.1　若某控制系统的模型为

$$y(t)=1.5y(t-1)-0.7y(t-2)+u(t-1)+0.5u(t-2)+\omega(t)-0.5\omega(t-1)$$

根据式(5.2)可知

$$A(q^{-1})=1-1.5q^{-1}+0.7q^{-2} \tag{5.6}$$

故 $A(q^{-1})$ 零点为

$$q^{-1}=1.07\pm0.53j \tag{5.7}$$

因为

$$|q^{-1}|>1 \tag{5.8}$$

根据定义 5.2，$A(q^{-1})$ 为稳定多项式，该系统为开环稳定系统。

又根据式(5.2)可知该系统的

$$B(q^{-1})=1+0.5q^{-1} \tag{5.9}$$

故 $B(q^{-1})$ 零点为

$$q^{-1}=-2 \tag{5.10}$$

因为

$$|q^{-1}|>1 \tag{5.11}$$

根据定义 5.4 可知 $B(q^{-1})$ 为稳定多项式，该系统为逆稳定系统。

自校正控制技术的性能指标，根据受控系统的性质、控制目的和要求可以有多种不同的结构形式，其中一种机构是二次型目标函数的形式，控制策略是保证这个二次型目标函数达到极小的数值。目前最常用的二次型目标函数有下列四种形式

$$J_1=E\{y^2(k+d)\} \tag{5.12}$$

$$J_2=E\{y^2(k+d)+\lambda u^2(k)\} \tag{5.13}$$

$$J_3=E\{[Py(k+d)-Rr(k)]^2+\lambda u^2(k)\} \tag{5.14}$$

$$J_4=E\{[Py(k+d)-Rr(k)]^2+\lambda[u(k)-u(k-1)]^2\} \tag{5.15}$$

自校正控制技术性能指标的另一种设计方案是在 20 世纪 70 年代中期和后期由 Edmunds(1976)、Wellstead(1979)和 Astrom(1980)等相继提出的，这种方法不采用目标函数的形式，而是把预期的闭环系统的行为用一个期望传递函数的零极点的位置加以规定。这

样的控制策略有时称为零极点配置的控制策略，它不仅适用于逆稳定系统，而且适用于非逆稳定系统。

自校正控制技术可用于结构已知而参数未知且恒定的随机系统，也可用于结构已知而参数缓慢变化的随机系统。它既能完成调节器的任务，也能承当伺服跟踪完成控制器的任务。本章以自校正调节器和自校正控制器这两种自校正控制技术进行讨论。

由图 5.1 可知，自校正控制与模型参考自适应控制的最大区别就是自校正控制结构中有一个方块是参数递推估计器，也就是增加了一个系统辨识的功能，5.2 节就系统辨识问题进行阐述。

5.2 系统辨识

5.2.1 参数估计方法

在线估计系统的参数有很多种方法，在自校正控制中用得比较多的有最小二乘法、递推最小二乘法和随机逼近法等，下面分别介绍这些方法。

1. 最小二乘法

这里讨论以单输入/单输出系统的差分方程为模型的系统参数辨识问题。差分方程模型的辨识问题包括阶的确定和参数估计两方面。这里假定在模型的结构已知的情况下估计系统的参数。参数估计可分为离线估计和在线估计两种情况。

定义 5.5 离线估计 所谓离线估计，就是把系统的输入和输出数据集中起来同时处理。

定义 5.6 在线估计 在线估计是逐批处理观测到的输入和输出数据，即在参数估计过程中，按递推计算方法不断地给出参数的估值。

下面先讨论参数的离线估计。图 5.2 所示为单输入/单输出线性系统方块图。

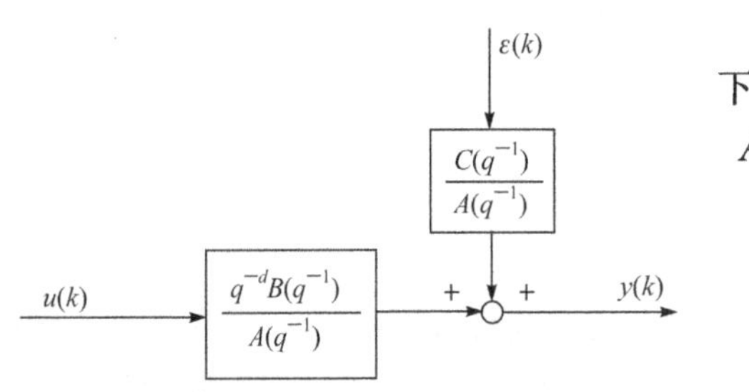

图 5.2 单输入/单输出线性系统

设图 5.2 所示系统为线性定常系统，可用下列差分方程来表示

$$A(q^{-1})y(k)=q^{-d}B(q^{-1})u(k)+C(q^{-1})\varepsilon(k) \tag{5.16}$$

$$A(q^{-1})=1+a_1q^{-1}+\cdots+a_{n_a}q^{-n_a} \tag{5.17}$$

$$B(q^{-1})=b_0+b_1q^{-1}+\cdots+b_{n_b}q^{-n_b} \tag{5.18}$$

$$C(q^{-1})=1+c_1q^{-1}+\cdots+c_{n_c}q^{-n_c} \tag{5.19}$$

式中，$u(k)$为系统的输入；$y(k)$为输出；$\varepsilon(k)$是均值为零的白噪声序列；q^{-1}表示单位延迟，例如，$q^{-1}y(k)=y(k-1)$，$q^{-2}y(k)=y(k-2)$表示控制对输出的传输延迟。要求估计 $a_1,\cdots,a_{n_a},b_0,\cdots b_{n_b},c_1,\cdots,c_{n_c}$ 等系数，设

$$\xi(k)=C(q^{-1})\varepsilon(k) \tag{5.20}$$

当 $C(q^{-1})=1$ 时，$\xi(k)$为白噪声序列。当 $C(q^{-1})\neq1$ 时，$\xi(k)$为相关序列(有色噪声)。

现分别测出 n_a+N 对输出值和输入值

$$y(1), y(2), \cdots, y(n_a+N) \tag{5.21}$$

$$u(1), u(2), \cdots u(n_a+N) \tag{5.22}$$

则可写出以下 N 个方程

$$\begin{aligned}
y(n_a+1) &= -a_1 y(n_a) - a_2 y(n_a-1) - \cdots - a_{n_a} y(1) + b_0 u(n_a+1-d) \\
&\quad + b_1 u(n_a+1-d-1) + \cdots + b_{n_b} u(n_a+1-d-n_b) + \xi(n_a+1) \\
y(n_a+2) &= -a_1 y(n_a+1) - \cdots - a_{n_a} y(2) + b_0 u(n_a+2-d) \\
&\quad + b_1 u(n_a+2-d-1) + \cdots + b_{n_b} u(n_a+2-d-n_b) + \xi(n_a+2) \\
&\vdots \\
y(n_a+N) &= -a_1 y(n_a+N-1) - \cdots - a_{n_a} y(N) + b_0 u(n_a+N-d) \\
&\quad + b_1 u(n_a+N-d-1) + \cdots + b_{n_b} u(n_a+N-d-n_b) + \xi(n_a+N)
\end{aligned}$$

将上述 N 个方程写成下列向量-矩阵形式

$$\begin{bmatrix} y(n_a+1) \\ y(n_a+2) \\ \vdots \\ y(n_a+N) \end{bmatrix} = \begin{bmatrix} -y(n_a) & -y(n_a-1) & \cdots & -y(1) \\ -y(n_a+1) & -y(n_a) & \cdots & -y(2) \\ \vdots & \vdots & & \vdots \\ -y(n_a+N-1) & -y(n_a+N-2) & \cdots & -y(N) \end{bmatrix.$$

$$\left. \begin{matrix} u(n_a+1-d) & u(n_a+1-d-1) & \cdots & u(n_a+1-d-n_b) \\ u(n_a+2-d) & u(n_a+2-d-1) & \cdots & u(n_a+2-d-n_b) \\ \vdots & \vdots & & \vdots \\ u(n_a+N-d) & u(n_a+N-d-1) & \cdots & u(n_a+N-d-n_b) \end{matrix} \right]$$

$$\times \begin{bmatrix} a_1 \\ \vdots \\ a_{n_a} \\ b_0 \\ \vdots \\ b_{n_b} \end{bmatrix} + \begin{bmatrix} \xi(n_a+1) \\ \xi(n_a+2) \\ \vdots \\ \xi(n_a+N) \end{bmatrix} \tag{5.23}$$

设

$$\boldsymbol{Y} = \begin{bmatrix} y(n_a+1) \\ y(n_a+2) \\ \vdots \\ y(n_a+N) \end{bmatrix}, \quad \boldsymbol{\theta} = \begin{bmatrix} a_1 \\ \vdots \\ a_{n_a} \\ b_0 \\ \vdots \\ b_{n_b} \end{bmatrix}, \quad \boldsymbol{\xi} = \begin{bmatrix} \xi(n_a+1) \\ \xi(n_a+2) \\ \vdots \\ \xi(n_a+N) \end{bmatrix}$$

$$\boldsymbol{\Phi} = \begin{bmatrix} -y(n_a) & -y(n_a-1) & \cdots & -y(1) \\ -y(n_a-1) & -y(n_a) & \cdots & -y(2) \\ \vdots & \vdots & & \vdots \\ -y(n_a+N-1) & -y(n_a+N-2) & \cdots & -y(N) \end{bmatrix.$$

$$\begin{array}{ccc} u(n_a+1-d) & u(n_a+1-d-1) & u(n_a+1-d-n_b) \\ u(n_a+2-d) & u(n_a+2-d-1) & u(n_a+2-d-n_b) \\ \vdots & \vdots & \vdots \\ u(n_a+N-d) & u(n_a+N-d-1) & u(n_a+N-d-n_b) \end{array}\right]$$

则式(5.23)可写成下列向量-矩阵方程

$$\boldsymbol{Y}=\boldsymbol{\Phi\theta}+\boldsymbol{\xi} \tag{5.24}$$

式中，$\boldsymbol{\theta}$ 为 $n+m+1$ 维参数向量；$\boldsymbol{Y}$ 为 N 个输出值组成的向量；$\boldsymbol{\Phi}$ 为 $N\times(n_a+n_b+1)$的矩阵；$\boldsymbol{\xi}$ 为 N 维噪声向量。式(5.24)是一个含有 n_a+n_b+1 个未知参数，由 N 个方程组成的联立方程组。如果 $N<n_a+n_b+1$，方程数小于未知数数目，则方程组是不定的，不能唯一地确定参数向量。如果 $N=n_a+n_b+1$，方程数正好与未知数数目相等，当噪声 $\boldsymbol{\xi}=0$ 时，就能按下式准确地解出

$$\boldsymbol{\theta}=\boldsymbol{\Phi}^{-1}\boldsymbol{Y} \tag{5.25}$$

如果噪声不为零，则

$$\boldsymbol{\theta}=\boldsymbol{\Phi}^{-1}\boldsymbol{Y}-\boldsymbol{\Phi}^{-1}\boldsymbol{\xi} \tag{5.26}$$

从上式可看出噪声 $\boldsymbol{\xi}$ 对参数估计有影响，为了尽量减小噪声 $\boldsymbol{\xi}$ 对 $\boldsymbol{\theta}$ 估值的影响，应取 $N\geqslant n_a+n_b+1$，即方程数大于未知数个数。在这种情况下，不能用解方程的方法来求 $\boldsymbol{\theta}$，而要采用数理统计的办法，这样可减小噪声对 $\boldsymbol{\theta}$ 估计问题的影响。在给定输出向量 $\boldsymbol{Y}$ 和矩阵 $\boldsymbol{\Phi}$ 的条件下，求系统参数的估值，这就是系统参数估计问题。可用最小二乘法或其他方法来求 $\boldsymbol{\theta}$ 的估值。下面先讨论最小二乘法估计。

设 $\hat{\boldsymbol{\theta}}$ 表示 $\boldsymbol{\theta}$ 的最优估计，$\hat{\boldsymbol{Y}}$ 表示 $\boldsymbol{Y}$ 的最优估计，则有

$$\hat{\boldsymbol{Y}}=\boldsymbol{\Phi}\hat{\boldsymbol{\theta}} \tag{5.27}$$

式中

$$\hat{\boldsymbol{Y}}=\begin{bmatrix} \hat{\boldsymbol{Y}}(n_a+1) \\ \hat{\boldsymbol{Y}}(n_a+2) \\ \vdots \\ \hat{\boldsymbol{Y}}(n_a+N) \end{bmatrix},\quad \hat{\boldsymbol{\theta}}=\begin{bmatrix} \hat{a}_1 \\ \vdots \\ \hat{a}_{n_a} \\ \hat{b}_0 \\ \vdots \\ \hat{b}_{n_b} \end{bmatrix} \tag{5.28}$$

写出式(5.27)的某一行

$$\begin{aligned} \hat{y}(k)=&-\hat{a}_1 y(k-1)-\hat{a}_2 y(k-2)-\cdots-\hat{a}_{n_a} y(k-n) \\ &+b_0 u(k-d)+\hat{b}_1 u(k-d-1)+\cdots+b_{n_b} u(k-d-n_b) \\ &k=n_a+1,n_a+2,\cdots,n_a+N \end{aligned} \tag{5.29}$$

设 $e(k)$表示 $y(k)$与 $\hat{y}(k)$之差，即

$$e(k)=y(k)-\hat{y}(k) \tag{5.30}$$

$$\begin{aligned} y(k)=\hat{y}(k)+e(k)=&-\hat{a}_1 y(k-1)-\hat{a}_2 y(k-2)-\cdots-\hat{a}_{n_a} y(k-n) \\ &+\hat{b}_0 u(k-d)+\hat{b}_1 u(k-d-1)+\cdots+\hat{b}_{n_b} u(k-d-n_b)+e(k) \end{aligned} \tag{5.31}$$

把 $k=n_a+1,n_a+2,\cdots,n_a+N$ 分别代入式(5.30)，可得残差 $e(n_a+1),e(n_a+2),\cdots,e(n_a+N)$，把这些残差写成向量形式为

$$e=\begin{bmatrix} e(n_a+1) \\ e(n_a+2) \\ \vdots \\ e(n_a+N) \end{bmatrix}=\boldsymbol{Y}-\hat{\boldsymbol{Y}} \tag{5.32}$$

最小二乘法估计要求残差的平方和最小，即按照指标函数

$$J=\boldsymbol{e}^{\mathrm{T}}\boldsymbol{e}=(\boldsymbol{Y}-\boldsymbol{\Phi}\hat{\boldsymbol{\theta}})^{\mathrm{T}}(\boldsymbol{Y}-\boldsymbol{\Phi}\hat{\boldsymbol{\theta}}) \tag{5.33}$$

最小来确定 $\hat{\boldsymbol{\theta}}$。令$\frac{\partial \boldsymbol{J}}{\partial \hat{\boldsymbol{\theta}}}=0$，可求出 $\hat{\boldsymbol{\theta}}$，即

$$\frac{\partial \boldsymbol{J}}{\partial \boldsymbol{\theta}}=-2\boldsymbol{\Phi}^{\mathrm{T}}(\boldsymbol{Y}-\boldsymbol{\Phi}\hat{\boldsymbol{\theta}})=0 \tag{5.34}$$

$$\boldsymbol{\Phi}^{\mathrm{T}}\boldsymbol{Y}-\boldsymbol{\Phi}^{\mathrm{T}}\boldsymbol{\Phi}\hat{\boldsymbol{\theta}}=0 \tag{5.35}$$

或

$$\boldsymbol{\Phi}^{\mathrm{T}}\boldsymbol{\Phi}\hat{\boldsymbol{\theta}}=\boldsymbol{\Phi}^{\mathrm{T}}\boldsymbol{Y} \tag{5.36}$$

在上式等号两边左乘$[\boldsymbol{\Phi}^{\mathrm{T}}\boldsymbol{\Phi}]^{-1}$，可得 $\boldsymbol{\theta}$ 的最小二乘估计

$$\hat{\boldsymbol{\theta}}=[\boldsymbol{\Phi}^{\mathrm{T}}\boldsymbol{\Phi}]^{-1}\boldsymbol{\Phi}^{\mathrm{T}}\boldsymbol{Y} \tag{5.37}$$

$\boldsymbol{J}$ 为极小值的充分条件是

$$\frac{\partial^2 \boldsymbol{J}}{\partial \boldsymbol{\theta}^2}=\boldsymbol{\Phi}^{\mathrm{T}}\boldsymbol{\Phi}>0 \tag{5.38}$$

即$[\boldsymbol{\Phi}^{\mathrm{T}}\boldsymbol{\Phi}]$为正定矩阵。当矩阵$[\boldsymbol{\Phi}^{\mathrm{T}}\boldsymbol{\Phi}]$有逆时，式(5.37)才有解。

一般来说，如果 $u(k)$ 是随机序列，矩阵$[\boldsymbol{\Phi}^{\mathrm{T}}\boldsymbol{\Phi}]$是非奇异的，即$[\boldsymbol{\Phi}^{\mathrm{T}}\boldsymbol{\Phi}]^{-1}$存在，则式(5.37)有解。

当 $u(k)$为有色随机信号时，如果相关函数 $R_{uu}(0)>R_{uu}(1)>\cdots>R_{uu}(n)\ (n\to\infty)$，或者 $u(k)$为白噪声序列，则$[\boldsymbol{\Phi}^{\mathrm{T}}\boldsymbol{\Phi}]$为正定矩阵，$\hat{\boldsymbol{\theta}}$ 为最优估计。

下面讨论另一个重要的问题，即估计的一致性和无偏性。先讨论估值 $\hat{\boldsymbol{\theta}}$ 是否无偏的问题。因为输出 $\boldsymbol{Y}$ 是随机的，所以 $\hat{\boldsymbol{\theta}}$ 是随机的，但要注意到 $\boldsymbol{\theta}$ 不是随机的。

定义 5.7　无偏估计　如果

$$E[\hat{\boldsymbol{\theta}}]=E[\boldsymbol{\theta}]=\boldsymbol{\theta} \tag{5.39}$$

则称 $\hat{\boldsymbol{\theta}}$ 是 $\boldsymbol{\theta}$ 的无偏估计。

如果 $\xi(k)$是不相关随机序列号，且其均值为零(实际上 $\xi(k)$往往是相关随机序列，针对这种情况在后面专门讨论)，则 $y(k)$只与 $\xi(k)$及其以前的 $\xi(k-1)$，$\xi(k-2)$，…有关，而与 $\xi(k+1)$及其以后的 $\xi(k+2)$，…无关。设序列 $u(k)$与 $\xi(k)$不相关，从下列关系式可看出 $\boldsymbol{\Phi}$ 与 $\boldsymbol{\xi}$ 不相关

$$\boldsymbol{\Phi}^{\mathrm{T}}\boldsymbol{\xi}=\begin{bmatrix} -y(n_a) & -y(n_a+1) & \cdots & -y(n_a+N-1) \\ -y(n_a-1) & -y(n_a) & \cdots & -y(n_a+N-2) \\ \vdots & \vdots & & \vdots \\ -y(1) & -y(2) & \cdots & -y(N) \\ u(n_a+1-d) & u(n_a+2-d) & \cdots & u(n_a+N-d) \\ \vdots & \vdots & & \vdots \\ u(n_a+1-d-n_b) & u(n_a+2-d-n_b) & \cdots & u(n_a+N-d-n_b) \end{bmatrix}\times\begin{bmatrix} \xi(n_a+1) \\ \xi(n_a+2) \\ \vdots \\ \xi(n_a+N) \end{bmatrix} \tag{5.40}$$

由于 $\boldsymbol{\Phi}$ 与 $\boldsymbol{\xi}$ 不相关，故式(5.37)给出的估计 $\hat{\boldsymbol{\theta}}$ 是 $\boldsymbol{\theta}$ 的无偏估计。将式(5.24)代入式(5.37)得

$$\hat{\boldsymbol{\theta}}=[\boldsymbol{\Phi}^{\mathrm{T}}\boldsymbol{\Phi}]^{-1}\boldsymbol{\Phi}^{\mathrm{T}}[\boldsymbol{\Phi}\boldsymbol{\theta}+\boldsymbol{\xi}]=\boldsymbol{\theta}+[\boldsymbol{\Phi}^{\mathrm{T}}\boldsymbol{\Phi}]^{-1}\boldsymbol{\Phi}^{\mathrm{T}}\boldsymbol{\xi} \tag{5.41}$$

对上式等号两边取数学期望得

$$E[\hat{\boldsymbol{\theta}}]=E[\boldsymbol{\theta}]+E\{[\boldsymbol{\Phi}^{\mathrm{T}}\boldsymbol{\Phi}]^{-1}\boldsymbol{\Phi}^{\mathrm{T}}\boldsymbol{\xi}\} \tag{5.42}$$

$$E[\hat{\boldsymbol{\theta}}]=\boldsymbol{\theta}+E\{[\boldsymbol{\Phi}^{\mathrm{T}}\boldsymbol{\Phi}]^{-1}\boldsymbol{\Phi}^{\mathrm{T}}\}E[\boldsymbol{\xi}]=\boldsymbol{\theta} \tag{5.43}$$

上式表明 $\hat{\boldsymbol{\theta}}$ 是 $\boldsymbol{\theta}$ 的无偏估计。

下面求估计误差的方差阵。由式(5.41)得估计误差为

$$\tilde{\boldsymbol{\theta}}=\boldsymbol{\theta}-\hat{\boldsymbol{\theta}}=-[\boldsymbol{\Phi}^{\mathrm{T}}\boldsymbol{\Phi}]^{-1}\boldsymbol{\Phi}^{\mathrm{T}}\boldsymbol{\xi} \tag{5.44}$$

前面已假定 $\xi(k)$ 是不相关随机序列，可设

$$E[\boldsymbol{\xi}\boldsymbol{\xi}^{\mathrm{T}}]=\sigma^2\boldsymbol{I}_N,\quad \boldsymbol{I}_N\text{ 为 }N\times N\text{ 单位阵} \tag{5.45}$$

则估计误差 $\tilde{\boldsymbol{\theta}}$ 的方差阵为

$$\mathrm{Var}\tilde{\boldsymbol{\theta}}=E[\tilde{\boldsymbol{\theta}}\tilde{\boldsymbol{\theta}}^{\mathrm{T}}]=E\{[\boldsymbol{\Phi}^{\mathrm{T}}\boldsymbol{\Phi}]^{-1}\boldsymbol{\Phi}^{\mathrm{T}}[\boldsymbol{\xi}\boldsymbol{\xi}^{\mathrm{T}}]\boldsymbol{\Phi}[\boldsymbol{\Phi}^{\mathrm{T}}\boldsymbol{\Phi}]^{-1}\} \tag{5.46}$$

对于 $\boldsymbol{\Phi}$ 与 $\boldsymbol{\xi}$ 不相关的这一特殊情况

$$\begin{aligned}\mathrm{Var}\tilde{\boldsymbol{\theta}}&=[\boldsymbol{\Phi}^{\mathrm{T}}\boldsymbol{\Phi}]^{-1}\boldsymbol{\Phi}^{\mathrm{T}}E[\boldsymbol{\xi}\boldsymbol{\xi}^{\mathrm{T}}]\boldsymbol{\Phi}[\boldsymbol{\Phi}^{\mathrm{T}}\boldsymbol{\Phi}]^{-1}\\&=[\boldsymbol{\Phi}^{\mathrm{T}}\boldsymbol{\Phi}]^{-1}\boldsymbol{\Phi}^{\mathrm{T}}\sigma^2\boldsymbol{I}_N\boldsymbol{\Phi}[\boldsymbol{\Phi}^{\mathrm{T}}\boldsymbol{\Phi}]^{-1}=\sigma^2[\boldsymbol{\Phi}^{\mathrm{T}}\boldsymbol{\Phi}]^{-1}\end{aligned} \tag{5.47}$$

考虑到 $\boldsymbol{\Phi}^{\mathrm{T}}\boldsymbol{\Phi}$ 的具体计算公式，可将式(5.47)写成

$$\mathrm{Var}\tilde{\boldsymbol{\theta}}=\frac{\sigma^2}{N}\left[\frac{1}{N}\boldsymbol{\Phi}^{\mathrm{T}}\boldsymbol{\Phi}\right]^{-1}=\frac{\sigma^2}{N}\begin{bmatrix}R_y & -R_{uy}\\ -R_{uy}^{\mathrm{T}} & R_u\end{bmatrix}^{-1}=\frac{\sigma^2}{N}\boldsymbol{R}^{-1} \tag{5.48}$$

式中，R 为定值，当 N 增大时，可得

$$\lim_{N\to\infty}\mathrm{Var}\tilde{\boldsymbol{\theta}}=\lim_{N\to\infty}\frac{\sigma^2}{N}\boldsymbol{R}^{-1}=0 \tag{5.49}$$

上式表明，当 $N\to\infty$ 时，$\hat{\boldsymbol{\theta}}$ 以概率 1 趋近于 $\boldsymbol{\theta}$。

定义 5.8　可辨识性　当 $\xi(k)$ 为不相关随机序列时，最小二乘估计具有一致性和无偏性，如果系统的参数估计值有这种特性，就说系统具有可辨识性。

前面假定 $\xi(k)$ 是零均值的不相关随机序列，并且要求 $\{\xi(k)\}$ 与 $\{u(k)\}$ 无关，则 $\boldsymbol{\xi}$ 与 $\boldsymbol{\Phi}$ 无关。这是最小二乘估计为无偏估计的充分条件，但不是必要条件，必要条件为

$$E\{[\boldsymbol{\Phi}^{\mathrm{T}}\boldsymbol{\Phi}]^{-1}\boldsymbol{\Phi}^{\mathrm{T}}\boldsymbol{\xi}\}=0 \tag{5.50}$$

在实际问题中，$\xi(k)$ 可能是相关序列，因此最小二乘估计可能是有偏估计。

例 5.2　设系统的差分方程为

$$y(k+1)=-ay(k)+bu(k)+\varepsilon(k)+c_1\varepsilon(k-1) \tag{5.51}$$

或

$$y(k+1)=-ay(k)+bu(k)+\xi(k+1) \tag{5.52}$$

式中

$$\xi(k+1)=\varepsilon(k)+c_1\varepsilon(k-1) \tag{5.53}$$

$\varepsilon(k)$ 是均值为零的白噪声序列，$\xi(k)$ 为相关随机序列，其相关函数为

$$\begin{aligned}R_{\xi\xi}(1)&=E\{\xi(k+1)\xi(k)\}=E\{[\varepsilon(k)+c_1\varepsilon(k-1)][\varepsilon(k-1)+c_1\varepsilon(k-2)]\}\\&=c_1E\{\varepsilon^2(k)\}=c_1\sigma^2(k)\end{aligned} \tag{5.54}$$

这里，$y(k)$与$\xi(k+1)$是相关的

$$E[y(k)\xi(k+1)]=c_1E[\varepsilon^2(k)]=c_1\sigma^2(k) \tag{5.55}$$

由于$y(k)$与$\xi(k+1)$相关，从式(5.40)可看出，$\boldsymbol{\Phi}$与$\boldsymbol{\xi}$相关，在这种情况下最小二乘估计是有偏估计。下面来看a和b的最小二乘估计是否为有偏估计

$$\begin{bmatrix} y(n+1) \\ y(n+2) \\ \vdots \\ y(n+N) \end{bmatrix}=\begin{bmatrix} -y(n) & u(n) \\ -y(n+1) & u(n+1) \\ \vdots & \vdots \\ -y(n+N-1) & u(n+N-1) \end{bmatrix}\begin{bmatrix} a \\ b \end{bmatrix}$$

$$\begin{bmatrix} \hat{a} \\ \hat{b} \end{bmatrix}=\left\{\begin{bmatrix} -y(n) & -y(n-1) & \cdots & -y(n+N-1) \\ u(n) & u(n-1) & \cdots & u(n+N-1) \end{bmatrix}\begin{bmatrix} -y(n) & u(n) \\ -y(n+1) & u(n+1) \\ \vdots & \vdots \\ -y(n+N-1) & u(n+N-1) \end{bmatrix}\right\}^{-1}\cdot$$

$$\begin{bmatrix} -y(n) & -y(n+1) & \cdots & -y(n+N-1) \\ u(n) & u(n+1) & \cdots & u(n+N-1) \end{bmatrix}\begin{bmatrix} y(n+1) \\ y(n+2) \\ \vdots \\ y(n+N) \end{bmatrix}$$

$$=\begin{bmatrix} \sum_{i=0}^{N-1} y^2(n+i) & -\sum_{i=0}^{N-1} y(n+i)u(n+i) \\ -\sum_{i=0}^{N-1} y(n+i)u(n+i) & \sum_{i=0}^{N-1} u^2(n+i) \end{bmatrix}^{-1}\begin{bmatrix} -\sum_{i=0}^{N-1} y(n+i)y(n+i+1) \\ \sum_{i=0}^{N-1} u(n+i)y(n+i+1) \end{bmatrix}$$

$$=\begin{bmatrix} \frac{1}{N}\sum_{i=0}^{N-1} y^2(n+i) & -\frac{1}{N}\sum_{i=0}^{N-1} y(n+i)y(n+i+1) \\ -\frac{1}{N}\sum_{i=0}^{N-1} y(n+i)u(n+i) & \frac{1}{N}\sum_{i=0}^{N-1} u^2(n+i) \end{bmatrix}^{-1}$$

$$\begin{bmatrix} -\frac{1}{N}\sum_{i=0}^{N-1} y(n+i)y(n+i+1) \\ \frac{1}{N}\sum_{i=0}^{N-1} u(n+i)y(n+i+1) \end{bmatrix}$$

$$\begin{bmatrix} \hat{a} \\ \hat{b} \end{bmatrix}\xrightarrow{\text{概率}}\begin{bmatrix} R_{yy}(0) & -R_{uy}(0) \\ -R_{uy}(0) & R_{uu}(0) \end{bmatrix}^{-1}\begin{bmatrix} -R_{yy}(1) \\ R_{uy}(1) \end{bmatrix}$$

或

$$\begin{bmatrix} \hat{a} \\ \hat{b} \end{bmatrix}\xrightarrow{\text{概率}}\frac{1}{\Delta}\begin{bmatrix} R_{uu}(0) & -R_{uy}(0) \\ -R_{uy}(0) & R_{yy}(0) \end{bmatrix}\begin{bmatrix} -R_{yy}(1) \\ R_{uy}(1) \end{bmatrix} \tag{5.56}$$

式中

$$\Delta=R_{yy}(0)R_{uu}(0)-R_{uy}^2(0) \tag{5.57}$$

经推导可得

$$R_{yy}(1)=E[y(k)y(k+1)]=-aR_{yy}(0)+bR_{uy}(0)+R_{\xi\xi}(1) \tag{5.58}$$

$$R_{\xi\xi}(1)=E[\xi(k)\xi(k+1)]=a\sigma^2(k) \tag{5.59}$$

$$R_{uy}(1)=E[y(k+1)u(k)]=-aR_{uy}(0)+bR_{uu}(0) \tag{5.60}$$

将式(5.58)、式(5.59)、式(5.60)代入式(5.56)得

$$\begin{bmatrix}\hat{a}\\ \hat{b}\end{bmatrix}\xrightarrow{\text{概率}}\frac{1}{\Delta}\begin{bmatrix}R_{uu}(0) & R_{uy}(0)\\ R_{uy}(0) & R_{yy}(0)\end{bmatrix}\begin{bmatrix}aR_{yy}(0)-bR_{uy}(0)-R_{\xi\xi}(1)\\ -aR_{uy}(0)+bR_{uu}(0)\end{bmatrix}$$

$$=\frac{1}{R_{yy}(0)R_{uu}(0)-R_{uy}^2(0)}\begin{bmatrix}a[R_{yy}(0)R_{uu}(0)-R_{uy}^2(0)]-R_{uu}(0)R_{\xi\xi}(1)\\ b[R_{yy}(0)R_{uu}(0)-R_{uy}^2(0)]-R_{uy}(0)R_{\xi\xi}(1)\end{bmatrix}$$

$$\hat{\theta}=\begin{bmatrix}\hat{a}\\ \hat{b}\end{bmatrix}\xrightarrow{\text{概率}}\begin{bmatrix}a\\ b\end{bmatrix}-\frac{1}{\Delta}\begin{bmatrix}R_{\xi\xi}(1)R_{uu}(0)\\ R_{\xi\xi}(1)R_{uy}(0)\end{bmatrix} \tag{5.61}$$

从例5.2可看出，当$\xi(k)$为相关序列时，$\hat{\boldsymbol{\theta}}$是有偏估计，只有$\xi(k)$不相关时，即$R_{\xi\xi}(1)=0$时，$\hat{\boldsymbol{\theta}}$才是无偏估计。在实际中，$\xi(k)$往往是相关序列，在这种情况下最小二乘估计不是无偏估计。当$\xi(k)$不大时，估计的偏值比较小，可用最小二乘法估计。为了克服$\xi(k)$为有色噪声时最小二乘法的有偏估计问题，可采用广义最小二乘法、随机逼近法、增广矩阵法和辅助变量法等方法。

2. 递推最小二乘法

最小二乘法是成批处理观测数据，这种估计方法称为离线估计。这种估计方法的优点是估计精度比较高，缺点是要求计算机的存储量比较大。下面介绍递推最小二乘法，这种方法对计算机的存储量要求不高，估计精度随观测次数的增多而提高。

设已得的观测数据长度为N，把式(5.24)中的$\boldsymbol{Y}$、$\boldsymbol{\Phi}$和$\boldsymbol{\xi}$分别用$\boldsymbol{Y}_N$、$\boldsymbol{\Phi}_N$和$\boldsymbol{\xi}_N$来表示，即

$$\boldsymbol{Y}_N=\boldsymbol{\Phi}_N\boldsymbol{\theta}+\bar{\boldsymbol{\xi}}_N \tag{5.62}$$

用$\hat{\boldsymbol{\theta}}_N$表示此时$\boldsymbol{\theta}$的最小二乘估计，则

$$\hat{\boldsymbol{\theta}}_N=[\boldsymbol{\Phi}_N^{\mathrm{T}}\boldsymbol{\Phi}_N]^{-1}\boldsymbol{\Phi}_N^{\mathrm{T}}\boldsymbol{Y}_N \tag{5.63}$$

估计误差为

$$\tilde{\boldsymbol{\theta}}_N=\boldsymbol{\theta}-\tilde{\boldsymbol{\theta}}_N=-[\boldsymbol{\Phi}_N^{\mathrm{T}}\boldsymbol{\Phi}_N]^{-1}\boldsymbol{\Phi}_N^{\mathrm{T}}\bar{\boldsymbol{\xi}}_N \tag{5.64}$$

由式(5.47)可得估计误差$\tilde{\boldsymbol{\theta}}_N$的方差阵为

$$\mathrm{Var}\,\tilde{\boldsymbol{\theta}}_N=\sigma^2\,[\boldsymbol{\Phi}_N^{\mathrm{T}}\boldsymbol{\Phi}_N]^{-1}=\sigma^2\boldsymbol{P}_N \tag{5.65}$$

式中

$$\boldsymbol{P}_N=[\boldsymbol{\Phi}_N^{\mathrm{T}}\boldsymbol{\Phi}_N]^{-1} \tag{5.66}$$

于是

$$\hat{\boldsymbol{\theta}}_N=\boldsymbol{P}_N\boldsymbol{\Phi}_N^{\mathrm{T}}\boldsymbol{Y}_N \tag{5.67}$$

如果再获得一组新的观测值$u(n_a+N+1)$和$y(n_a+N+1)$，则又增加一个方程

$$\boldsymbol{y}_{N+1}=\boldsymbol{\varphi}_{N+1}^{\mathrm{T}}\boldsymbol{\theta}+\boldsymbol{\xi}_{N+1} \tag{5.68}$$

式中

$$\begin{aligned}&\boldsymbol{y}_{N+1}=y(n_a+N+1),\quad \boldsymbol{\xi}_{N+1}=\xi(n_a+N+1)\\ &\boldsymbol{\varphi}_{N+1}^{\mathrm{T}}=[-y(n_a+N),-y(n_a+N-1),\cdots,-y(N+1),\\ &\qquad u(n_a+N+1-d),\cdots,u(n_a+N+1-d-n_b)]\end{aligned} \tag{5.69}$$

将式(5.62)和式(5.68)合并，并写成分块矩阵的形式可得

$$\begin{bmatrix}\boldsymbol{Y}_N\\ \boldsymbol{y}_{N+1}\end{bmatrix}=\begin{bmatrix}\boldsymbol{\Phi}_N\\ \boldsymbol{\varphi}_{N+1}^{\mathrm{T}}\end{bmatrix}\boldsymbol{\theta}+\begin{bmatrix}\bar{\boldsymbol{\xi}}_N\\ \boldsymbol{\xi}_{N+1}\end{bmatrix} \tag{5.70}$$

由上式给出新的参数估计值

$$\hat{\boldsymbol{\theta}}_{N+1}=\left\{\begin{bmatrix}\boldsymbol{\Phi}_N\\ \boldsymbol{\varphi}_{N+1}^{\mathrm{T}}\end{bmatrix}^{\mathrm{T}}\begin{bmatrix}\boldsymbol{\Phi}_N\\ \boldsymbol{\varphi}_{N+1}^{\mathrm{T}}\end{bmatrix}\right\}^{-1}\begin{bmatrix}\boldsymbol{\Phi}_N\\ \boldsymbol{\varphi}_{N+1}^{\mathrm{T}}\end{bmatrix}^{\mathrm{T}}\begin{bmatrix}\boldsymbol{Y}_N\\ \boldsymbol{y}_{N+1}\end{bmatrix}=\boldsymbol{P}_{N+1}\begin{bmatrix}\boldsymbol{\Phi}_N\\ \boldsymbol{\varphi}_{N+1}^{\mathrm{T}}\end{bmatrix}^{\mathrm{T}}\begin{bmatrix}\boldsymbol{Y}_N\\ \boldsymbol{y}_{N+1}\end{bmatrix}$$
$$=\boldsymbol{P}_{N+1}[\boldsymbol{\Phi}_N^{\mathrm{T}}\boldsymbol{Y}_N+\boldsymbol{\varphi}_{N+1}\boldsymbol{y}_{N+1}] \tag{5.71}$$

式中

$$\boldsymbol{P}_{N+1}=\left\{\begin{bmatrix}\boldsymbol{\Phi}_N\\ \boldsymbol{\varphi}_{N+1}^{\mathrm{T}}\end{bmatrix}^{\mathrm{T}}\begin{bmatrix}\boldsymbol{\Phi}_N\\ \boldsymbol{\varphi}_{N+1}^{\mathrm{T}}\end{bmatrix}\right\}^{-1}=[\boldsymbol{\Phi}_N^{\mathrm{T}}\boldsymbol{\Phi}_N+\boldsymbol{\varphi}_{N+1}\boldsymbol{\varphi}_{N+1}^{\mathrm{T}}]^{-1}=[\boldsymbol{P}_N^{-1}+\boldsymbol{\varphi}_{N+1}\boldsymbol{\varphi}_{N+1}^{\mathrm{T}}]^{-1} \tag{5.72}$$

应用矩阵求逆引理可得 $\boldsymbol{P}_{N+1}$ 与 $\boldsymbol{P}_N$ 的递推关系式。

引理 5.1 矩阵求逆引理 设 $\boldsymbol{A}$ 为 $n\times n$ 矩阵，$\boldsymbol{B}$ 和 $\boldsymbol{C}$ 为 $n\times m$ 矩阵。设 $\boldsymbol{A}$、$\boldsymbol{A}+\boldsymbol{B}\boldsymbol{C}^{\mathrm{T}}$ 和 $\boldsymbol{I}+\boldsymbol{C}^{\mathrm{T}}\boldsymbol{A}^{-1}\boldsymbol{B}$ 都是非奇异矩阵，则有矩阵恒等式

$$[\boldsymbol{A}+\boldsymbol{B}\boldsymbol{C}^{\mathrm{T}}]^{-1}=\boldsymbol{A}^{-1}-\boldsymbol{A}^{-1}\boldsymbol{B}[\boldsymbol{I}+\boldsymbol{C}^{\mathrm{T}}\boldsymbol{A}^{-1}\boldsymbol{B}]^{-1}\boldsymbol{C}^{\mathrm{T}}\boldsymbol{A}^{-1} \tag{5.73}$$

证明 用 $[A+\boldsymbol{B}\boldsymbol{C}^{\mathrm{T}}]$ 左乘上式等号两边得

左边 $=[\boldsymbol{A}+\boldsymbol{B}\boldsymbol{C}^{\mathrm{T}}][\boldsymbol{A}+\boldsymbol{B}\boldsymbol{C}^{\mathrm{T}}]^{-1}=\boldsymbol{I}$

$$\begin{aligned}\text{右边}&=[\boldsymbol{A}+\boldsymbol{B}\boldsymbol{C}^{\mathrm{T}}][\boldsymbol{A}^{-1}-\boldsymbol{A}^{-1}\boldsymbol{B}[\boldsymbol{I}+\boldsymbol{C}^{\mathrm{T}}\boldsymbol{A}^{-1}\boldsymbol{B}]^{-1}\boldsymbol{C}^{\mathrm{T}}\boldsymbol{A}^{-1}]\\&=\boldsymbol{I}+\boldsymbol{B}\boldsymbol{C}^{\mathrm{T}}\boldsymbol{A}^{-1}-\boldsymbol{B}[\boldsymbol{I}+\boldsymbol{C}^{\mathrm{T}}\boldsymbol{A}^{-1}\boldsymbol{B}]^{-1}\boldsymbol{C}^{\mathrm{T}}\boldsymbol{A}^{-1}-\boldsymbol{B}\boldsymbol{C}^{\mathrm{T}}\boldsymbol{A}^{-1}\boldsymbol{B}[\boldsymbol{I}+\boldsymbol{C}^{\mathrm{T}}\boldsymbol{A}^{-1}\boldsymbol{B}]^{-1}\boldsymbol{C}^{\mathrm{T}}\boldsymbol{A}^{-1}\\&=\boldsymbol{I}+\boldsymbol{B}\boldsymbol{C}^{\mathrm{T}}\boldsymbol{A}^{-1}-\boldsymbol{B}[\boldsymbol{I}+\boldsymbol{C}^{\mathrm{T}}\boldsymbol{A}^{-1}\boldsymbol{B}][\boldsymbol{I}+\boldsymbol{C}^{\mathrm{T}}\boldsymbol{A}^{-1}\boldsymbol{B}]^{-1}\boldsymbol{C}^{\mathrm{T}}\boldsymbol{A}^{-1}\\&=\boldsymbol{I}+\boldsymbol{B}\boldsymbol{C}^{\mathrm{T}}\boldsymbol{A}^{-1}-\boldsymbol{B}\boldsymbol{C}^{\mathrm{T}}\boldsymbol{A}^{-1}=\boldsymbol{I}\end{aligned}$$

因此

$$[\boldsymbol{A}+\boldsymbol{B}\boldsymbol{C}^{\mathrm{T}}]^{-1}=\boldsymbol{A}^{-1}-\boldsymbol{A}^{-1}\boldsymbol{B}[\boldsymbol{I}+\boldsymbol{C}^{\mathrm{T}}\boldsymbol{A}^{-1}\boldsymbol{B}]^{-1}\boldsymbol{C}^{\mathrm{T}}\boldsymbol{A}^{-1} \tag{5.74}$$

证毕。

下面讨论式(5.72)。在式(5.73)中，设

$$\boldsymbol{A}=\boldsymbol{P}_N^{-1},\quad \boldsymbol{B}=\boldsymbol{\varphi}_{N+1},\quad \boldsymbol{C}^{\mathrm{T}}=\boldsymbol{\varphi}_{N+1}^{\mathrm{T}}$$

则

$$[\boldsymbol{P}_N^{-1}+\boldsymbol{\varphi}_{N+1}\boldsymbol{\varphi}_{N+1}^{\mathrm{T}}]^{-1}=\boldsymbol{P}_N-\boldsymbol{P}_N\boldsymbol{\varphi}_{N+1}[\boldsymbol{I}+\boldsymbol{\varphi}_{N+1}^{\mathrm{T}}\boldsymbol{P}_N\boldsymbol{\varphi}_{N+1}]^{-1}\boldsymbol{\varphi}_{N+1}^{\mathrm{T}}\boldsymbol{P}_N \tag{5.75}$$

于是得到 $\boldsymbol{P}_{N+1}$ 与 $\boldsymbol{P}_N$ 的递推关系式

$$\boldsymbol{P}_{N+1}=\boldsymbol{P}_N-\boldsymbol{P}_N\boldsymbol{\varphi}_{N+1}[\boldsymbol{I}+\boldsymbol{\varphi}_{N+1}^{\mathrm{T}}\boldsymbol{P}_N\boldsymbol{\varphi}_{N+1}]^{-1}\boldsymbol{\varphi}_{N+1}^{\mathrm{T}}\boldsymbol{P}_N \tag{5.76}$$

由于 $\boldsymbol{\varphi}_{N+1}^{\mathrm{T}}\boldsymbol{P}_N\boldsymbol{\varphi}_{N+1}$ 为标量，所以

$$\boldsymbol{P}_{N+1}=\boldsymbol{P}_N-\boldsymbol{P}_N\boldsymbol{\varphi}_{N+1}(\boldsymbol{I}+\boldsymbol{\varphi}_{N+1}^{\mathrm{T}}\boldsymbol{P}_N\boldsymbol{\varphi}_{N+1})^{-1}\boldsymbol{\varphi}_{N+1}^{\mathrm{T}}\boldsymbol{P}_N \tag{5.77}$$

根据矩阵求逆引理 5.1，把求 $(n+m+1)\times(n+m+1)$ 矩阵 $[\boldsymbol{P}_N^{-1}+\boldsymbol{\varphi}_{N+1}\boldsymbol{\varphi}_{N+1}^{\mathrm{T}}]$ 的逆矩阵转变为求标量的倒数，则可大大减小计算量，同时得到 $\boldsymbol{P}_{N+1}$ 与 $\boldsymbol{P}_N$ 的简便递推关系式。

由式(5.72)和式(5.63)得

$$\begin{aligned}\hat{\boldsymbol{\theta}}_{N+1}&=\boldsymbol{P}_{N+1}[\boldsymbol{\Phi}_N^{\mathrm{T}}\boldsymbol{Y}_N+\boldsymbol{\varphi}_{N+1}\boldsymbol{Y}_{N+1}]\\&=\boldsymbol{P}_{N+1}[(\boldsymbol{\Phi}_N^{\mathrm{T}}\boldsymbol{\Phi})(\boldsymbol{\Phi}_N^{\mathrm{T}}\boldsymbol{\Phi})^{-1}\boldsymbol{\Phi}_N^{\mathrm{T}}Y_N+\boldsymbol{\varphi}_{N+1}\boldsymbol{Y}_{N+1}]\\&=\boldsymbol{P}_{N+1}[\boldsymbol{P}_N^{-1}\hat{\boldsymbol{\theta}}_N+\boldsymbol{\varphi}_{N+1}\boldsymbol{Y}_{N+1}]\end{aligned} \tag{5.78}$$

将式(5.77)代入式(5.78)，经过推导整理可得

$$\hat{\boldsymbol{\theta}}_{N+1}=\hat{\boldsymbol{\theta}}_N+\boldsymbol{P}_N\boldsymbol{\varphi}_{N+1}(1+\boldsymbol{\varphi}_{N+1}^{\mathrm{T}}\boldsymbol{P}_N\boldsymbol{\varphi}_{N+1})^{-1}[\boldsymbol{Y}_{N+1}-\boldsymbol{\varphi}_{N+1}^{\mathrm{T}}\hat{\boldsymbol{\theta}}_N] \tag{5.79}$$

令

$$K_{N+1}=\boldsymbol{P}_N\boldsymbol{\varphi}_{N+1}(1+\boldsymbol{\varphi}_{N+1}^{\mathrm{T}}\boldsymbol{P}_N\boldsymbol{\varphi}_{N+1})^{-1} \tag{5.80}$$

可得$\hat{\boldsymbol{\theta}}_{N+1}$与$\hat{\boldsymbol{\theta}}_N$ 的递推关系式

$$\hat{\boldsymbol{\theta}}_{N+1}=\hat{\boldsymbol{\theta}}_N+\boldsymbol{K}_{N+1}(\boldsymbol{Y}_{N+1}-\boldsymbol{\varphi}_{N+1}^{\mathrm{T}}\hat{\boldsymbol{\theta}}_N) \tag{5.81}$$

将式(5.77)、式(5.80)和式(5.81)三式集合在一起，得到一组递推最小二乘法的计算公式

$$\hat{\boldsymbol{\theta}}_{N+1}=\hat{\boldsymbol{\theta}}_N+\boldsymbol{K}_{N+1}(\boldsymbol{Y}_{N+1}-\boldsymbol{\varphi}_{N+1}^{\mathrm{T}}\hat{\boldsymbol{\theta}}_N) \tag{5.82}$$

$$K_{N+1}=\boldsymbol{P}_N\boldsymbol{\varphi}_{N+1}(1+\boldsymbol{\varphi}_{N+1}^{\mathrm{T}}\boldsymbol{P}_N\boldsymbol{\varphi}_{N+1})^{-1} \tag{5.83}$$

$$\boldsymbol{P}_{N+1}=\boldsymbol{P}_N-\boldsymbol{P}_N\boldsymbol{\varphi}_{N+1}(\boldsymbol{I}+\boldsymbol{\varphi}_{N+1}^{\mathrm{T}}\boldsymbol{P}_N\boldsymbol{\varphi}_{N+1})^{-1}\boldsymbol{\varphi}_{N+1}^{\mathrm{T}}\boldsymbol{P}_N \tag{5.84}$$

上述方程组也可写成下列形式

$$\hat{\boldsymbol{\theta}}(k+1)=\hat{\boldsymbol{\theta}}(k)+\boldsymbol{K}(k+1)[\boldsymbol{Y}(k+1)-\boldsymbol{\varphi}^{\mathrm{T}}(k+1)\hat{\boldsymbol{\theta}}(k)] \tag{5.85}$$

$$\boldsymbol{K}(k+1)=\boldsymbol{P}(k)\boldsymbol{\varphi}(k+1)[1+\boldsymbol{\varphi}^{\mathrm{T}}(k+1)\boldsymbol{P}(k)\boldsymbol{\varphi}(k+1)]^{-1} \tag{5.86}$$

$$\boldsymbol{P}(k+1)=\boldsymbol{P}(k)-\boldsymbol{P}(k)\boldsymbol{\varphi}(k+1)[1+\boldsymbol{\varphi}^{\mathrm{T}}(k+1)\boldsymbol{P}(k)\times\boldsymbol{\varphi}(k+1)]^{-1}\times\boldsymbol{\varphi}^{\mathrm{T}}(k+1)\boldsymbol{P}(k) \tag{5.87}$$

$$\boldsymbol{\varphi}^{\mathrm{T}}(k)=[-y(k-1),-y(k-2),\cdots,-y(k-n_a),u(k-d),\cdots,u(k-d-n_a)] \tag{5.88}$$

为了进行递推计算，需给出 $\boldsymbol{K}(k)$和 $\boldsymbol{P}(k)$的初值 $\boldsymbol{K}(0)$和 $\boldsymbol{P}(0)$。

3. 增广矩阵法

单输入/单输出线性定常系统的差分方程为

$$A(q^{-1})y(k)=q^{-d}B(q^{-1})u(k)+C(q^{-1})\varepsilon(k) \tag{5.89}$$

式中

$$A(q^{-1})=1+a_1q^{-1}+\cdots+a_{n_a}q^{-n_a} \tag{5.90}$$

$$B(q^{-1})=b_0+b_1q^{-1}+\cdots+b_{n_b}q^{-n_b} \tag{5.91}$$

$$C(q^{-1})=1+c_1q^{-1}+\cdots+c_{n_c}q^{-n_c} \tag{5.92}$$

$\varepsilon(k)$为白噪声序列，当 $C(q^{-1})\neq1$ 时，$\xi(k)$为有色噪声序列。为了克服估计的有偏性，同时为了估计参数 $c_1,\cdots,c_{n_c}$，提出增广矩阵法。

先扩充被估参数的维数，再用递推最小二乘法来估计系统和噪声的参数。设

$$\boldsymbol{\theta}^{\mathrm{T}}=[a_1\quad a_2\quad\cdots\quad a_{n_c}\quad b_0\quad b_1\quad\cdots\quad b_{n_c}\quad c_1\quad c_2\quad\cdots\quad c_{n_c}] \tag{5.93}$$

$$\boldsymbol{\varphi}^{\mathrm{T}}(k)=[-y(k-1)\quad\cdots\quad -y(k-n_a)\quad u(k-d)\quad\cdots\quad u(k-d-n_b)\quad \varepsilon(k-1)\cdots\varepsilon(k-n_c)] \tag{5.94}$$

$$\boldsymbol{y}(k)=\boldsymbol{\varphi}^{\mathrm{T}}(k)\boldsymbol{\theta}+\boldsymbol{\varepsilon}(k) \tag{5.95}$$

$$\boldsymbol{\varepsilon}(k)=\boldsymbol{y}(k)-\boldsymbol{\varphi}^{\mathrm{T}}(k)\boldsymbol{\theta} \tag{5.96}$$

由于 $\boldsymbol{\varepsilon}(k)$是未知的，为了克服这一困难，可用 $\hat{\boldsymbol{\varphi}}(k)$代替 $\boldsymbol{\varphi}(k)$，其中 $\hat{\boldsymbol{\varphi}}(k)$定义为

$$\hat{\boldsymbol{\varphi}}^{\mathrm{T}}(k)=[-y(k-1)\quad\cdots\quad -y(k-n_a)\quad u(k-d)\quad\cdots\quad u(k-d-n_b)\quad \hat{\varepsilon}(k-1)\cdots\hat{\varepsilon}(k-n_c)] \tag{5.97}$$

$$\hat{\boldsymbol{\varepsilon}}(k)=\boldsymbol{y}(k)-\hat{\boldsymbol{\varphi}}^{\mathrm{T}}(k)\hat{\boldsymbol{\theta}}(k-1) \tag{5.98}$$

根据递推最小二乘法给出增广矩阵法递推公式

$$\hat{\boldsymbol{\theta}}(k+1)=\hat{\boldsymbol{\theta}}(k)+\boldsymbol{K}(k+1)[\boldsymbol{y}(k+1)-\hat{\boldsymbol{\varphi}}^{\mathrm{T}}(k+1)\hat{\boldsymbol{\theta}}(k)] \tag{5.99}$$

$$\boldsymbol{K}(k+1)=\boldsymbol{P}(k)\hat{\boldsymbol{\varphi}}(k+1)[1+\hat{\boldsymbol{\varphi}}^{\mathrm{T}}(k+1)\boldsymbol{P}(k)\hat{\boldsymbol{\varphi}}(k+1)]^{-1} \tag{5.100}$$

$$\boldsymbol{P}(k+1)=\boldsymbol{P}(k)-\boldsymbol{P}(k)\hat{\boldsymbol{\varphi}}(k+1)[1+\hat{\boldsymbol{\varphi}}^{\mathrm{T}}(k+1)\boldsymbol{P}(k)\hat{\boldsymbol{\varphi}}(k+1)]^{-1}\times\hat{\boldsymbol{\varphi}}^{\mathrm{T}}(k+1)\boldsymbol{P}(k) \tag{5.101}$$

4. 随机逼近法

设系统差分方程为式(5.16)，$C(q^{-1})\neq 1$，$\xi(k)$为有色噪声序列。对于这种情况也可以用比较简便的随机逼近法。先对系统方程作适当的变换，令

$$C(q^{-1})=A(q^{-1})+[C(q^{-1})-A(q^{-1})]=A(q^{-1})+q^{-1}G(q^{-1}) \tag{5.102}$$

式中

$$G(q^{-1})=g_0+g_1q^{-1}+\cdots+g_{s-1}q^{-s+1} \tag{5.103}$$

$$s=\max(n_a,n_c)$$

$$g_0=c_1-a_1,\ g_1=c_2-a_2,\ \cdots \tag{5.104}$$

由式(5.102)得

$$A(q^{-1})=C(q^{-1})-q^{-1}G(q^{-1}) \tag{5.105}$$

将式(5.105)代入式(5.16)得

$$[C(q^{-1})-q^{-1}G(q^{-1})]y(k)=q^{-d}B(q^{-1})u(k)+C(q^{-1})\varepsilon(k) \tag{5.106}$$

经过整理可得

$$C(q^{-1})[y(k)-\varepsilon(k)]=G(q^{-1})y(k-1)+q^{-d}B(q^{-1})u(k) \tag{5.107}$$

式(5.107)等号两边减去 $C(q^{-1})\hat{y}(k)$得

$$C(q^{-1})[y(k)-\hat{y}(k)-\varepsilon(k)]=G(q^{-1})y(k-1)+q^{-d}B(q^{-1})u(k)-C(q^{-1})\hat{y}(k) \tag{5.108}$$

式中，设 $\hat{y}(k)$为输出 $y(k)$的某种预测估计，再设 $\tilde{y}(k)=y(k)-\hat{y}(k)$为预测误差，则式(5.108)变为

$$C(q^{-1})[\tilde{y}(k)-\varepsilon(k)]=G(q^{-1})y(k-1)+q^{-d}B(q^{-1})u(k)-C(q^{-1})\hat{y}(k) \tag{5.109}$$

因为 $\varepsilon(k)$为白色噪声序列，若 $\hat{y}(k)=\varepsilon(k)$，则 $\hat{y}(k)$是 $y(k)$的最优预测，将式(5.109)等号右边写成展开形式为

$$\begin{aligned}C(q^{-1})[\tilde{y}(k)-\varepsilon(k)]=&g_0y(k-1)+g_1y(k-2)+\cdots\\&+g_{s-1}y(k-s)+b_0u(k-d)+\cdots+b_{n_b}u(k-d-n_b)\\&-c_1\hat{y}(k-1)-c_2\hat{y}(k-2)-\cdots-c_{n_c}\hat{y}(k-n_c)-(k)\hat{y}\end{aligned} \tag{5.110}$$

设需要辨识的参数向量为

$$\boldsymbol{\theta}_0^{\mathrm{T}}=[g_0\cdots g_{s-1}b_0\cdots b_{n_b}c_1\cdots c_{n_c}] \tag{5.111}$$

$$\boldsymbol{\varphi}^{\mathrm{T}}(k)=[y(k-1)\cdots y(k-s)u(k-d)\cdots u(k-d-n_b)-\hat{y}(k-1)\cdots\hat{y}(k-n_c)] \tag{5.112}$$

则式(5.110)可写成

$$C(q^{-1})[\tilde{y}(k)-\varepsilon(k)]=\boldsymbol{\varphi}^{\mathrm{T}}(k)\boldsymbol{\theta}_0^{\mathrm{T}}-\hat{y}(k) \tag{5.113}$$

当 $\tilde{y}(k)=\varepsilon(k)$，$\hat{y}(k)$是 $y(k)$的最优预测时，则 $\hat{y}(k)$为

$$\hat{y}(k)=\boldsymbol{\varphi}^{\mathrm{T}}(k)\boldsymbol{\theta}_0^{\mathrm{T}} \tag{5.114}$$

下面给出$\hat{\boldsymbol{\theta}}_0$ 的随机逼近递推算法

$$\hat{\boldsymbol{\theta}}_0(k+1)=\hat{\boldsymbol{\theta}}_0(k)+\frac{\alpha\boldsymbol{\varphi}(k+1)}{r(k+1)}[y(k+1)-\boldsymbol{\varphi}^{\mathrm{T}}(k+1)\hat{\boldsymbol{\theta}}_0(k)] \tag{5.115}$$

$$r(k+1)=r(k)+\boldsymbol{\varphi}^{\mathrm{T}}(k+1)\boldsymbol{\varphi}(k+1) \tag{5.116}$$

式中，$r(k)$为标量，$r(0)=1$；α 为选定的递减序列。由估值$\hat{\boldsymbol{\theta}}_0(k)$和式(5.104)可得 $a_1,\cdots,a_{n_a},b_0,\cdots,b_{n_b},c_1,\cdots,c_{n_c}$。这一方法计算比较简单，但收敛速度慢。

5. 投影算法

单输入/单输出线性定常系统方程为

$$A(q^{-1})y(k)=q^{-d}B(q^{-1})u(k) \tag{5.117}$$

式中

$$A(q^{-1})=1+a_1q^{-1}+\cdots+a_{n_a}q^{-n_a} \tag{5.118}$$

$$B(q^{-1})=b_0+b_1q^{-1}+\cdots+b_{n_b}q^{-n_b} \tag{5.119}$$

设参数向量 $\boldsymbol{\theta}$ 及 $\boldsymbol{\varphi}(k)$为

$$\boldsymbol{\theta}^{\mathrm{T}}=[a_1 \quad \cdots \quad a_{n_a} \quad b_0 \quad b_1 \quad \cdots \quad b_{n_b}] \tag{5.120}$$

$$\boldsymbol{\varphi}^{\mathrm{T}}(k-1)=[-y(k-1)-y(k-2) \quad \cdots \quad -y(k-n_a) \quad u(k-d) \quad u(k-d-1) \quad \cdots \quad u(k-d-n_b)] \tag{5.121}$$

$$\boldsymbol{y}(k)=\boldsymbol{\varphi}^{\mathrm{T}}(k-1)\boldsymbol{\theta} \tag{5.122}$$

投影算法使指标函数

$$\boldsymbol{J}=\frac{1}{2}\parallel\hat{\boldsymbol{\theta}}(k)-\hat{\boldsymbol{\theta}}(k-1)\parallel^2 \tag{5.123}$$

最小。

利用拉格朗日乘子法扩展指标函数 J，则有

$$\boldsymbol{J}_c=\frac{1}{2}\parallel\hat{\boldsymbol{\theta}}(k)-\hat{\boldsymbol{\theta}}(k-1)\parallel^2+\lambda[\boldsymbol{y}(k)-\boldsymbol{\varphi}^{\mathrm{T}}(k-1)\hat{\boldsymbol{\theta}}(k)] \tag{5.124}$$

$\boldsymbol{J}_c$ 为极小值的条件为

$$\frac{\partial\boldsymbol{J}_c}{\partial\hat{\boldsymbol{\theta}}(k)}=0 \tag{5.125}$$

$$\frac{\partial\boldsymbol{J}_c}{\partial\lambda}=0 \tag{5.126}$$

由式(5.125)、式(5.126)可得

$$\hat{\boldsymbol{\theta}}(k)-\hat{\boldsymbol{\theta}}(k-1)-\lambda\boldsymbol{\varphi}(k-1)=0 \tag{5.127}$$

$$\boldsymbol{y}(k)-\boldsymbol{\varphi}^{\mathrm{T}}(k-1)\hat{\boldsymbol{\theta}}(k)=0 \tag{5.128}$$

从式(5.127)、式(5.128)中消去 $\hat{\boldsymbol{\theta}}(k)$得

$$\boldsymbol{y}(k)-\boldsymbol{\varphi}^{\mathrm{T}}(k-1)[\hat{\boldsymbol{\theta}}(k-1)+\lambda\boldsymbol{\varphi}(k-1)]=0 \tag{5.129}$$

则

$$\lambda=\frac{\boldsymbol{y}(k)-\boldsymbol{\varphi}^{\mathrm{T}}(k-1)\hat{\boldsymbol{\theta}}(k-1)}{\boldsymbol{\varphi}^{\mathrm{T}}(k-1)\boldsymbol{\varphi}(k-1)} \tag{5.130}$$

将式(5.130)代入式(5.127)得

$$\hat{\boldsymbol{\theta}}(k)=\hat{\boldsymbol{\theta}}(k-1)+\frac{\boldsymbol{\varphi}(k-1)}{\boldsymbol{\varphi}^{\mathrm{T}}(k-1)\boldsymbol{\varphi}(k-1)}[\boldsymbol{y}(k)-\boldsymbol{\varphi}^{\mathrm{T}}(k-1)\hat{\boldsymbol{\theta}}(k-1)] \tag{5.131}$$

式(5.131)中的分母可能为零或接近于零，为了避免这一情况，对该算法作些修改，即

$$\hat{\boldsymbol{\theta}}(k)=\hat{\boldsymbol{\theta}}(k-1)+\frac{a\boldsymbol{\varphi}(k-1)}{c+\boldsymbol{\varphi}^{\mathrm{T}}(k-1)\boldsymbol{\varphi}(k-1)}[\boldsymbol{y}(k)-\boldsymbol{\varphi}^{\mathrm{T}}(k-1)\hat{\boldsymbol{\theta}}(k-1)] \tag{5.132}$$

式中，$c>0$，$0<a<2$。

投影算法的计算量小，收敛速度慢。

6. 衰减记忆递推算法

递推最小二乘法适用于常参数的估计，如果用来估计时变参数，应作适当修正。对于时变参数来说，新数据应比老数据起更大的作用。因此，在计算程序上应减小老数据对估计的影响，衰减记忆递推最小二乘法就是基于这一想法提出来的。参数估计的指标函数为

$$\boldsymbol{J}_{k+1}(\boldsymbol{\theta})=\alpha\boldsymbol{J}_k(\boldsymbol{\theta})+[\boldsymbol{y}(k+1)-\boldsymbol{\varphi}^{\mathrm{T}}(k)\boldsymbol{\theta}]^2 \tag{5.133}$$

式中，$0<\alpha<1$，当 $\alpha=1$ 时，给出标准的递推最小二乘法计算公式。应用数学归纳法可推导出

$$\hat{\boldsymbol{\theta}}(k+1)=\hat{\boldsymbol{\theta}}(k)+\boldsymbol{K}(k+1)[\boldsymbol{y}(k+1)-\hat{\boldsymbol{\varphi}}^{\mathrm{T}}(k+1)\hat{\boldsymbol{\theta}}(k)] \tag{5.134}$$

$$\boldsymbol{K}(k+1)=\boldsymbol{P}(k)\boldsymbol{\varphi}(k+1)[\alpha+\boldsymbol{\varphi}^{\mathrm{T}}(k+1)\boldsymbol{P}(k)\boldsymbol{\varphi}(k+1)]^{-1} \tag{5.135}$$

$$\boldsymbol{P}(k+1)=\frac{\boldsymbol{P}(k)}{\alpha}-\frac{\boldsymbol{P}(k)}{\alpha}\boldsymbol{\varphi}(k+1)[\alpha+\boldsymbol{\varphi}^{\mathrm{T}}(k+1)\boldsymbol{P}(k)\boldsymbol{\varphi}(k+1)]^{-1}\times\boldsymbol{\varphi}^{\mathrm{T}}(k+1)\boldsymbol{P}(k) \tag{5.136}$$

5.2.2 闭环系统的辨识

在 5.2.1 节中讨论参数辨识方法时，假定辨识对象是在开环条件下工作的，因此这些方法适用于开环系统的辨识。实际上很多系统都是在闭环条件下工作的，如图 5.3 所示，图中 $u(k)$ 为控制量，$y(k)$ 为系统输出，$r(k)$ 为外部参考输入，$\boldsymbol{\varepsilon}(k)$ 为白噪声。要求辨识 $A(q^{-1})$ 和 $B(q^{-1})$ 的参数。

对于自校正控制系统来说，要求在闭环控制条件下辨识控制对象的参数，因此必须研究闭环系统的参数辨识问题。有的闭环系统可以辨识，有的不能辨识，在此着重讨论闭环系统的可辨识条件。

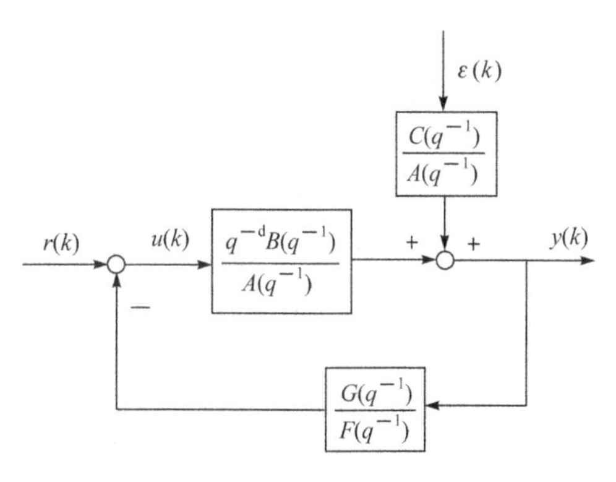

图 5.3 闭环系统方块图

1. 闭环系统的可辨识性概念

例 5.3 设有一个反馈系统，控制对象和控制器的差分方程为

$$y(k)=-ay(k-1)+bu(k-1)+\varepsilon(k) \tag{5.137}$$

和

$$u(k)=-dy(k) \tag{5.138}$$

式中，a 和 b 为未知参数；$\varepsilon(k)$ 是均值为零的白噪声序列。下面来看用最小二乘法能否估计出未知参数 a 和 b。设

$$\boldsymbol{\theta}=\begin{bmatrix}a\\b\end{bmatrix},\quad \boldsymbol{Y}=\begin{bmatrix}y(1+1)\\y(1+2)\\\vdots\\y(1+N)\end{bmatrix},\quad \boldsymbol{\varepsilon}=\begin{bmatrix}\varepsilon(1+1)\\\varepsilon(1+2)\\\vdots\\\varepsilon(1+N)\end{bmatrix},\quad \boldsymbol{\Phi}=\begin{bmatrix}-y(1) & u(1)\\-y(2) & u(2)\\\vdots & \vdots\\-y(N) & u(N)\end{bmatrix}$$

则

$$\boldsymbol{Y}=\boldsymbol{\Phi\theta}+\boldsymbol{e} \tag{5.139}$$

$\boldsymbol{\theta}$ 的估计值为

$$\hat{\boldsymbol{\theta}}=[\boldsymbol{\Phi}^{\mathrm{T}}\boldsymbol{\Phi}]^{-1}\boldsymbol{\Phi}^{\mathrm{T}}\boldsymbol{Y} \tag{5.140}$$

由于 $u(k)=-dy(k)$，所以

$$\boldsymbol{\Phi}=\begin{bmatrix}-y(1) & -dy(1)\\-y(2) & -dy(2)\\\vdots & \vdots\\-y(N) & -dy(N)\end{bmatrix} \tag{5.141}$$

$\boldsymbol{\Phi}$ 的两列元素线性相关，$\boldsymbol{\Phi}$ 不是满秩，故$[\boldsymbol{\Phi}^{\mathrm{T}}\boldsymbol{\Phi}]$是奇异矩阵。因此用最小二乘法得不到参数 a 和 b 的估计值，系统不可辨识。如果把控制器方程改为

$$u(k)=-dy(k-1) \tag{5.142}$$

则

$$\boldsymbol{\Phi}=\begin{bmatrix}-y(1) & -dy(0)\\-y(2) & -dy(1)\\\vdots & \vdots\\-y(N) & -dy(N-1)\end{bmatrix} \tag{5.143}$$

在 $\boldsymbol{\Phi}$ 中两列元素线性独立，$\boldsymbol{\Phi}$ 满秩，$[\boldsymbol{\Phi}^{\mathrm{T}}\boldsymbol{\Phi}]$为非奇异矩阵，可得 a 和 b 的估值，系统成为可辨识的。

从例 5.3 可看出，闭环系统的可辨识性与控制器的结构和阶次有关。在闭环系统辨识中，必须事先知道系统的阶，因为系统的阶不能通过闭环试验得到。

例 5.4 设系统差分方程为

$$A(q^{-1})y(k)=B(q^{-1})u(k)+\varepsilon(k) \tag{5.144}$$

控制器(反馈部分)差分方程为

$$F(q^{-1})u(k)=-G(q^{-1})y(k) \tag{5.145}$$

用任意多项式 $H(q^{-1})$与式(5.145)相乘，并与式(5.144)相加后可得

$$[A(q^{-1})+H(q^{-1})G(q^{-1})]y(k)=[B(q^{-1})+H(q^{-1})F(q^{-1})]u(k)+\varepsilon(k) \tag{5.146}$$

在相同的 $u(k)$、$y(k)$和 $\varepsilon(k)$的情况下，可以对应不同阶数的前向通道数学模型。因此，一般不可能通过闭环试验来估计控制对象的数学模型的阶数，所以对于闭环系统辨识，应当事先知道控制对象数学模型的阶数。

闭环系统的辨识可分为无外部参考数输入信号的闭环系统辨识和有外部参考输入信号的闭环系统辨识。闭环系统辨识又可分为直接辨识和间接辨识。

定义 5.9 直接辨识 利用控制对象的输入 $u(k)$和输出 $y(k)$辨识控制对象的参数，称为闭环系统的直接辨识。

定义 5.10 间接辨识 先辨识整个闭环系统的参数，而后求出控制对象的参数，称为

间接辨识。

2. 无外部输入信号时单输入/单输出闭环系统的直接辨识

设有一个具有反馈的单输入/单输出离散系统，无外部参考输入信号，控制对象的差分方程为

$$A(q^{-1})y(k)=q^{-d}B(q^{-1})u(k)+\varepsilon(k) \tag{5.147}$$

式中

$$A(q^{-1})=1+a_1q^{-1}+\cdots+a_{n_a}q^{-n_a} \tag{5.148}$$

$$B(q^{-1})=b_0+b_1q^{-1}+\cdots+b_{n_b}q^{-n_b} \tag{5.149}$$

式中，$u(k)$为控制量；$y(k)$为输出量；$\varepsilon(k)$是均值为零的白噪声序列。设 d 为控制对输出的传输延迟，外部参考输入信号 $r(k)=0$。

将式(5.147)写成

$$\begin{aligned}y(k)=&-a_1y(k-1)-\cdots-a_ny(k-n_a)\\&+b_0u(k-d)+\cdots+b_{n_b}u(k-d-n_b)+\varepsilon(k)\end{aligned} \tag{5.150}$$

反馈通道的差分方程为

$$F(q^{-1})u(k)=-G(q^{-1})y(k) \tag{5.151}$$

式中

$$F(q^{-1})=1+f_1q^{-1}+\cdots+f_{n_f}q^{-n_f} \tag{5.152}$$

$$G(q^{-1})=g_0+g_1q^{-1}+\cdots+g_{n_g}q^{-n_g} \tag{5.153}$$

$$\begin{aligned}u(k)=&-f_1u(k-1)-f_2u(k-2)-\cdots-f_{n_f}u(k-n_f)\\&-g_0y(k)-g_1y(k-1)-\cdots-g_{n_g}y(k-n_g)\end{aligned} \tag{5.154}$$

下面讨论控制对象的参数能直接辨识的条件。需要辨识的参数向量为

$$\boldsymbol{\theta}^{\mathrm{T}}=[a_1\quad\cdots\quad a_{n_a}\quad b_0\quad b_1\quad\cdots\quad b_{n_b}] \tag{5.155}$$

设

$$\boldsymbol{\varphi}^{\mathrm{T}}(k)=[-y(k-1)-y(k-2)\cdots-y(k-n_a)u(k-d)\cdots u(k-d-n_b)] \tag{5.156}$$

则式(5.150)可写成

$$\boldsymbol{y}(k)=\boldsymbol{\varphi}^{\mathrm{T}}(k)\boldsymbol{\theta}+\boldsymbol{\varepsilon}(k) \tag{5.157}$$

设已得到 $u(k)$和 $y(k)$的 $N(N>n_a+n_b+1)$对观测值，则有

$$\boldsymbol{Y}=\boldsymbol{\Phi\theta}+\boldsymbol{\varepsilon} \tag{5.158}$$

$$\boldsymbol{Y}=\begin{bmatrix}y(1)\\y(2)\\\vdots\\y(N)\end{bmatrix},\quad \boldsymbol{\varepsilon}=\begin{bmatrix}\varepsilon(1)\\\varepsilon(2)\\\vdots\\\varepsilon(N)\end{bmatrix} \tag{5.159}$$

式中，$\boldsymbol{\Phi}$ 为 $N\times(n_a+n_b+1)$矩阵，矩阵的第 k 行为 $\boldsymbol{\varphi}^{\mathrm{T}}(k)$。

应用最小二乘法可得 $\boldsymbol{\theta}$ 的估计值

$$\hat{\boldsymbol{\theta}}=[\boldsymbol{\Phi}^{\mathrm{T}}\boldsymbol{\Phi}]^{-1}\boldsymbol{\Phi}^{\mathrm{T}}\boldsymbol{Y} \tag{5.160}$$

为了能得到估计值 $\hat{\boldsymbol{\theta}}$，要求$[\boldsymbol{\Phi}^{\mathrm{T}}\boldsymbol{\Phi}]^{-1}$存在，即要求 $\boldsymbol{\Phi}$ 为满秩矩阵。下面讨论 $\boldsymbol{\Phi}$ 为满秩矩阵

的条件，$\boldsymbol{\Phi}$ 矩阵可表示为

$$\boldsymbol{\Phi}=\begin{bmatrix} -y(k-1) & -y(k-2) & \cdots & -y(k-n_a) & u(k-d) & \cdots & u(k-d-n_b) \\ -y(k) & -y(k-1) & \cdots & -y(k+1-n_a) & u(k-d+1) & \cdots & u(k-d-n_b+1) \\ -y(k+1) & -y(k) & \cdots & -y(k+2-n_a) & u(k-d+2) & \cdots & u(k-d-n_b+2) \\ \vdots & \vdots & & \vdots & \vdots & & \vdots \\ -y(k+N-1) & -y(k+N-2) & \cdots & -y(k+N-n_a) & u(k-d+N) & \cdots & u(k-d-n_b+N) \end{bmatrix} \tag{5.161}$$

根据式(5.154)和式(5.161)来判别 $\boldsymbol{\Phi}$ 在什么条件下是满秩的。从式(5.154)可看到 $u(k)$是 $u(k-1),u(k-2),\cdots,u(k-n_f),y(k),\cdots,u(k-n_g)$的线性函数。$u(k-d)$是 $u(k-d-1),u(k-d-2),\cdots,u(k-d-n_f),y(k-d),y(k-d-1),\cdots,y(k-d-n_g)$的线性函数等。为了使 $\boldsymbol{\Phi}$ 满秩，$\boldsymbol{\Phi}$ 的各列应线性独立。例如，为了使 $u(k-d)$与 $u(k-d-1),\cdots,u(k-d-n_b),y(k-1),y(k-2),\cdots,y(k-n_a)$线性独立，要求在矩阵 $\boldsymbol{\Phi}$ 中，从 $u(k-d-1)$ 至 $u(k-d-n_b)$的项数小于式(5.154)中 u 的项数 n_f，即

$$k-d-1-(k-d-n_b)+1<n_f \tag{5.162}$$

则

$$n_f>n_b \tag{5.163}$$

也就是说，当 $F(g^{-1})$的阶数 n_f 大于 $B(g^{-1})$的阶数 n_b 时，$\boldsymbol{\Phi}$ 满秩，闭环系统中控制对象的参数可直接辨识。另外，要求矩阵 $\boldsymbol{\Phi}$ 中 $y(k-n_a)$项的 $k-n_a$ 大于 $y(k-d-n_g)$中的 $k-d-n_g$，也能得到闭环系统可辨识条件，如果

$$k-n_a>k-d-n_g \tag{5.164}$$

则

$$n_g>n_a-d \tag{5.165}$$

也能使 $u(k-d)$与 $y(k-d),\cdots,y(k-d-n_g)$线性独立，闭环系统可直接辨识，也就是说，当 $G(g^{-1})$的阶数 n_g 大于 n_a-d 时，$\boldsymbol{\Phi}$ 满秩，闭环系统也可直接辨识。

前面提到了无外部参考输入信号时，闭环系统可直接辨识的条件为式(5.163)或式(5.165)。也就是说，当反馈调节器分母 $F(g^{-1})$的阶数 $n_f>n_b$ 时，闭环系统可直接辨识；当反馈调节器分子 $G(g^{-1})$的阶数 $n_g>n_a-d$ 时，闭环系统也可直接辨识。

当无外部输入信号时，如果反馈调节器的参数已知，就可用间接辨识方法。

3. 无外部输入信号时单输入/单输出闭环系统的间接辨识

间接辨识方法就是先辨识闭环系统的传递函数，而后根据已知的调节器参数和辨识得到的闭环系统传递函数的参数，用解代数方程的方法求出控制对象的参数。

系统的方块图如图 5.3 所示，令 $r(k)=0$。为了便于讨论问题，先设控制对象的两个多项式为

$$A(q^{-1})=1+a_1q^{-1}+\cdots+a_{n_a}q^{-n_a} \tag{5.166}$$

$$B(q^{-1})=b_0+b_1q^{-1}+\cdots+b_{n_b}q^{-n_b} \tag{5.167}$$

式中,$a_1,\cdots,a_{n_a},b_1,\cdots,b_{n_b}$为 $2n$ 个待估参数。

调节器方程的两个多项式为

$$F(q^{-1})=1+f_1q^{-1}+\cdots+f_mq^{-m} \tag{5.168}$$

$$G(q^{-1})=g_0+g_1q^{-1}+\cdots+g_mq^{-m} \tag{5.169}$$

式中,$f_1,\cdots,f_m,g_0,\cdots,g_m$ 都为给定的值。

噪声方程的多项式为

$$C(q^{-1})=1+c_1q^{-1}+\cdots+c_nq^{-n} \tag{5.170}$$

式中,$c_1,c_2,\cdots,c_n$ 为待估参数。

以 $\varepsilon(k)$为输入,$y(k)$为输出的闭环系统方程为

$$[A(q^{-1})F(q^{-1})+B(q^{-1})G(q^{-1})]y(k)=F(q^{-1})C(q^{-1})\varepsilon(k) \tag{5.171}$$

或

$$P(q^{-1})y(k)=R(q^{-1})\varepsilon(k) \tag{5.172}$$

式中

$$P(q^{-1})=A(q^{-1})F(q^{-1})+B(q^{-1})G(q^{-1})=1+P_1q^{-1}+\cdots+P_{n+m}q^{-n-m} \tag{5.173}$$

$$R(q^{-1})=F(q^{-1})C(q^{-1})=1+r_1q^{-1}+\cdots+r_{n+m}q^{-n-m} \tag{5.174}$$

先以式(5.172)为数学模型,用最小二乘法或其他方法求出 $P(q^{-1})$的估计量 $\hat{P}(q^{-1})$和 $R(q^{-1})$的估计量 $\hat{R}(q^{-1})$。根据 $\hat{P}(q^{-1})$可求出 $A(q^{-1})$和 $B(q^{-1})$中的参数。根据 $\hat{R}(q^{-1})$可求出 $C(q^{-1})$中的参数。

把 $A(q^{-1})$、$B(q^{-1})$、$F(q^{-1})$和 $G(q^{-1})$等多项式代入 $P(q^{-1})$的表达式(5.173)中,其中 $P(q^{-1})$用估值 $\hat{P}(q^{-1})$代入,可得

$$\begin{aligned}&(1+a_1q^{-1}+\cdots+a_{n_a}q^{-n_a})(1+f_1q^{-1}+\cdots+f_mq^{-m})\\&\quad+(b_1q^{-1}+\cdots+b_{n_b}q^{-n_b})(g_0+g_1q^{-1}+\cdots+g_mq^{-m})\\&=1+\hat{P}_1q^{-1}+\cdots+\hat{P}_{n+m}q^{-n-m}\end{aligned} \tag{5.175}$$

比较上式等号两边 q^{-1}的同次项的系数,可得下列方程组

$$\begin{cases}a_1+b_1g_0=\hat{P}_1-f_1\\a_1f_1+a_2+b_1g_1+b_2g_0=\hat{P}_2-f_2\\a_1f_2+a_2f_1+a_3+b_1g_2+b_2g_1+b_3g_0=\hat{P}_3-f_3\\\qquad\cdots\\a_1f_{m-1}+\cdots+a_m+b_1g_{m-1}+\cdots+b_mg_0=\hat{P}_m-f_m\\\qquad\cdots\\a_nf_m+b_ng_m=\hat{P}_{n+m}\end{cases} \tag{5.176}$$

可将上述方程组写成矩阵形式

$$
\begin{bmatrix}
1 & 0 & 0 & \cdots & 0 & g_0 & 0 & 0 & \cdots & 0 \\
f_1 & 1 & 0 & \cdots & 0 & g_1 & g_0 & 0 & \cdots & 0 \\
f_2 & f_1 & 1 & \cdots & 0 & g_2 & g_1 & g_0 & \cdots & 0 \\
\vdots & f_2 & f_1 & \cdots & \vdots & \vdots & g_2 & g_1 & \cdots & \vdots \\
f_m & \vdots & f_2 & \cdots & 1 & g_m & \vdots & g_2 & \cdots & g_0 \\
0 & f_m & \vdots & \cdots & f_1 & 0 & g_m & \vdots & \cdots & g_1 \\
0 & 0 & f_m & \vdots & \vdots & 0 & 0 & g_m & \vdots & \vdots \\
0 & 0 & 0 & \cdots & f_m & 0 & 0 & 0 & \cdots & g_m
\end{bmatrix}
\begin{bmatrix} a_1 \\ a_2 \\ \vdots \\ a_n \\ b_1 \\ b_2 \\ \vdots \\ b_n \end{bmatrix}
=
\begin{bmatrix} \hat{P}_1 - f_1 \\ \hat{P}_2 - f_2 \\ \vdots \\ \hat{P}_m - f_m \\ \hat{P}_{m+1} \\ \vdots \\ \hat{P}_{m+n} \end{bmatrix}
\tag{5.177}
$$

令上述方程和系数矩阵为 $\boldsymbol{S}$,被估参数向量为 $\boldsymbol{\theta}$,方程右边的向量为 $\hat{\boldsymbol{P}}$,可得

$$
\boldsymbol{S\theta}=\hat{\boldsymbol{P}}
\tag{5.178}
$$

当矩阵 $\boldsymbol{S}$ 的秩为 $2n$ 时,$\boldsymbol{\theta}$ 有唯一的最小二乘估计

$$
\hat{\boldsymbol{\theta}}=[\boldsymbol{S}^{\mathrm{T}}\boldsymbol{S}]^{-1}\boldsymbol{S}^{\mathrm{T}}\hat{\boldsymbol{P}}
\tag{5.179}
$$

下面讨论在什么情况下 $\boldsymbol{S}$ 的秩为 $2n$。从式(5.177)可看出,被估参数有 $2n$ 个,因此矩阵 $\boldsymbol{S}$ 有 $2n$ 列,为了使 $\boldsymbol{S}$ 矩阵的秩为 $2n$,矩阵 $\boldsymbol{S}$ 的行数应大于或等于 $2n$。从式(5.177)可看出,矩阵 $\boldsymbol{S}$ 的行数为 $m+1+n-1=m+n$,当 $m+n\geqslant 2n$ 时,$\boldsymbol{S}$ 的秩为 $2n$,参数可辨识,因此可辨识的条件为

$$
m\geqslant n
\tag{5.180}
$$

也就是说,要求多项式 $F(q^{-1})$ 或 $G(q^{-1})$ 的阶数大于或等于控制对象的阶数。

按上述分析方法,可分析 $A(q^{-1})$、$B(q^{-1})$、$F(q^{-1})$ 和 $G(q^{-1})$ 有不同阶时的可辨识条件。

下面介绍 $c_1,\cdots,c_n$ 可辨识条件。在式(5.174)中,$R(q^{-1})$ 用估值 $\hat{R}(q^{-1})$ 代入,可得

$$
\begin{aligned}
&(1+f_1q^{-1}+\cdots+f_mq^{-m})(1+c_1q^{-1}+\cdots+c_nq^{-n}) \\
&=1+(f_1+c_1)q^{-1}+(c_1f_1+f_2+c_2)q^{-2}+\cdots+f_mc_ng^{-m-n} \\
&=1+\hat{r}_1q^{-1}+\cdots+\hat{r}_{m+n}q^{-m-n}
\end{aligned}
\tag{5.181}
$$

比较上式等号两边 q^{-1} 的同次项的系数,可得下列矩阵方程

$$
\begin{bmatrix}
1 & 0 & 0 & \cdots & 0 \\
f_1 & 1 & 0 & \cdots & 0 \\
f_2 & f_1 & 1 & \cdots & 0 \\
\vdots & f_2 & f_1 & \cdots & \vdots \\
f_m & \vdots & f_2 & \cdots & 1 \\
0 & f_m & \vdots & \cdots & f_1 \\
0 & 0 & f_m & \vdots & \vdots \\
0 & 0 & 0 & \cdots & f_m
\end{bmatrix}
\begin{bmatrix} c_1 \\ c_2 \\ \\ \vdots \\ \\ c_n \end{bmatrix}
=
\begin{bmatrix} \hat{r}_1 - f_1 \\ \hat{r}_2 - f_2 \\ \vdots \\ \hat{r}_m - f_m \\ \hat{r}_m \\ \vdots \\ \hat{r}_{m+n} \end{bmatrix}
\tag{5.182}
$$

令上述方程的系数矩阵为 $\boldsymbol{Q}$,被估参数向量为 $\boldsymbol{\theta}_c$,方程右边的向量为 $\hat{\boldsymbol{r}}$,则可得

$$
\boldsymbol{Q}\boldsymbol{\theta}_c=\hat{\boldsymbol{r}}
\tag{5.183}
$$

当矩阵 $\boldsymbol{Q}$ 的秩为 n 时,$\hat{\boldsymbol{\theta}}_c$ 有唯一的最小二乘估计

$$
\hat{\boldsymbol{\theta}}_c=[\boldsymbol{Q}^{\mathrm{T}}\boldsymbol{Q}]\boldsymbol{Q}^{\mathrm{T}}\hat{\boldsymbol{r}}
\tag{5.184}
$$

矩阵 $\boldsymbol{Q}$ 有 n 列 $n+m$ 行,不论 $F(q^{-1})$ 的阶数为何值,$\boldsymbol{Q}$ 的秩都为 n,$\boldsymbol{\theta}_c$ 可辨识。因此,$\boldsymbol{\theta}_c$ 的可

辨识性对调节器的阶数没有要求。

下面讨论$A(q^{-1})$、$B(q^{-1})$、$F(q^{-1})$和$G(q^{-1})$有不同阶数时的可辨识条件。一般的系统方程可用下式来表示

$$A(q^{-1})y(k)=q^{-d}B(q^{-1})u(k)+C(q^{-1})\varepsilon(k) \tag{5.185}$$

式中

$$A(q^{-1})=1+a_1q^{-1}+\cdots+a_{n_a}q^{-n_a} \tag{5.186}$$

$$B(q^{-1})=b_0+b_1q^{-1}+\cdots+b_{n_b}q^{-n_b} \tag{5.187}$$

$$C(q^{-1})=1+c_1q^{-1}+\cdots+c_{n_c}q^{-n_c} \tag{5.188}$$

调节器的方程为

$$F(q^{-1})=1+f_1q^{-1}+\cdots+f_{n_f}q^{-n_f} \tag{5.189}$$

$$G(q^{-1})=g_0+g_1q^{-1}+\cdots+g_{n_g}q^{-n_g} \tag{5.190}$$

将$A(q^{-1})$、$B(q^{-1})$、$C(q^{-1})$、$F(q^{-1})$和$G(q^{-1})$代入闭环系统方程式(5.171)，考虑到式(5.185)，可得

$$\begin{aligned}&(1+a_1q^{-1}+\cdots+a_{n_a}q^{-n_a})(1+f_1q^{-1}+\cdots+f_{n_f}q^{-n_f})\\&\quad+q^{-d}(b_0+b_1q^{-1}+\cdots+b_{n_b}q^{-n_b})(g_0+g_1q^{-1}+\cdots+g_{n_g}q^{-n_g})\\&=1+p_1q^{-1}+\cdots+p_{n_p}q^{-n_p}\end{aligned} \tag{5.191}$$

$P(q^{-1})$的阶数n_p为

$$n_p=\max(n_a+n_f,n_b+d+n_g) \tag{5.192}$$

根据式(5.186)和式(5.187)，需估计的参数为n_a+n_b+1个。参照式(5.175)、式(5.176)和式(5.177)，可得与式(5.178)类似的方程

$$\bar{\boldsymbol{S}}\boldsymbol{\theta}=\hat{\boldsymbol{P}} \tag{5.193}$$

$\bar{\boldsymbol{S}}$矩阵也由$f_1,\cdots,f_{n_f},g_0,\cdots,g_{n_g}$等项组成。$\bar{\boldsymbol{S}}$左半矩阵由$f_1,\cdots,f_{n_f}$组成，有$n_a$列$n_a+n_f$行。$\bar{\boldsymbol{S}}$右半矩阵由$g_0,\cdots,g_{n_g}$组成，有$n_b+1$列$n_g+d+n_b$行。$\bar{\boldsymbol{S}}$矩阵的行数为$\max(n_a+n_f,n_b+d+n_g)$。只要$\bar{\boldsymbol{S}}$的行数大于或等于被估参数数目$n_a+n_b+1$，$\bar{\boldsymbol{S}}$的秩为$n_a+n_b+1$，$\boldsymbol{\theta}$就有唯一的最小二乘估计

$$\hat{\boldsymbol{\theta}}=[\bar{\boldsymbol{S}}^{\mathrm{T}}\bar{\boldsymbol{S}}]^{-1}\bar{\boldsymbol{S}}^{\mathrm{T}}\hat{\boldsymbol{P}} \tag{5.194}$$

因此可辨识条件为

$$\max(n_a+n_f,n_b+d+n_g)\geqslant n_a+n_b+1 \tag{5.195}$$

在式(5.195)中，如果n_a+n_f较大，则得到可辨识条件

$$n_a+n_f\geqslant n_a+n_b+1$$

或

$$n_f\geqslant n_b+1 \tag{5.196}$$

因为n_f和n_b都是整数，所以上式又可写成

$$n_f>n_b \tag{5.197}$$

在式(5.195)中，如果n_b+n_g+d较大，则得又一可辨识条件

$$n_b+n_g+d\geqslant n_a+n_b+1$$

或

$$n_g\geqslant n_a-d+1 \tag{5.198}$$

因为n_g和n_a都是整数，所以上式又可写成

$$n_g > n_a - d \tag{5.199}$$

比较式(5.163)、式(5.165)和式(5.197)、式(5.199)可知，二者是一样的。因此，直接辨识与间接辨识的辨识条件是相同的。

若反馈调节器阶数低，不能满足辨识条件，可在调节器中加入一个延迟，以提高调节器的阶数。计算结果表明，直接辨识计算精度比间接辨识高，计算量也比较小。

4. 有外部输入信号时单输入/单输出闭环系统的直接辨识

系统的方块图如图 5.3 所示，$r(k)$为外部输入信号，$u(k)$由两部分组成，第一部分是由反馈控制器给出的反馈信号，第二部分是输入信号 $r(k)$。设 $C(q^{-1})=1$，控制对象的方程为

$$A(q^{-1})y(k)=q^{-d}B(q^{-1})u(k)+\varepsilon(k) \tag{5.200}$$

控制信号 $u(k)$为

$$u(k)=-\frac{G(q^{-1})}{F(q^{-1})}y(k)+r(k) \tag{5.201}$$

式(5.201)可写成

$$F(q^{-1})u(k)=-G(q^{-1})y(k)+F(q^{-1})r(k) \tag{5.202}$$

$$\begin{aligned} u(k)=&-f_1u(k-1)-\cdots-f_{n_f}u(k-n_f)-g_0y(k)-\cdots \\ &-g_{n_g}y(k-n_g)+r(k)+f_1r(k-1)+\cdots+f_{n_f}r(k-n_f) \end{aligned} \tag{5.203}$$

讨论可辨识条件的方法与前面的无输入信号闭环系统的直接辨识方法类似。应用最小二乘法辨识，可得式(5.162)和式(5.161)。为了能得到估值 $\hat{\boldsymbol{\theta}}$，要求$[\boldsymbol{\Phi}^{\mathrm{T}}\boldsymbol{\Phi}]^{-1}$存在，即要求 $\boldsymbol{\Phi}$ 满秩，也就是要求式(5.161)中 $\boldsymbol{\Phi}$ 的各列线性独立。由于存在外部输入信号 $r(k)$，在式(5.203)中 $u(k)$有 $r(k)$，$r(k-1)$，…，$r(k-n_f)$等项，不论 $F(q^{-1})$和 $G(q^{-1})$的阶数 n_f 和 n_g 为何值，$\boldsymbol{\Phi}$ 中的各列不呈线性关系，$\boldsymbol{\Phi}$ 满秩，系统可直接辨识。因此只要外部输入信号 $r(k)$有足够的激励特性，系统就可直接辨识。

因直接辨识比间接辨识简单，当外部输入信号 $r(k)$有足够的激励特性时，系统亦可直接辨识，就没有必要讨论间接辨识了。

5.3 单输入/单输出最小方差自校正调节器

单输入/单输出受控系统的自校正调节器最早由 Astrom 和 Wittenmark 于 1973 年首先提出，结构如图 5.1 所示，它是以递推最小二乘法为参数估计方法和以输出量方差最小为控制目标的自校正调节器，当被估计的参数收敛时，即根据估计模型所得到的输出方差最小调节器，将收敛于受控系统参数已知时的输出方差最小调节器，这种调节器渐近最优。目前，最小方差自校正调节器已在许多不同的工业过程控制中得到了成功的应用。

最小方差控制的基本思想是这样的，由于系统中信号的传递存在着 d 步时滞，这就使得现时的控制作用 $u(k)$滞后 d 个采样周期才能对输出产生影响。因此，要获得输出量的最小方差，就必须对输出量提前 d 步进行预测，然后根据预测值来计算适当的控制作用 $u(k)$，以补偿随机扰动在$(k+d)$时刻对输出的影响。这样通过连续不断地进行预测和控制，也能始终保持输出量的稳态方差最小。

由此可见，要实现最小方差控制，关键在于预测，下面分别讨论预测模型和最小方差控制。

5.3.1 预测模型

设单输入/单输出系统模型为

$$A(q^{-1})y(k)=B(q^{-1})u(k-d)+C(q^{-1})\zeta(k) \tag{5.204}$$

式中，$A(q^{-1})$、$B(q^{-1})$、$C(q^{-1})$分别为 n_a、n_b、n_c 阶时滞算子多项式；d 为时滞时间，且

$$E\{\zeta(k)\}=0,\quad E\{\zeta(i)\zeta(j)\}=\begin{cases}\sigma^2, & i=j\\ 0, & i\neq j\end{cases} \tag{5.205}$$

假定 $C(q^{-1})$是 Hurwitz 多项式，即 $C(q^{-1})$的根完全位于单位圆内。记 $\hat{y}(k+i/k)$为 $k+i$时刻的预测输出，则

$$\tilde{y}(k+i/k)=y(k+i)-\hat{y}(k+i/k) \tag{5.206}$$

为 $k+i$ 时刻的预测误差。

定理 5.1 使预测误差的方差

$$J=E\{\tilde{y}^2(k+d/k)\} \tag{5.207}$$

最小的 d 步最优预测 $y^*(k+d/k)$必满足方程

$$C(q^{-1})y^*(k+d/k)=G(q^{-1})y(k)+F(q^{-1})u(k) \tag{5.208}$$

式中

$$F(q^{-1})=F'(q^{-1})B(q^{-1}) \tag{5.209}$$

$$C(q^{-1})=A(q^{-1})F'(q^{-1})+q^{-d}G(q^{-1}) \tag{5.210}$$

$$F'(q^{-1})=1+f'_1q^{-1}+\cdots+f'_{n_{f'}}q^{-n_{f'}},\quad n_{f'}=d-1 \tag{5.211}$$

$$G(q^{-1})=g_0+g_1q^{-1}+\cdots+g_{n_g}q^{-n_g},\quad n_g=n_a-1 \tag{5.212}$$

$$F(q^{-1})=f_0+f_1q^{-1}+\cdots+f_{n_f}q^{-n_f},\quad n_f=n_b+d-1 \tag{5.213}$$

这时，最优预测模型的方差为

$$E\{[\tilde{y}^*(k+d/k)]^2\}=\left(1+\sum_{i=1}^{d-1}f'^2_i\right)\sigma^2 \tag{5.214}$$

证明 根据式(5.204)和式(5.210)可得

$$y(k+d)=F'\zeta(k+d)+\frac{B}{A}u(k)+\frac{G}{A}\zeta(k) \tag{5.215}$$

由式(5.204)可得

$$\zeta(k)=\frac{A}{C}y(k)-\frac{B}{C}u(k-d) \tag{5.216}$$

将式(5.216)代入式(5.215)，再利用式(5.210)简化后得

$$y(k+d)=F'\zeta(k+d)+\frac{F}{C}u(k)+\frac{G}{C}y(k) \tag{5.217}$$

据最小化性能指标式(5.207)有

$$\begin{aligned}J&=E\{[y(k+d)-\hat{y}(k+d/k)]^2\}\\&=E\left\{\left[F'\zeta(k+d)+\frac{F}{C}u(k)+\frac{G}{C}y(k)-\hat{y}(k+d/k)\right]^2\right\}\\&=E\{[F'\zeta(k+d)]^2\}+E\left\{\left[\frac{F}{C}u(k)+\frac{G}{C}y(k)-\hat{y}(k+d/k)\right]^2\right\}\end{aligned} \tag{5.218}$$

上式第一项不可测，因此，欲使 J 最小，必须取 $\hat{y}(k+d/k)=y^*(k+d/k)$，这时可得式(5.208)，而且

$$J_{\min}=\{[F'\zeta(k+d)]^2\}=(1+\sum_{i=1}^{d-1}f'^2_i)\sigma^2 \tag{5.219}$$

式(5.217)称为预测模型，式(5.208)称为最优预测方程，式(5.210)称为 Diophantine 方程。当 $A(q^{-1})$、$B(q^{-1})$、$C(q^{-1})$和 d 已知时，可以通过 Diophantine 方程求得 $F'(q^{-1})$、$G(q^{-1})$。为了求解 $F'(q^{-1})$、$G(q^{-1})$，可令 Diophantine 方程两边 q^{-1}的同幂项系数相等。因此，求解最小方差预测的关键是求解 Diophantine 方程。

例 5.5 设受控系统的方程为

$$(1-0.9q^{-1})y(k)=0.5u(k-2)+(1+0.7q^{-1})\zeta(k) \tag{5.220}$$

其中，$n_a=1$，$n_b=0$，$n_c=1$，$E\{\zeta^2(k)\}=\sigma^2$。

根据式(5.210)有

$$(1+0.7q^{-1})=(1+f'_1q^{-1})(1-0.9q^{-1})+q^{-2}g_0 \tag{5.221}$$

比较式(5.221)两侧的系数，可得 $f'_1=1.6$，$g_0=0.9\times1.6=1.44$，由此可得系统的最优预测模型和预测误差的方差分别为

$$y^*(k+2/k)=\frac{1.44y(k)+(0.5+0.8q^{-1})u(k)}{1+0.7q^{-1}} \tag{5.222}$$

$$\begin{aligned}J&=E\{[\tilde{y}^*(k+2/k)]^2\}=E\{[(1+1.6q^{-1})\zeta(k+2)]^2\}\\&=(1+1.6)\sigma^2=3.56\sigma^2\end{aligned} \tag{5.223}$$

5.3.2 最小方差控制

定理 5.2 设受控系统的模型同式(5.204)

$$y(k)=\frac{B}{A}u(k-d)+\frac{C}{A}\zeta(k) \tag{5.224}$$

假设：

(1) 受控系统时滞时间 d 以及时滞算子多项式 A、B 和 C 的阶次和系数都是已知的；

(2) 式(5.224)所表示的系统是最小相位系统，即多项式 $B(q^{-1})$ 的所有零点都位于稳定区域；

(3) $C(q^{-1})$为稳定多项式，它的所有零点都位于稳定区域；

(4) $\{\zeta(k)\}$为白噪声序列，$E\{\zeta^2(k)\}=\sigma^2$，则使目标函数

$$J=E\{y^2(k+d)\} \tag{5.225}$$

最小的最小方差控制由最优预测方程

$$y^*(k+d/k)=\frac{Gy(k)+Fu(k)}{C}=0 \tag{5.226}$$

给出，即

$$u(k)=-\frac{G}{BF'}y(k)=-\frac{G}{F}y(k)=-\frac{1}{b_0}\left[\frac{G}{}y(k)+\sum_{i=1}^{n_b}b_iq^{-i}u(k)\right] \tag{5.227}$$

受控系统的最小方差为

$$y(k)=F'\zeta(k)=\zeta(k)+f'_1\zeta(k-1)+\cdots+f'_{d-1}\zeta(k-d+1) \tag{5.228}$$

式中，F'、G 和 F 仍满足恒等式(5.210)。

证明 受控系统输出量的方差为

$$J=E\{y^2(k+d)\}=E\left\{\left[\frac{Gy(k)+Fu(k)}{C}+F'\zeta(k+d)\right]^2\right\}$$
$$=E\left\{\left[\frac{Gy(k)+Fu(k)}{C}\right]^2\right\}+E\{[F'\zeta(k+d)]^2\}$$
$$\geqslant E\{[F'\zeta(k+d)]^2\} \tag{5.229}$$

要使式(5.229)的方差为最小，则不等式应取等号。

令

$$\frac{Gy(k)+Fu(k)}{C}=0$$

即

$$Gy(k)+Fu(k)=0 \tag{5.230}$$

从而可得最小方差的控制律为

$$u(k)=-\frac{G}{F}y(k)=-\frac{G}{BF'}y(k) \tag{5.231}$$

把式(5.231)代入式(5.204)容易得到闭环系统方程

$$\begin{cases} y(k)=\dfrac{CBF'}{ABF'+q^{-d}BG}\zeta(k)=F'(q^{-1})\zeta(k) \\ u(k)=-\dfrac{CG}{AF+q^{-d}BG}\zeta(k)=-\dfrac{G}{B}\zeta(k) \end{cases} \tag{5.232}$$

从式(5.232)可以看出，当 B 为不稳定多项式时，输出虽然有界，但对象输入将呈指数级增长并达到饱和，最后导致系统不稳定。

因此，采用最小方差控制时，要求对象必须是最小相位的。实质上，多项式 $B(q^{-1})$、$C(q^{-1})$的零点都是闭环系统的隐藏振型，为了保证闭环系统稳定，这些隐藏振型都必须是稳定振型。所以，最小方差控制只能用于最小相位系统(逆稳系统)，这是最小方差调节器的一个最主要的缺点。

它的另一个缺点是，最小方差控制对靠近单位圆的稳定零点非常灵敏，在设计时要加以注意。此外，当干扰方差较大时，由于需要一步完成校正，所以控制量的方差也很大，这将加速执行机构的磨损。有些对象也不希望调节过程过于猛烈，这也是最小方差控制的不足之处。

例 5.6 设受控系统的方程为

$$(1-0.9q^{-1})y(k)=0.5u(k-2)+(1+0.7q^{-1})\zeta(k) \tag{5.233}$$

其中，$n_a=1$，$n_b=0$，$n_c=1$，$E\{\zeta^2(k)\}=\sigma^2$。

根据例 5.5 可得 $f_1'=1.6$，$g_0=0.9\times1.6=1.44$。代入式(5.231)，则该系统最小方差控制律为

$$u(k)=-\frac{1.44y(k)}{0.5+0.8q^{-1}} \tag{5.234}$$

或

$$u(k)=-1.6u(k-1)-2.88y(k) \tag{5.235}$$

该系统输出误差的方差为

$$E\{[\tilde{y}^*(k+d/k)]^2\}=E\{[(1+1.6q^{-1})\zeta(k+2)]^2\}$$
$$=(1+1.6^2)\sigma^2=3.56\sigma^2 \tag{5.236}$$

5.3.3 具有参考输入增量最小方差控制

在前面讨论自校正调节器的基础上可以方便地引入参考输入信号 $r(k)$，这时自校正调节器的驱动信号不再是 $y(k)$，而是 $r(k)$、$y(k)$。为了使得输出信号 $y(k)$ 能复现输入信号 $r(k)$，自校正调节器的算法中加入了积分作用。新的算法如图 5.4 所示。

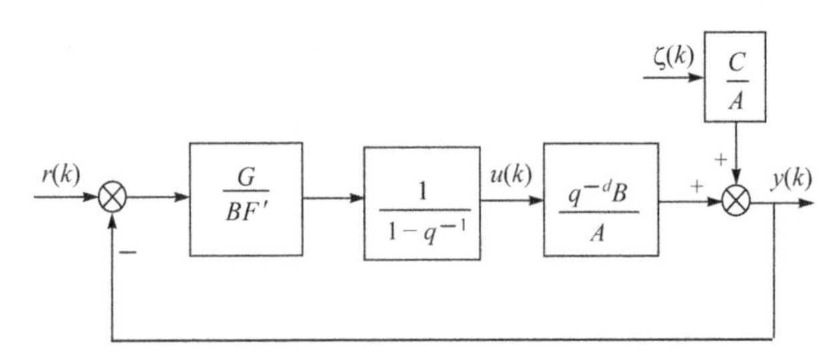

图 5.4 有参考输入增量作用的最小方差控制

其中

$$u(k)=\frac{G}{BF'(1-q^{-1})}[r(k)-y(k)] \tag{5.237}$$

式中，时滞算子多项式 G 和 F' 满足

$$C(q^{-1})=F'(q^{-1})(1-q^{-1})A(q^{-1})+q^{-d}G(q^{-1}) \tag{5.238}$$

由图 5.4 可得系统的闭环方程为

$$y(k)=\frac{G}{C}r(k-d)+(1-q^{-1})F'\zeta(k) \tag{5.239}$$

由上式可知，参考输入信号 $r(k)$ 的作用要经过 d 步延时才能在输出信号 $y(k)$ 中复现，其瞬态响应由传递函数 G/C 决定。

定义

$$y_r(k)=\frac{G}{C}r(k-d) \tag{5.240}$$

为输出信号 $y(k)$ 中由参考输入信号 $r(k)$ 所驱动的部分，将式(5.238)代入式(5.240)得

$$y_r(k)=r(k)-(1-q^{-1})\frac{F'A}{C}r(k) \tag{5.241}$$

由上式可知，若 $r(k)$ 为常数

$$(1-q^{-1})r(k)=0 \tag{5.242}$$

则

$$y_r(k)=r(k) \tag{5.243}$$

这说明修改后的算法能使系统的输出 $y(k)$ 较好地复现常数或缓慢变化的参考输入信号 $r(k)$。

5.4 单输入/单输出自校正控制器

在讨论自校正调节器时，没有考虑到控制项的约束，因而可能使控制作用超出允许的数

值。按照这种目标函数设计的自校正调节器不适用于非逆稳定的受控系统，为克服这些缺点，Clarke 和 Gawthrop 等于 1975 年提出了自校正控制器的算法。这种算法仍采用二次型的目标函数，但在目标函数中除引入伺服输入项外还引入了控制作用的加权项。因此，它除了有伺服功能外，还限制了控制作用不适当的增长。同时，若适当地选择控制权因子的大小，可以适用于非逆稳定系统。在算法方面，通过人为引入的辅助系统，仍保留了自校正调节器的简易算法，因此，受到了普遍重视。

5.4.1 加权最小方差控制

设系统模型为式(5.204)，目标函数为

$$J=E\{[P(q^{-1})y(k+d)-R(q^{-1})r(k)]^2+[\Lambda'(q^{-1})u(k)]^2\} \tag{5.244}$$

式中，P、R 和 Λ' 都是时滞算子 q^{-1} 的多项式，它们分别为系统输出 $y(k)$、伺服输入 $r(k)$ 和控制作用 $u(k)$ 的权因子，P 为首一多项式；$r(k)$ 是已知的伺服输入，设计的目的是选择控制规律使得式(5.244)的目标函数最小。

用直接求解的方法推导使上述目标函数最小的控制规律往往比较复杂，因此，Clarke 和 Gawthrop 等于 1975 年提出引入一个辅助系统的设计方法，把求解式(5.244)的目标函数最小转化为求解广义输出的方差最小。这样，就把自校正调节器的理论和方法推广到自校正控制器的设计中，使得本来比较复杂的问题大为简化了。

定义的辅助系统为

$$w(k+d)=P(q^{-1})y(k+d)-R(q^{-1})r(k)+\Lambda(q^{-1})u(k) \tag{5.245}$$

式中，$w(k+d)$ 称为广义输出；$\Lambda(q^{-1})$ 为

$$\Lambda(q^{-1})=\frac{\lambda_0'}{b_0}\Lambda'(q^{-1}) \tag{5.246}$$

式中，λ_0' 是多项式 $\Lambda'(q^{-1})$ 的常数项；b_0 是多项式 $B(q^{-1})$ 的常数项。

针对式(5.245)，寻求允许控制 $u(k)$，使得广义输出 $w(k+d)$ 的方差

$$J=E\{[w(k+d)]^2\} \tag{5.247}$$

最小，这就与自校正调节器类似，成为寻求最小方差控制规律的问题，这是很容易求解的。而且上述方法所求得的控制规律 $u(k)$ 就是使目标函数式(5.244)最小的控制规律，这样的控制规律称为加权最小方差控制规律。为证明上述结果，有下述定理。

定理 5.3 对于式(5.204)所示的系统模型，寻求使目标函数(5.244)极小的容许控制规律，等价于由辅助系统模型式(5.245)寻求使目标函数式(5.247)为极小值的加权最小方差控制规律，与最小方差控制类似，这个规律由广义输出最优预测模型

$$w^*(k+d/k)=Py^*(k+d/k)+\Lambda u(k)-Rr(k)=0 \tag{5.248}$$

给出，即

$$u(k)=\frac{Rr(k)-Py^*(k+d/k)}{\Lambda} \tag{5.249}$$

证明 由定理 5.1 知，$y^*(k+d/k)$ 是 d 步输出最优预测值，最优预测误差为

$$\tilde{y}^*(k+d/k)=y(k+d)-y^*(k+d/k)=F'\zeta(k+d) \tag{5.250}$$

将式(5.250)代入式(5.245)得

$$w(k+d)=P[y^*(k+d/k)+\tilde{y}^*(k+d/k)]-Rr(k)+\Lambda u(k) \\ =w^*(k+d/k)+PF'\zeta(k+d) \tag{5.251}$$

将式(5.251)代入式(5.247)得

$$J=E\{[w(k+d)]^2\}=E\{[PF'\zeta(k+d)]^2\}+E\{[\omega^*(k+d/k)]^2\} \\ \geqslant E\{[PF'\zeta(k+d)]^2\} \tag{5.252}$$

要使上式最小,不等式应取等号,故有式(5.248)成立,由此可得广义最小方差控制律为式(5.249)。为进一步验证上述广义最小方差控制规律能使系统原目标函数式(5.244)最小,将

$$y(k+d)=y^*(k+d/k)+\tilde{y}^*(k+d/k) \tag{5.253}$$

代入式(5.244)得

$$J=E\{[Py^*(k+d/k)+\tilde{y}^*(k+d/k)-Rr(k)]^2+[\Lambda'u(k)]^2\} \\ =E\{[Py^*(k+d/k)-Rr(k)]^2\}+E\{[\Lambda'u(k)]^2\}+E\{[P\tilde{y}^*(k+d/k)]^2\} \tag{5.254}$$

将式(5.254)对 $u(k)$ 求偏导,得

$$\frac{\partial J}{\partial u(k)}=2[Py^*(k+d/k)-Rr(k)]\frac{\partial[Py^*(k+d/k)]}{\partial u(k)}+2[\Lambda'u(k)]\frac{\partial[\Lambda'u(k)]}{\partial u(k)} \tag{5.255}$$

式中

$$\frac{\partial[Py^*(k+d/k)]}{\partial u(k)}=b_0 \tag{5.256}$$

$$\frac{\partial[\Lambda'u(k)]}{\partial u(k)}=\lambda_0' \tag{5.257}$$

将式(5.256)和式(5.257)代入式(5.255),并令其为 0,可得使目标函数式(5.244)为极小值的必要条件为

$$Py^*(k+d/k)-Rr(k)+\Lambda u(k)=0 \tag{5.258}$$

由此可得式(5.249)。

如果据式(5.208)可得

$$u(k)=\frac{CRr(k)-Gy(k)}{C\Lambda+BF'} \tag{5.259}$$

使目标函数式(5.244)为极小值的充分条件是

$$\frac{\partial^2 J}{\partial u^2(k)}=b_0^2+\lambda_0'^2>0 \tag{5.260}$$

因此,由式(5.248)和式(5.259)所表达的控制规律能保证系统的目标函数式(5.244)为极小值,而且与广义输出最小方差所求得的控制规律是一致的。

例 5.7 设有二阶逆稳定受控系统

$$y(k)=1.5y(k-1)-0.7y(k-2)+u(k-1)+0.5u(k-2)+\zeta(k)-0.5\zeta(k-1)$$

目标函数为

$$J=E\{[y(k-1)-r(k)]^2+0.5^2u^2(k)\}$$

设计其自校正控制器的控制规律。

由题意知

$$A=1-1.5q^{-1}+0.7q^{-2},\quad n_a=2$$
$$B=1+0.5q^{-1},\quad n_b=1$$
$$C=1-0.5q^{-1},\quad n_c=1$$
$$d=1,\quad P=1,\quad R=1,\quad \Lambda'=\lambda_0{}'=0.5$$

因时滞 $d=1$,故 $F'=1$。再利用下列恒等式

$$\Lambda=\frac{\lambda_0{}'}{b_0}\Lambda'$$
$$F=BF'$$
$$C=AF'+q^{-d}G$$

可以分别求出

$$\Lambda=0.5$$
$$F=BF'=1+0.5q^{-1}$$
$$G=1-0.7q^{-1}$$

由式(5.259)即可求出控制规律

$$u(k)=\frac{-1}{1.5}[y(k)-0.7y(k-1)+0.25u(k-1)-r(k)+0.5r(k-1)]$$

例 5.8 设有一个稳定而非逆稳定受控系统

$$y(k)=0.95y(k-1)+u(k-2)+2u(k-3)+\zeta(k)-0.7\zeta(k-1)$$

目标函数

$$J=E\{[y(k+2)-r(k)]^2+[\Lambda'u(k)]^2\}$$

确定参数 Λ' 及自适应控制规律 $u(k)$。

由题意知

$$A=1-0.95q^{-1},\quad n_a=1$$
$$B=1+2q^{-1},\quad n_b=1$$
$$C=1-0.7q^{-1},\quad n_c=1$$
$$d=2,\quad P=1,\quad R=1$$

因为 $d=2$,故 $\deg F'=1$,则

$$F'=1+f_1'q^{-1}$$

因 $n_a=1$,故 $\deg G=0$,则

$$G=g_0$$

又由于受控系统是非逆稳定系统,因而需要通过特征方程确定控制权因子 Λ',令

$$T=(1-0.95q^{-1})\times\Lambda+1+2q^{-1}=0$$

$$q^{-1}=-\frac{\Lambda+1}{2-0.95\Lambda}$$

当特征方程的所有根均大于 1 时,则闭环系统稳定,所以要求

$$\left|\frac{\Lambda+1}{2-0.95\Lambda}\right|>1$$

由此求得

$$\Lambda > 0.514$$

$$\Lambda' = \sqrt{0.514} = 0.72$$

利用

$$C = AF' + q^{-d}G$$

$$F = BF'$$

可以求出

$$F' = 1 + 0.25q^{-1}$$

$$G = g_0 = 0.24$$

$$F = BF' = 1 + 2.25q^{-1} + 0.5q^{-2}$$

据式(5.259)即可求出控制规律

$$u(k) = \frac{1}{1.51}[r(k) - 0.7r(k-1) - 1.9u(k-1) - 0.5u(k-2) - 0.24y(k)]$$

5.4.2 自校正控制系统的闭环稳定性质

系统的闭环方程为

$$y(k) = \frac{q^{-d}BR}{A\Lambda + PB}r(k) + \frac{C\Lambda + BF'}{A\Lambda + PB}\zeta(k) \tag{5.261}$$

闭环系统的特征方程为

$$T = A\Lambda + PB = 0 \tag{5.262}$$

在特征方程中，控制因子 Λ 的选择对系统的稳定性起着重要的作用。

(1) 当 $\Lambda = 0$ 时，目标函数中便不包含控制作用 $u(k)$ 的约束，这时，系统闭环特征方程退化为

$$T = PB = 0 \tag{5.263}$$

由式(5.263)可见，多项式 B 的零点成为闭环系统特征方程的根，故当受控系统为非逆稳定系统时，闭环系统就不稳定了。实际上，当目标函数式(5.244)中不包含控制作用项时，加权最小方差控制就退化为最小方差控制，即自校正控制器问题退化为自校正调节器问题。

(2) 将 $\Lambda = \lambda_0$ 代入式(5.259)，控制作用为

$$u(k) = \frac{CRr(k) - PGy(k)}{\lambda_0 C + BF'} \tag{5.264}$$

由于控制权因子在上式的分母上，当 λ_0 选得足够大时，控制作用就不会发生过大的现象。这时的闭环特征方程为

$$T = A\lambda_0 + PB = 0 \tag{5.265}$$

故只要适当选择 λ_0 和多项式 P，即可获得所希望的闭环特征方程。

综上所述，在目标函数式(5.244)中适当选择控制权因子的大小，加权最小方差控制不仅对控制作用有约束，而且适用于非逆稳定的受控系统，因而具有广泛的适应能力。

5.5 极点配置自校正控制技术

前面讨论的自校正调节器和自校正控制器是以使受控系统的输出方差最小，或者使广

义输出的方差最小来求取控制规律的。它们都是以某种形式的二次型最优化指标作为自己的控制目标。这样,虽然从理论上讲是以某种指标为最优的,但实际应用并不一定理想,特别是对于非逆稳定的受控系统的自校正控制系统,很难做到既保证静态指标的最优,又有较好的鲁棒性。

鉴于最小方差控制自校正技术存在上述缺点,在20世纪70年代中期和后期 Edmunds 等相继提出了极点配置自校正控制技术的设计方法。这一方法相对于最小方差控制技术来说,虽然并不是以寻求某一目标函数最优化为控制目的,但是系统的闭环极点是按工艺要求配置的,因此,它可以获得设计者所希望的动态响应,而且比较简易直观,鲁棒性也好。

5.5.1 参数已知时的极点配置调节器

设单输入/单输出系统模型为

$$A(q^{-1})y(k)=B(q^{-1})u(k-d)+C(q^{-1})\zeta(k) \tag{5.266}$$

式中,$A(q^{-1})$、$B(q^{-1})$、$C(q^{-1})$分别为 n_a、n_b、n_c 阶时滞算子多项式;d 为时滞时间,且

$$E\{\zeta(k)\}=0,\quad E\{\zeta(i)\zeta(j)\}=\begin{cases}\sigma^2, & i=j\\ 0, & i\neq j\end{cases} \tag{5.267}$$

系统的反馈控制规律为

$$u(k)=-\frac{G}{F}y(k) \tag{5.268}$$

$$G(q^{-1})=g_0+g_1q^{-1}+\cdots+g_{n_g}q^{-n_g},\quad n_g=n_a-1 \tag{5.269}$$

$$F(q^{-1})=f_0+f_1q^{-1}+\cdots+f_{n_f}q^{-n_f},\quad n_f=n_b+d-1 \tag{5.270}$$

则它的闭环方程为

$$y(k)=\frac{CF}{AF+q^{-d}BG}\zeta(k) \tag{5.271}$$

式中,G 和 F 的系数由恒等式

$$AF+q^{-d}BG=CT \tag{5.272}$$

给出,其中首一多项式 $T(q^{-1})$ 为期望的闭环极点方程

$$T(q^{-1})\triangleq T=1+t_1q^{-1}+\cdots+t_{n_t}q^{-n_t},\quad n_t\leqslant n_a+n_b+d-n_c-1 \tag{5.273}$$

根据式(5.272)的关系,式(5.271)和式(5.268)可以写为

$$y(k)=\frac{F}{T}\zeta(k),\quad u(k)=-\frac{G}{T}\zeta(k) \tag{5.274}$$

从式(5.272)和式(5.274)可以看出,输出变量 $y(k)$ 的方差主要由多项式 $T(q^{-1})$ 决定,由于 $B(q^{-1})$ 不是闭环特征方程的因子,所以极点配置调节器可用于非逆稳定受控系统。

例 5.9 设受控系统方程为

$$y(k)-a_1y(k-1)=b_0u(k-1)+\zeta(k)$$

选闭环期望极点方程为

$$T=1+t_1q^{-1}$$

试确定调节器的输出方差。

据式(5.269)、式(5.270)有 $n_f=0$,$n_g=0$,故根据式(5.272)有

$$(1+a_1q^{-1})+q^{-1}b_0g_0=1+t_1q^{-1}$$

比较上述方程两侧的系数可得

$$g_0=\frac{t_1-a_1}{b_0}$$

因此，可得

$$y(k)=\frac{1}{1+t_1q^{-1}}\zeta(k)$$

$$u(k)=-\frac{a_1-t_1}{b_0(1+t_1q^{-1})}\zeta(k)$$

由此可得闭环系统的输出方差为

$$E\{y^2(k)\}=\frac{\sigma^2}{1-t_1^2}$$

式中，$\sigma^2=E\{\zeta^2(k)\}$。

例 5.10 设有一不稳定亦非逆稳定受控系统方程为

$$y(k)-y(k-1)=u(k-2)+1.5u(k-3)+\zeta(k)-0.2\zeta(k-1)$$

选闭环期望极点方程为

$$T=1-0.5q^{-1}$$

试确定调节器的输出方程。

由题意知 $n_a=1,n_b=1,n_c=1,d=2$，故 $n_g=n_a-1=0$ ，$n_f=n_b+d-1=2$。根据式(5.272)有

$$\begin{aligned}&(1-q^{-1})(1+f_1q^{-1}+f_2q^{-2})+q^{-2}(1+1.5q^{-1})g_0\\&=(1-0.2q^{-1})(1-0.5q^{-1})\end{aligned}$$

比较上述方程两侧的系数可得 $g_0=0.16$ ，$f_1=0.3$ ，$f_2=0.24$。

根据式(5.274)可得

$$y(k)=\frac{1+0.3q^{-1}+0.24q^{-2}}{1-0.5q^{-1}}\zeta(k)$$

$$u(k)=-\frac{0.16}{1-0.5q^{-1}}\zeta(k)$$

从例 5.9、例 5.10 可以看出，在受控系统为不稳定亦非逆稳定受控系统的条件下，为保证闭环系统的稳定性，极点配置不需要试凑任何系数。

5.5.2 加权最小方差自校正控制器的极点配置

前面讨论的自校正控制器，其目标函数中的权多项式一般是直接指定的，如果采用闭环极点配置的方法，根据期望的闭环极点多项式来进行设计，则可以改进控制器的性能参数，使整个系统有更合乎期望的动态响应。

在定理 5.3 中已经证明，参数已知的受控系统模型为

$$y(k)=q^{-d}\frac{B}{A}u(k)+\frac{C}{A}\zeta(k) \tag{5.275}$$

寻求目标函数

$$J=E\{[Py(k+d)-Rr(k)]^2+[\Lambda'u(k)]^2\} \tag{5.276}$$

极小的允许控制规律，等价于对广义输出模型

$$w(k+d)=Py(k+d)-Rr(k)+\Lambda u(k),\quad \Lambda=\frac{\lambda_0'}{b_0}\Lambda' \tag{5.277}$$

寻求目标函数

$$J=E\{w^2(k+d)\} \tag{5.278}$$

为极小的加权最小方差控制规律，这个控制规律由广义最优预测模型

$$w^*(k+d/k)=Py^*(k+d/k)-Rr(k)+\Lambda u(k) \tag{5.279}$$

给出，式中

$$y^*(k+d/k)=\frac{G}{C}y(k)+\frac{F}{C}u(k) \tag{5.280}$$

控制规律为

$$u(k)=\frac{CRr(k)-PGy(k)}{C\Lambda+BF'} \tag{5.281}$$

这时的闭环系统特征方程为

$$A\Lambda+PB=0 \tag{5.282}$$

从极点配置的观点来看，就是使上述特征方程等价于期望的闭环特征方程 T，即满足

$$A\Lambda+PB=T \tag{5.283}$$

从而求出多项式 Λ 和 P。通常为了保证伺服跟踪的精度，一般选择 P 和 R 相等。

显然，为了使式(5.283)有唯一解，对多项式 Λ 和 P 的阶次采取如下规定

$$\begin{cases}\deg\Lambda=\deg B-1\\ \deg P=\deg A-1\\ \deg T\leqslant\deg A+\deg B-1\end{cases} \tag{5.284}$$

若式(5.283)成立，则控制器的闭环方程可表示为

$$y(k)=\frac{q^{-d}BR}{T}r(k)+\frac{C\Lambda+PF}{T}\zeta(k) \tag{5.285}$$

这样系统就达到了极点配置的期望目的。

例 5.11 设有一个开环不稳定也非逆稳定的受控系统，其模型为

$$y(k)-y(k-1)=u(k-2)+1.5u(k-3)+\zeta(k)-0.2\zeta(k-1)$$

设期望的闭环极点多项式为 $T=5-2.5q^{-1}$，试求该系统的自校正控制律。

根据题意有

$$\begin{aligned}&d=2\\&A=1-q^{-1},\quad n_a=1\\&B=1+1.5q^{-1},\quad n_b=1\\&C=1-0.2q^{-1},\quad n_c=1\\&T=5-2.5q^{-1}\end{aligned}$$

则有

$$\begin{aligned}&\deg\Lambda=\deg B-1=0,\quad \Lambda=\lambda_0\\&\deg P=\deg A-1=0,\quad P=P_0=1\end{aligned}$$

由式(5.283)有

$$(1-q^{-1})\lambda_0+(1+1.5q^{-1})=5-2.5q^{-1}$$

求得 $\lambda_0=4$。由恒等式

$$PC=AF'+q^{-d}G$$

求得

$$G=g_0=0.8,\quad F'=1+0.8q^{-1},\quad F=BF'=1+2.3q^{-1}+1.2q^{-2}$$

将所求得的多项式代入式(5.281),即得该系统的自校正控制规律为

$$u(k)=0.2r(k)-0.04r(k-1)-0.16y(k)-0.3u(k-1)-0.24u(k-2)$$

第6章 模型参考自适应控制研究进展

自适应控制系统通过对控制器参数的自动调整来适应由负载变化、系统老化、故障及外部扰动引起的系统参数、结构以及环境的不确定性。为了实现理想的系统性能(在系统存在大的参数不确定性时,仍能保持其稳定以及渐近跟踪性能),自适应控制方法需要依赖于反馈控制和参数估计。与其他反馈控制方法相比,自适应控制方法的优越性在于其控制自适应的能力,可以有效地处理系统的不确定性。目前,自适应控制理论与应用已取得了重大进展。

自适应控制器的设计可分为直接自适应方法(控制器参数是直接估计获得的)和间接自适应方法(控制器参数是基于系统参数的估计值间接计算获得的)。自适应控制器基于等价性原则设计,即针对具有不确定性参数的系统,自适应参数估计值代替参数真值用于反馈控制器的设计。需要合理地选择自适应控制器的结构及其自适应律,以便于等价性原则的成功实现。

模型参考自适应控制(Model Reference Adaptive Control,MRAC)采用一种独特的反馈控制器结构,可保证闭环系统和选定的参考模型系统相匹配,且其自适应律可以基于系统性能误差调整控制器的参数,以确保系统在存在系统参数不确定的情况下,仍能保证系统稳定性及系统信号渐近跟踪某个选定的参考信号。

建立模型参考自适应控制系统可以采用三种不同的方式:①应用状态反馈的方法实现状态跟踪;②应用状态反馈的方法实现输出跟踪;③应用输出反馈的方法实现输出跟踪。而输出跟踪的设计既可针对连续系统也可针对离散系统。模型参考自适应控制系统的设计与分析具有很多要点和技术。本章针对单输入系统介绍一些直接MRAC和间接MRAC的基本设计技术和性质(针对多输入/多输出系统的相关设计,参见文献[7])。

本章结构如下:6.1节介绍连续系统的状态反馈状态跟踪的MRAC设计及稳定性分析;6.2节介绍连续系统和离散系统的状态反馈输出跟踪的MRAC方法;6.3节介绍连续系统的输出反馈输出跟踪MRAC设计,此方法可以直接推广到离散系统,对输出跟踪设计的稳定性分析请参见文献[7];注意,6.1~6.3节介绍的是直接自适应控制,即通过自适应律直接更新控制器参数;6.4节介绍相对阶为1的系统的自适应控制设计;6.5节介绍两种间接自适应控制,即状态反馈状态跟踪和输出反馈输出跟踪,这种自适应控制系统的控制器参数是基于系统参数自适应的估计值间接计算获得的;6.6节介绍一些典型的自适应控制系统设计实例。

6.1 状态反馈状态跟踪的MRAC

考虑线性时不变系统(被控对象)

$$\dot{\boldsymbol{x}}(t)=\boldsymbol{A}\boldsymbol{x}(t)+\boldsymbol{b}\boldsymbol{u}(t), \quad \boldsymbol{x}(t)\in R^n, \quad \boldsymbol{u}(t)\in R \tag{6.1}$$

式中，$\boldsymbol{A}\in R^{n\times n}$，$\boldsymbol{b}\in R^{n}$ 是未知的常值参数矩阵。对于状态反馈设计，状态向量 $\boldsymbol{x}(t)$是假设可测的。

控制目标：通过设计一个状态反馈控制律以获得被控对象的输入信号$\boldsymbol{u}(t)$，保证闭环系统所有信号有界且其状态 $\boldsymbol{x}(t)$渐近跟踪一个参考系统状态信号 $\boldsymbol{x}_m(t)$，这里 $\boldsymbol{x}_m(t)$由一个选定的参考模型系统产生

$$\dot{\boldsymbol{x}}_m(t)=\boldsymbol{A}_m\boldsymbol{x}_m(t)+\boldsymbol{b}_m\boldsymbol{r}(t),\quad \boldsymbol{x}_m(t)\in R^n,\quad \boldsymbol{r}(t)\in R \tag{6.2}$$

式中，$\boldsymbol{A}_m\in R^{n\times n}$，$\boldsymbol{b}_m\in R^n$ 为已知的常值矩阵，矩阵 $\boldsymbol{A}_m$ 的特征值位于左半复平面；$\boldsymbol{r}(t)$ 是一个有界的参考输入信号。

为了实现这样的控制目标，作如下假设。

假设 6.1　存在一个常值向量 $\boldsymbol{k}_1^*\in R^n$ 和一个常值标量 $k_2^*\in R$，满足

$$\boldsymbol{A}+\boldsymbol{b}\boldsymbol{k}_1^{*\mathrm{T}}=\boldsymbol{A}_m,\quad \boldsymbol{b}k_2^*=\boldsymbol{b}_m \tag{6.3}$$

假设 6.2　常数 k_2^* 的符号 $\mathrm{sign}[k_2^*]$是已知的。

假设 6.1 是设计理想控制器所需的匹配条件；假设 6.2 是设计自适应律以实现参数 $\boldsymbol{k}_1^*$ 和 k_2^* 的估计所需要的附加条件。

理想控制器设计：若已知参数 $\boldsymbol{A}$ 和 $\boldsymbol{b}$，且满足匹配条件式(6.3)，则理想控制律为

$$\boldsymbol{u}(t)=\boldsymbol{k}_1^{*\mathrm{T}}\boldsymbol{x}(t)+k_2^*\boldsymbol{r}(t) \tag{6.4}$$

可实现期望的控制目标，即闭环系统满足

$$\dot{\boldsymbol{x}}(t)=\boldsymbol{A}\boldsymbol{x}(t)+\boldsymbol{b}[\boldsymbol{k}_1^{*\mathrm{T}}\boldsymbol{x}(t)+k_2^*\boldsymbol{r}(t)]=\boldsymbol{A}_m\boldsymbol{x}(t)+\boldsymbol{b}_m\boldsymbol{r}(t) \tag{6.5}$$

可见，状态向量 $\boldsymbol{x}(t)$是有界的，式(6.4)中的控制输入 $\boldsymbol{u}(t)$也是有界的，并且跟踪误差信号 $\boldsymbol{e}(t)=\boldsymbol{x}(t)-\boldsymbol{x}_m(t)$满足

$$\dot{\boldsymbol{e}}(t)=\boldsymbol{A}_m\boldsymbol{e}(t),\quad \boldsymbol{e}(0)=\boldsymbol{x}(0)-\boldsymbol{x}_m(0) \tag{6.6}$$

因此，误差信号指数衰减到 0，即$\lim\limits_{t\to\infty}\boldsymbol{e}(t)=0$。显然，即使已知参数 $\boldsymbol{A}$ 和 $\boldsymbol{b}$，匹配条件式(6.3)也是理想控制律(6.4)实现期望的控制目标所必需的。这样的匹配条件使得闭环系统传递函数与参考模型系统(6.2)相匹配。

自适应控制设计：当系统参数 $\boldsymbol{A}$ 和 $\boldsymbol{b}$ 未知时，$\boldsymbol{k}_1^*$，k_2^* 的值未知，因此理想控制律(6.4)不可实现。在这种情况下，设计如下形式的自适应控制律

$$\boldsymbol{u}(t)=\boldsymbol{k}_1^{\mathrm{T}}(t)\boldsymbol{x}(t)+k_2(t)\boldsymbol{r}(t) \tag{6.7}$$

式中，$\boldsymbol{k}_1(t)$和 $k_2(t)$为参数 $\boldsymbol{k}_1^*$ 和 k_2^* 的估计值。现在的任务是选择某种自适应律来更新控制器参数 $\boldsymbol{k}_1(t)$和 $k_2(t)$，从而使系统在存在不确定参数 $\boldsymbol{A}$ 和 $\boldsymbol{b}$ 时仍能实现上述控制目标。

为了更新 $\boldsymbol{k}_1(t)$和 $k_2(t)$，选择如下自适应律

$$\dot{\boldsymbol{k}}_1(t)=-\mathrm{sign}[k_1^*]\boldsymbol{\Gamma}\boldsymbol{x}(t)\boldsymbol{e}^{\mathrm{T}}(t)\boldsymbol{P}\boldsymbol{b}_m \tag{6.8}$$

$$\dot{k}_2(t)=-\mathrm{sign}[k_2^*]\gamma\boldsymbol{r}(t)\boldsymbol{e}^{\mathrm{T}}(t)\boldsymbol{P}\boldsymbol{b}_m \tag{6.9}$$

式中，$\boldsymbol{\Gamma}\in R^{n\times n}$满足$\boldsymbol{\Gamma}=\boldsymbol{\Gamma}^{\mathrm{T}}>0$；$\gamma>0$ 为自适应增益；$\boldsymbol{P}\in R^{n\times n}$满足 $\boldsymbol{P}=\boldsymbol{P}^{\mathrm{T}}>0$，且

$$\boldsymbol{P}\boldsymbol{A}_m+\boldsymbol{A}_m^{\mathrm{T}}\boldsymbol{P}=-\boldsymbol{Q} \tag{6.10}$$

式中，$\boldsymbol{Q}\in R^{n\times n}$为选定的常值矩阵，满足 $\boldsymbol{Q}=\boldsymbol{Q}^{\mathrm{T}}>0$。$k_2^*$ 的符号 $\mathrm{sign}[k_2^*]$已知(见假设 6.2)。

式(6.8)和式(6.9)等价于

$$\boldsymbol{k}_1(t)=\boldsymbol{k}_1(0)-\int_0^t\mathrm{sign}[k_2^*]\boldsymbol{\Gamma}\boldsymbol{x}(\tau)\boldsymbol{e}^{\mathrm{T}}(\tau)\boldsymbol{P}\boldsymbol{b}_m\mathrm{d}\tau \tag{6.11}$$

$$k_2(t)=k_2(0)-\int_0^t \operatorname{sign}[k_2^*]\gamma\, r(\tau)\boldsymbol{e}^{\mathrm{T}}(\tau)\boldsymbol{P}\boldsymbol{b}_m \mathrm{d}\tau \tag{6.12}$$

式中，$k_1(0)$和$k_2(0)$为$\boldsymbol{k}_1^*$和k_2^*的任意初始估计值。即实际上使用式(6.11)和式(6.12)计算自适应参数估计值$k_1(t)$和$k_2(t)$，以实现自适应控制律(6.7)。

稳定性分析：为了分析上述自适应控制系统，定义参数误差

$$\tilde{\boldsymbol{k}}_1(t)=\boldsymbol{k}_1(t)-\boldsymbol{k}_1^*,\quad \tilde{k}_2(t)=k_2(t)-k_2^* \tag{6.13}$$

由式(6.1)、式(6.3)、式(6.7)可得闭环系统

$$\begin{aligned}\dot{\boldsymbol{x}}(t)&=\boldsymbol{A}\boldsymbol{x}(t)+\boldsymbol{b}[\boldsymbol{k}_1^{\mathrm{T}}(t)\boldsymbol{x}(t)+k_2(t)\boldsymbol{r}(t)]\\&=\boldsymbol{A}_m\boldsymbol{x}(t)+\boldsymbol{b}_m\boldsymbol{r}(t)+\boldsymbol{b}_m\left[\frac{1}{k_2^*}\tilde{\boldsymbol{k}}_1^{\mathrm{T}}(t)\boldsymbol{x}(t)+\frac{1}{k_2^*}\tilde{k}_2(t)\boldsymbol{r}(t)\right]\end{aligned} \tag{6.14}$$

用式(6.14)减去式(6.2)可得跟踪误差方程

$$\dot{\boldsymbol{e}}(t)=\boldsymbol{A}_m\boldsymbol{e}(t)+\boldsymbol{b}_m\left[\frac{1}{k_2^*}\tilde{\boldsymbol{k}}_1^{\mathrm{T}}(t)\boldsymbol{x}(t)+\frac{1}{k_2^*}\tilde{k}_2(t)\boldsymbol{r}(t)\right] \tag{6.15}$$

选取正定函数

$$V(\boldsymbol{e},\tilde{\boldsymbol{k}}_1,\tilde{k}_2)=\boldsymbol{e}^{\mathrm{T}}\boldsymbol{P}\boldsymbol{e}+\frac{1}{|k_2^*|}\tilde{\boldsymbol{k}}_1^{\mathrm{T}}\boldsymbol{\Gamma}^{-1}\tilde{\boldsymbol{k}}_1+\frac{1}{|k_2^*|}\tilde{k}_2^2\gamma^{-1} \tag{6.16}$$

作为系统误差信号$\boldsymbol{e}(t)$、$\tilde{\boldsymbol{k}}_1(t)$、$\tilde{k}_2(t)$的度量，其中，$\boldsymbol{\Gamma}\in R^{n\times n}$满足$\boldsymbol{\Gamma}=\boldsymbol{\Gamma}^{\mathrm{T}}>0$，$\gamma>0$，$\boldsymbol{P}\in R^{n\times n}$满足$\boldsymbol{P}=\boldsymbol{P}^{\mathrm{T}}>0$。

$V(\boldsymbol{e},\tilde{\boldsymbol{k}}_1,\tilde{k}_2)$的时间导数为

$$\begin{aligned}\dot{V}&=\frac{\mathrm{d}}{\mathrm{d}t}V=\left(\frac{\partial V}{\partial \boldsymbol{e}}\right)^{\mathrm{T}}\dot{\boldsymbol{e}}(t)+\left(\frac{\partial V}{\partial \tilde{\boldsymbol{k}}_1}\right)^{\mathrm{T}}\dot{\tilde{\boldsymbol{k}}}_1(t)+\frac{\partial V}{\partial \tilde{k}_2}\dot{\tilde{k}}_2(t)\\&=2\boldsymbol{e}^{\mathrm{T}}(t)P\dot{\boldsymbol{e}}(t)+\frac{2}{|k_2^*|}\tilde{\boldsymbol{k}}_1^{\mathrm{T}}(t)\boldsymbol{\Gamma}^{-1}\dot{\tilde{k}}_1(t)+\frac{2}{|k_2^*|}\tilde{k}_2(t)\gamma^{-1}\dot{\tilde{k}}_2(t)\end{aligned} \tag{6.17}$$

将式(6.15)和式(6.10)代入式(6.17)可得

$$\begin{aligned}\dot{V}=&-\boldsymbol{e}^{\mathrm{T}}(t)\boldsymbol{Q}\boldsymbol{e}(t)+\boldsymbol{e}^{\mathrm{T}}(t)\boldsymbol{P}\boldsymbol{b}_m\frac{2}{k_2^*}\tilde{\boldsymbol{k}}_1^{\mathrm{T}}(t)\boldsymbol{x}(t)+\boldsymbol{e}^{\mathrm{T}}(t)\boldsymbol{P}\boldsymbol{b}_m+\frac{2}{k_2^*}\tilde{k}_2(t)\boldsymbol{r}(t)\\&+\frac{2}{|k_2^*|}\tilde{\boldsymbol{k}}_1^{\mathrm{T}}(t)\boldsymbol{\Gamma}^{-1}\dot{\tilde{\boldsymbol{k}}}_1(t)+\frac{2}{|k_2^*|}\tilde{k}_2(t)\gamma^{-1}\dot{\tilde{k}}_2(t)\end{aligned} \tag{6.18}$$

由于$\boldsymbol{k}_1^*$和k_2^*为常值，所以$\dot{\tilde{\boldsymbol{k}}}_1(t)=\dot{\boldsymbol{k}}_1(t)$，$\dot{\tilde{k}}_2(t)=\dot{k}_2(t)$，且$\dot{\boldsymbol{k}}_1(t)$和$\dot{k}_2(t)$满足式(6.8)和式(6.9)，故式(6.18)变为

$$\dot{V}=-\boldsymbol{e}^{\mathrm{T}}(t)\boldsymbol{Q}\boldsymbol{e}(t)\leqslant 0 \tag{6.19}$$

因此，V为时间t的不增函数。由式(6.19)得$\boldsymbol{x}(t)$、$k_2(t)$、$\boldsymbol{k}_1(t)$都是有界的，式(6.7)中的$\boldsymbol{u}(t)$和式(6.15)中的$\boldsymbol{e}(t)$也都是有界的。

信号有界也可表述为该信号属于L^∞信号空间，即若

$$\sup_{t\geqslant 0}\|\boldsymbol{z}(t)\|_\infty=\sup_{t\geqslant 0}\max_{1\leqslant i\leqslant n}|z_i(t)|<\infty$$

则

$$\boldsymbol{z}(t)=[z_1(t),\cdots,z_n(t)]^{\mathrm{T}}\in L^\infty$$

由式(6.19)可知

$$\dot{V}=-\boldsymbol{e}^{\mathrm{T}}(t)\boldsymbol{Q}\boldsymbol{e}(t)\leqslant-\lambda_m\boldsymbol{e}^{\mathrm{T}}(t)\boldsymbol{e}(t) \tag{6.20}$$

式中，$\lambda_m>0$ 是 $\boldsymbol{Q}$ 的最小特征值。因此

$$\int_0^{\infty}[\boldsymbol{e}^{\mathrm{T}}(t)\boldsymbol{e}(t)]\mathrm{d}t\leqslant\frac{1}{\lambda_m}[V(\boldsymbol{e}(0),\tilde{\boldsymbol{k}}_1(0),\tilde{k}_2(0)]-V[\boldsymbol{e}(\infty),\tilde{\boldsymbol{k}}_1(\infty),\tilde{k}_2(\infty)]<\infty \tag{6.21}$$

即 $\boldsymbol{e}(t)\in L^2$（若 $\int_0^{\infty}[z_1^2(t)+\cdots+z_n^2(t)]\mathrm{d}t<\infty$，则 $z(t)\in R^n$ 属于 L^2 信号空间）。

为证明 $\lim\limits_{t\to\infty}\boldsymbol{e}(t)=0$，具体分析如下。

由 $\boldsymbol{e}=[e_1,\cdots,e_n]^{\mathrm{T}}$ 知，$e_i(t)\in L^2$，$\dot{e}_i(t)\in L^{\infty}$，$i=1,2,\cdots,n$，因此

$$\int_0^t e_i^2(\tau)|\dot{e}_i(\tau)|\mathrm{d}\tau\leqslant\sup_{t\geqslant 0}|\dot{e}_i(t)|\int_0^{\infty}e_i^2(\tau)\mathrm{d}\tau<\infty,\quad\forall t\geqslant 0 \tag{6.22}$$

其意味着 $\lim\limits_{t\to\infty}\int_0^t e_i^2(\tau)|\dot{e}_i(\tau)|\mathrm{d}\tau$ 存在且为一个有限的数，因此，$\lim\limits_{t\to\infty}\int_0^t e_i^2(\tau)\dot{e}_i(\tau)\mathrm{d}\tau$ 存在且有限。由恒等式

$$e_i^2(t)=|e_i^3(t)|^{\frac{2}{3}}=\left|3\int_0^t e_i^2(\tau)\dot{e}_i(\tau)\mathrm{d}\tau+e_i^3(0)\right|^{\frac{2}{3}} \tag{6.23}$$

知，$\lim\limits_{t\to\infty}e_i^2(t)$ 存在。由 $e_i(t)\in L^2$ 知，$\lim\limits_{t\to\infty}e_i^2(t)=0$。也就是说，$\lim\limits_{t\to\infty}e_i(t)=0$，$i=1,2,\cdots,n$，即 $\lim\limits_{t\to\infty}\boldsymbol{e}(t)=0$。

综上所述，可以得到下面的有用结果。

引理 6.1 若 $\boldsymbol{e}(t)\in L^{\infty}$，$\boldsymbol{e}(t)\in L^2$，则 $\lim\limits_{t\to\infty}\boldsymbol{e}(t)=0$。

定理 6.1 考虑式(6.1)，其参数 A 和 b 未知，并满足假设 6.1 和假设 6.2，所设计的自适应控制式(6.7)和自适应参数更新律式(6.8)和式(6.9)，使得闭环系统所有信号有界，且当时间 $t\to\infty$ 时，跟踪误差 $\boldsymbol{e}(t)=\boldsymbol{x}(t)-\boldsymbol{x}_m(t)$ 趋于零。

选择任意自适应增益 $\boldsymbol{\Gamma}$ 和 γ，及未知参数 $\boldsymbol{k}_1^*$ 和 k_2^* 初始估计值 $\boldsymbol{k}_1(0)$ 和 $k_2(0)$，都可保证自适应控制系统所期望的稳定和渐近跟踪性能。然而，不同的 $\boldsymbol{\Gamma}$、γ、$\boldsymbol{k}_1(0)$ 和 $k_2(0)$ 将对自适应控制系统产生不同的瞬态影响。通常，较大的自适应增益可加快跟踪误差的收敛速度，但是会引起一个较大的瞬态误差。当自适应增益较小时，有相反的影响。实际中，$\boldsymbol{k}_1^*$ 和 k_2^* 具有某种特定的物理含义（其参数范围是可获得的），基于未知参数 $\boldsymbol{k}_1^*$ 和 k_2^* 的确定范围，应选择参数初始估计值 $\boldsymbol{k}_1(0)$ 和 $k_2(0)$ 尽可能地接近参数真值 $\boldsymbol{k}_1^*$ 和 k_2^*。

6.2 状态反馈输出跟踪的 MRAC

在很多实际应用中，理想的控制目标仅仅是输出跟踪，也就是说，要求系统的输出 $y(t)$ 渐近跟踪一个给定的参考输出 $y_m(t)$。下面介绍如何解决自适应的输出跟踪设计问题，其设计条件与状态跟踪的假设 6.1 相比更加宽松。通过状态反馈或输出反馈，可实现对连续和离散系统的输出跟踪自适应控制。本节针对基于状态反馈的输出跟踪控制给出一个完整的设计过程，并将其设计过程应用于连续系统和离散系统。

6.2.1 连续自适应控制系统设计

考虑一个线性时不变的连续时间系统模型

$$\dot{x}(t)=\boldsymbol{A}x(t)+\boldsymbol{b}u(t)$$
$$y(t)=\boldsymbol{c}x(t) \tag{6.24}$$

式中，$\boldsymbol{A}\in R^{n\times n}$，$\boldsymbol{b}\in R^{n\times 1}$和$\boldsymbol{c}\in R^{1\times n}$为未知常值矩阵或向量，且$n>0$。此系统的输入/输出描述为

$$y(s)=\boldsymbol{c}(s\boldsymbol{I}-\boldsymbol{A})^{-1}\boldsymbol{b}u(s)=k_p\frac{Z(s)}{P(s)}u(s) \tag{6.25}$$

式中，$k_p\neq 0$是系统高频增益；$P(s)=\det(s\boldsymbol{I}-\boldsymbol{A})$；$Z(s)$为

$$Z(s)=s^m+z_{m-1}s^{m-1}+\cdots+z_1s+z_0 \tag{6.26}$$

式中，$m<n$。这里，符号s表示拉普拉斯变换变量或时间微分操作符：$s[x](t)=\dot{x}(t)$，$t\in[0,\infty)$，视情况而定。在这种意义下，频域表达式(6.25)也可以描述成混合域表达式

$$y(t)=G(s)[u](t),\quad G(s)=k_p\frac{Z(s)}{P(s)} \tag{6.27}$$

文献[7]的相关结果表明，式(6.27)的描述方式可使自适应控制系统表达更方便。

控制目标：自适应控制的目标是设计一个状态反馈控制律产生系统输入$u(t)$，以保证闭环系统信号有界，且系统输出$y(t)$渐近跟踪一个参考输出信号$y_m(t)$。为了保证系统在存在不确定参数$\boldsymbol{A}$、$\boldsymbol{b}$、$\boldsymbol{c}$时，依然能够实现这样的控制目标，给出以下假设。

假设 6.3 $Z(s)$是稳定的多项式，即$Z(s)$的所有零点都在左半平面，即$\mathrm{Re}[s]<0$。

假设 6.4 $Z(s)$的阶次m已知。

假设 6.5 k_p的符号$\mathrm{sign}[k_p]$已知。

假设6.3是为了设计模型参考自适应控制，模型参考自适应控制仅适用于最小相位系统(此假设意味着(A,b,c)是可镇定可检测的，且$G(s)=k_p\frac{Z(s)}{P(s)}$的零点是稳定的)；假设6.4是为了构造参考模型系统，参考模型系统的相对阶$n-m$等于系统传递函数$G(s)$的相对阶；假设6.5是为了实现稳定的自适应参数更新律设计。

选择与式(6.24)的动态特性无关的参考模型系统为

$$y_m(t)=W_m(s)[r](t),\quad W_m(s)=\frac{1}{P_m(s)} \tag{6.28}$$

式中，$P_m(s)$是理想的稳定多项式，其阶次为$n-m$；$r(t)$是一个有界的参考输入信号。

自适应控制器结构和对象-模型匹配：状态反馈的模型参考自适应控制器结构为

$$u(t)=\boldsymbol{k}_1^{\mathrm{T}}(t)x(t)+k_2(t)r(t) \tag{6.29}$$

式中，$\boldsymbol{k}_1(t)=[k_{11}(t),k_{12}(t),\cdots,k_{1n}(t)]^{\mathrm{T}}\in R^n$和$k_2(t)\in R$分别为未知参数$\boldsymbol{k}_1^*=[k_{11}^*,k_{12}^*,\cdots,k_{1n}^*]^{\mathrm{T}}\in R^n$和$k_2^*\in R$的自适应估计值，且未知参数满足

$$G_c(s)=\boldsymbol{C}(s\boldsymbol{I}-\boldsymbol{A}-\boldsymbol{b}\boldsymbol{k}_1^{*\mathrm{T}})^{-1}\boldsymbol{b}k_2^*=\frac{1}{P_m(s)} \tag{6.30}$$

式(6.30)等价于

$$G_c(s)=\frac{Z(s)}{\det(s\boldsymbol{I}-\boldsymbol{A}-\boldsymbol{b}\boldsymbol{k}_1^{*\mathrm{T}})}=\frac{1}{P_m(s)},\quad k_2^*=\frac{1}{k_p} \tag{6.31}$$

假设6.3意味着系统$(\boldsymbol{A},\boldsymbol{b},\boldsymbol{c})$是可镇定的和可检测的，即系统矩阵$\boldsymbol{A}$中所有的不可控或不可观测的模态(特征值)都是稳定的，为了证明参数$\boldsymbol{k}_1^*$和k_2^*的存在，多项式$Z(s)$表示为

$$Z(s)=Z_0(s)Z_{c\bar{o}}(s)Z_{\bar{c}}(s) \tag{6.32}$$

式中，$Z_{c\bar{o}}(s)$的零点为$\boldsymbol{A}$中可控但不可观的模态；$Z_{\bar{c}}(s)$的零点为$\boldsymbol{A}$中不可控的模态。一个理想的参数向量$\boldsymbol{k}_1^*$是指其能够将$\boldsymbol{A}$中可控可观测的模态转移到$P_m(s)$的零点和$Z_0(s)$的零点处，这从线性系统理论的角度来说是可实现的。$\boldsymbol{A}$中可控但不可观的模态保留不变，其等于$Z_{c\bar{o}}(s)$的零点(在闭环传递函数$G_c(s)$中，它们与$Z_{c\bar{o}}(s)$的零点对消)。$\boldsymbol{k}_1^*$不改变$\boldsymbol{A}$中不可控的模态，且不可控模态等于$Z_{\bar{c}}(s)$的零点($G_c(s)$中，它们与$Z_{\bar{c}}(s)$的零点对消)。这意味着

$$\det(s\boldsymbol{I}-\boldsymbol{A}-\boldsymbol{b}\boldsymbol{k}_1^{*\mathrm{T}})=P_m(s)Z(s) \tag{6.33}$$

是可实现的。因此，通过选择$\boldsymbol{k}_1^*$可满足期望的匹配条件式(6.31)，且$\det(s\boldsymbol{I}-\boldsymbol{A}-\boldsymbol{b}\boldsymbol{k}_1^{*\mathrm{T}})$的零点($\boldsymbol{A}+\boldsymbol{b}\boldsymbol{k}_1^{*\mathrm{T}}$的特征值)是稳定的。

如果能采用$\boldsymbol{k}_1^*$和k_2^*的真值，则式(6.29)的理想形式是

$$u(t)=\boldsymbol{k}_1^{*\mathrm{T}}x(t)+k_2^*r(t) \tag{6.34}$$

由此可得理想的闭环系统$y(s)=G_c(s)r(s)=W_m(s)r(s)$。

基于自适应控制器的误差系统：为了解决参数$\boldsymbol{A}$、$\boldsymbol{b}$和$\boldsymbol{c}$未知时的自适应控制问题，需设计自适应律来更新参数估计值$\boldsymbol{k}_1(t)$和$k_2(t)$。应用式(6.29)可得闭环系统

$$\begin{aligned}\dot{x}(t)&=(\boldsymbol{A}+\boldsymbol{b}\boldsymbol{k}_1^{*\mathrm{T}})x(t)+\boldsymbol{b}k_2^*r(t)+\boldsymbol{b}[(\boldsymbol{k}_1(t)-\boldsymbol{k}_1^*)^{\mathrm{T}}x(t)+(k_2(t)-k_2^*)r(t)]\\ y(t)&=\boldsymbol{C}x(t)\end{aligned} \tag{6.35}$$

由式(6.28)、式(6.30)、式(6.35)可得跟踪误差方程

$$\begin{aligned}e(t)&=y(t)-y_m(t)\\ &=\rho^*W_m(s)[(\boldsymbol{k}_1-\boldsymbol{k}_1^*)^{\mathrm{T}}x+(k_2-k_2^*)r](t)+c\mathrm{e}^{(\boldsymbol{A}+\boldsymbol{b}\boldsymbol{k}_1^{*\mathrm{T}})t}x(0)\end{aligned} \tag{6.36}$$

式中，$\rho^*=k_p$；$\lim\limits_{t\to\infty}c\mathrm{e}^{(\boldsymbol{A}+\boldsymbol{b}\boldsymbol{k}_1^{*\mathrm{T}})t}x(0)=0$。

为了推导估计误差方程，定义

$$\theta(t)=[\boldsymbol{k}_1^{\mathrm{T}}(t),k_2(t)]^{\mathrm{T}}\in R^{n+1} \tag{6.37}$$

$$\theta^*=[\boldsymbol{k}_1^{*\mathrm{T}},k_2^*]^{\mathrm{T}}\in R^{n+1} \tag{6.38}$$

$$\omega(t)=[\boldsymbol{x}^{\mathrm{T}}(t),r(t)]^{\mathrm{T}}\in R^{n+1} \tag{6.39}$$

$$\zeta(t)=W_m(s)[\omega](t)\in R^{n+1} \tag{6.40}$$

$$\xi(t)=\boldsymbol{\theta}^{\mathrm{T}}(t)\zeta(t)-W_m(s)[\boldsymbol{\theta}^{\mathrm{T}}\omega](t)\in R \tag{6.41}$$

并引入估计误差信号

$$\epsilon(t)=e(t)+\rho(t)\xi(t) \tag{6.42}$$

式(6.42)中，$\rho(t)$是$\rho^*=k_p$的估计值。不考虑指数衰减项$\boldsymbol{c}\mathrm{e}^{(\boldsymbol{A}+\boldsymbol{b}\boldsymbol{k}_1^{*\mathrm{T}})t}x(0)$的影响，由式(6.36)～式(6.42)知，可将估计误差描述为

$$\epsilon(t)=\rho^*[\boldsymbol{\theta}(t)-\boldsymbol{\theta}^*]^{\mathrm{T}}\zeta(t)+(\rho(t)-\rho^*)\xi(t) \tag{6.43}$$

此式是参数误差$\boldsymbol{\theta}(t)-\boldsymbol{\theta}^*$和$\rho(t)-\rho^*$的线性函数。为了设计稳定的自适应律更新参数估计值$\boldsymbol{k}_1(t)$和$k_2(t)$，这样一个线性表达式具有重要作用。

信号滤波：在上述信号的定义和产生过程中，应用了自适应控制中一种典型的信号处理方法——信号滤波，即对一个给定的信号$v(t)$，产生$\eta(t)=\dfrac{1}{\Lambda(s)}[v](t)$，式中$\Lambda(s)$是阶次为$q$的首一稳定多项式，且

$$\Lambda(s)=s^q+\lambda_{q-1}s^{q-1}+\cdots+\lambda_1 s+\lambda_0 \tag{6.44}$$

为了生成具有输入 $v(t)$ 的滤波器$\dfrac{1}{\Lambda(s)}$的输出信号 $\eta(t)$，构造系统

$$\dot{\omega}_f(t)=\boldsymbol{A}_\lambda\omega_f(t)+\boldsymbol{b}_\lambda v(t),\quad \omega_f(t)\in R^q \tag{6.45}$$

式中

$$\boldsymbol{A}_\lambda=\begin{bmatrix} 0 & 1 & 0 & \cdots & 0 & 0 \\ 0 & 0 & 1 & 0 & \cdots & 0 \\ \vdots & \vdots & \vdots & \vdots & \vdots & \vdots \\ 0 & 0 & \cdots & \cdots & 0 & 1 \\ -\lambda_0 & -\lambda_1 & \cdots & \cdots & -\lambda_{q-2} & -\lambda_{q-1} \end{bmatrix}\in R^{q\times q},\qquad \boldsymbol{b}_\lambda=\begin{bmatrix} 0 \\ \vdots \\ 0 \\ 1 \end{bmatrix}\in R^q \tag{6.46}$$

由 $\boldsymbol{\omega}_f(t)=[\omega_{f1}(t),\omega_{f2}(t),\cdots,\omega_{fq}(t)]^{\mathrm{T}}$，可得 $\eta(t)=\omega_{f1}(t)$。从这样的系统中也可获得一些其他相关信号，例如

$$\omega_{f2}(t)=\frac{1}{\Lambda(s)}[\dot{v}](t)=\dot{\eta}(t)$$

$$\omega_{f3}(t)=\frac{1}{\Lambda(s)}[\ddot{v}](t)=\ddot{\eta}(t)$$

自适应律：基于误差方程式(6.43)和梯度算法，选择参数 $\theta(t)$ 和 $\rho(t)$ 的自适应更新律为

$$\dot{\theta}(t)=-\frac{\Gamma\mathrm{sign}[k_p]\zeta(t)\epsilon(t)}{1+\zeta^{\mathrm{T}}(t)\zeta(t)+\xi^2(t)} \tag{6.47}$$

$$\dot{\rho}(t)=-\frac{\gamma\xi(t)\epsilon(t)}{1+\zeta^{\mathrm{T}}(t)\zeta(t)+\xi^2(t)} \tag{6.48}$$

式中，$\Gamma=\Gamma^{\mathrm{T}}>0$ 和 $\gamma>0$ 为自适应增益；$\mathrm{sign}[k_p]$为 k_p 的符号。

据式(6.47)和式(6.48)可计算自适应参数估计值 $\theta(t)$ 和 $\rho(t)$ 为

$$\theta(t)=\theta(0)-\int_0^t\frac{\Gamma\,\mathrm{sign}[k_p]\zeta(\tau)\epsilon(\tau)}{1+\zeta^{\mathrm{T}}(\tau)\zeta(\tau)+\xi^2(\tau)}\mathrm{d}\tau \tag{6.49}$$

$$\rho(t)=\rho(0)-\int_0^t\frac{\gamma\,\xi(\tau)\epsilon(\tau)}{1+\zeta^{\mathrm{T}}(\tau)\zeta(\tau)+\xi^2(\tau)}\mathrm{d}\tau \tag{6.50}$$

尽管理论上选择任意初始参数估计值 $\theta(0)$ 和 $\rho(0)$ 以及自适应增益 Γ 和 γ，都可使自适应律和闭环系统稳定且实现渐近输出跟踪（见下面的引理和定理），但是它们的值会影响控制系统的瞬态响应。实际上，$\theta(0)$ 和 $\rho(0)$ 应尽可能地接近真值 θ^* 和 ρ^*。Γ 和 γ 对系统性能的影响也依赖于 $\theta(0)$ 和 $\rho(0)$ 的选择。

引理 6.2 式(6.47)和式(6.48)保证 $\theta(t)\in L^\infty$，$\rho(t)\in L^\infty$，$\dfrac{\epsilon(t)}{m(t)}\in L^2\cap L^\infty$，$\dot{\theta}(t)\in L^2\cap L^\infty$，$\dot{\rho}(t)\in L^2\cap L^\infty$，其中

$$m(t)=\sqrt{1+\zeta^{\mathrm{T}}(t)\zeta(t)+\xi^2(t)} \tag{6.51}$$

证明 选取正定函数为

$$V(\tilde{\theta},\tilde{\rho})=\frac{1}{2}(|\rho^*|\tilde{\theta}^{\mathrm{T}}\Gamma^{-1}\tilde{\theta}+\gamma^{-1}\tilde{\rho}^2) \tag{6.52}$$

其中

$$\tilde{\theta}(t)=\theta(t)-\theta^*,\quad \tilde{\rho}(t)=\rho(t)-\rho^* \tag{6.53}$$

沿着式(6.47)和式(6.48)的轨迹，计算 $V(\tilde{\theta},\tilde{\rho})$ 的时间导数为

$$\dot{V}=-\frac{\epsilon^2(t)}{m^2(t)} \tag{6.54}$$

式(6.52)～式(6.54)意味着 $\theta(t)\in L^\infty$，$\rho(t)\in L^\infty$ 和 $\frac{\epsilon(t)}{m(t)}\in L^2$。基于式(6.43)和式(6.51)，以及 $\theta(t)$ 和 $\rho(t)$ 的有界性，可知 $\frac{\epsilon(t)}{m(t)}\in L^\infty$。由式(6.47)、式(6.48)及 $\frac{\epsilon(t)}{m(t)}\in L^2\cap L^\infty$ 得 $\dot{\theta}(t)\in L^2\cap L^\infty$，$\dot{\rho}(t)\in L^2\cap L^\infty$。

基于上述理想的稳定自适应律的性质，可证明下面的定理成立。

定理 6.2 针对式(6.24)，选择参考模型式(6.28)，设计控制器(6.29)和自适应律(6.47)和式(6.48)，则可保证闭环控制系统的所有信号有界，且跟踪误差信号 $e(t)=y(t)-y_m(t)$ 满足

$$\lim_{t\to\infty}[y(t)-y_m(t)]=0 \tag{6.55}$$

$$\int_0^\infty [y(t)-y_m(t)]^2\mathrm{d}t<\infty \tag{6.56}$$

此定理的证明主要基于在自适应控制系统中的信号反馈结构和反馈结构系统的小增益性质，其中，前者基于已知的性质 $\theta(t)\in L^\infty$ 和 $\rho(t)\in L^\infty$，而后者基于已知的性质 $\frac{\epsilon(t)}{m(t)}\in L^2\cap L^\infty$，$\dot{\theta}(t)\in L^2\cap L^\infty$ 和 $\dot{\rho}(t)\in L^2\cap L^\infty$。具体证明请参见文献[7]。

与状态跟踪设计需要局限性的匹配条件(假设 6.1)相比，输出跟踪设计仅需要对象-模型的相对阶匹配，即在状态反馈控制设计中，假设 6.3 中的 m 和被控对象的阶次 n 是已知的。更精确地，参考模型系统(6.28)和被控对象(6.25)具有相同的相对阶 $n-m$(显然，与条件(假设 6.1)相比，这样的匹配条件更宽松。另外，最小相位条件(假设 6.3)是模型参考设计所必需的，因为模型参考控制要用一些闭环极点对消被控对象的零点 $Z(s)$，从而使得闭环系统传递函数等于 $W_m(s)$，而这种零极点对消需要是稳定的。这一放松了的设计条件(假设 6.4)使得输出跟踪设计适用于解决更多实际控制问题。

6.2.2 离散时间系统设计

离散时间的自适应控制是针对连续时间系统的离散形式而设计的。状态跟踪自适应控制设计一般不适用于具有未知参数的离散时间系统，但输出跟踪自适应控制设计可以针对一般的离散时间线性时不变系统，本节将介绍其推导过程。

离散时间系统模型:考虑线性连续时不变系统

$$\begin{aligned}\dot{x}(t)&=\boldsymbol{A}_c x(t)+\boldsymbol{b}_c u(t)\\ y(t)&=\boldsymbol{c}x(t)\end{aligned} \tag{6.57}$$

式中，$\boldsymbol{A}_c\in R^{n\times n}$，$\boldsymbol{b}_c\in R^{n\times 1}$ 和 $\boldsymbol{c}\in R^{1\times n}$ 为未知常值矩阵，且 $n>0$。为了离散化此连续系统，通常选择如下形式输入信号 $u(t)$

$$u(t)=u(kT),\quad t\in[kT,(k+1)T) \tag{6.58}$$

式中，$T>0$ 是采样周期(间隔)，$kT(k=0,1,\cdots)$ 是采样时刻。对于这样的分段常值输入信号 $u(t)$，式(6.57)的解

$$x(t)=\mathrm{e}^{\boldsymbol{A}_c(t-t_0)}x(t_0)+\int_{t_0}^{t}\mathrm{e}^{\boldsymbol{A}_c(t-\tau)}bu(\tau)\mathrm{d}\tau \tag{6.59}$$

式中，$\mathrm{e}^{\boldsymbol{A}_c t}=L^{-1}[(sI-A_c)^{-1}]$为$(sI-A_c)^{-1}$的拉氏反变换，在 $t=(k+1)T$ 和 $t_0=kT$ 时，为

$$x[(k+1)T]=A_d\,x(kT)+b_d\,u(kT) \tag{6.60}$$

式中

$$A_d=\mathrm{e}^{\boldsymbol{A}_c T},b_d=\int_0^T\mathrm{e}^{\boldsymbol{A}_c(T-\sigma)}b_c\mathrm{d}\sigma=\int_0^T\mathrm{e}^{\boldsymbol{A}_c\tau}b_c\mathrm{d}\tau \tag{6.61}$$

因为时间 $T>0$ 是固定的，离散化的状态系统式(6.60)通常记为

$$x(k+1)=\boldsymbol{A}_d\,x(k)+\boldsymbol{b}_d\,u(k) \tag{6.62}$$

类似地，$y(t)=\boldsymbol{c}x(t)$的采样输出方程 $y(kT)=\boldsymbol{c}x(kT)$记为 $y(k)=\boldsymbol{c}x(k)$。

如同常见的离散时间系统文献，将符号(A_d,b_d)简化为(A,b)，离散的线性时不变系统可记为

$$\begin{aligned}x(k+1)&=\boldsymbol{A}x(k)+\boldsymbol{b}u(k)\\ y(k)&=\boldsymbol{c}\,x(k)\end{aligned} \tag{6.63}$$

其频域表达式为

$$y(z)=G(z)u(z),\quad G(z)=\boldsymbol{c}\,(z\boldsymbol{I}-\boldsymbol{A})^{-1}\boldsymbol{b}=k_p\frac{Z(z)}{P(z)} \tag{6.64}$$

式中，$P(z)=\det(z\boldsymbol{I}-\boldsymbol{A})$；$Z(z)$是阶次为 m 的首一多项式，$0\leqslant m<n$；$k_p\neq 0$ 为增益参数。

在离散时间系统中，符号 z 表示 z 变换变量或离散时间的时间推进操作符，$z[x](k)=x(k+1)$，$k\in\{0,1,2,3,\cdots\}$。在这种意义上，式(6.63)的混合域表达式为 $y(k)=G(z)[u](k)$。注意，与连续系统的稳定域 $\mathrm{Re}[s]<0$ 不同，对离散时间系统来说，若传递函数的所有极点都在$|z|<1$ 中，则传递函数是稳定的；若一个多项式的所有零点在$|z|<1$ 中，则称该多项式是稳定的。

控制目标： 自适应控制的目标是对具有未知参数 $\boldsymbol{A}$、$\boldsymbol{b}$ 和 $\boldsymbol{c}$ 的式(6.63)，设计一个状态反馈控制律来产生 $u(k)$，以保证闭环系统稳定，且系统输出信号 $y(k)$渐近跟踪一个给定的参考信号 $y_m(k)$。

为了实现控制目标，作如下假设。

假设 6.6 $Z(z)$是一个稳定的多项式，即 $Z(z)$的所有零点都在单位圆内，也就是$|z|<1$。

假设 6.7 $Z(z)$的阶次 m 是已知的。

假设 6.8 k_p 的符号 $\mathrm{sign}[k_p]$是已知的，同时 k_p 的上界 $k_p^0\geqslant|k_p|$已知。

与连续系统的假设 6.3 和假设 6.4 类似，假设 6.6 是模型参考自适应控制所必需的，模型参考自适应控制一般仅适用于最小相位系统；假设 6.7 是构造参考模型系统所必需的，参考模型的相对阶 $n-m$ 需要等于系统传递函数$G(s)$的相对阶；而假设 6.8 是设计自适应参数更新律所必需的，其中上界 k_p^0 是为了确定自适应增益的范围。

类似地，选择参考模型系统为

$$y_m(k)=W_m(z)[r](k),\quad W_m(z)=\frac{1}{P_m(z)} \tag{6.65}$$

式中，$P_m(z)$ 是期望的稳定多项式，其阶次为 $n-m$；$r(k)$是一个有界的参考输入。对于离散时

间设计来说，$P_m(z)$的一个简单形式是 $P_m(z)=z^{n-m}$，在这种情况下，$y_m(k)=r(k-n+m)$。

自适应控制器结构和对象-模型匹配：状态反馈的模型参考自适应控制器结构为

$$u(k)=\boldsymbol{k}_1^{\mathrm{T}}(k)x(k)+k_2(k)r(k) \tag{6.66}$$

式中，$\boldsymbol{k}_1(k)=[k_{11}(k),k_{12}(k),\cdots,k_{1n}(k)]^{\mathrm{T}}\in R^n$ 和 $k_2(k)\in R$ 分别为未知参数 $k_1^*=[k_{11}^*,k_{12}^*,\cdots,k_{1n}^*]^{\mathrm{T}}\in R^n$ 和 $k_2^*\in R$ 的自适应估计值，其满足匹配条件

$$G_c(z)=\boldsymbol{C}(z\boldsymbol{I}-\boldsymbol{A}-\boldsymbol{b}\boldsymbol{k}_1^{*\mathrm{T}})^{-1}\boldsymbol{b}k_2^*=\frac{1}{P_m(z)} \tag{6.67}$$

类似于连续时间的情况，假设 6.6 保证了参数 $\boldsymbol{k}_1^*$ 和 k_2^* 存在。

式(6.66)的理想形式是

$$u(k)=\boldsymbol{k}_1^{*\mathrm{T}}x(k)+k_2^*r(k) \tag{6.68}$$

其可以使闭环系统传递函数等于一个理想的传递函数，即 $y(z)=G_c(z)r(z)=W_m(z)r(z)$。

基于自适应控制器的误差系统：在自适应控制中，考虑参数 $\boldsymbol{A}$、$\boldsymbol{b}$ 和 $\boldsymbol{c}$ 未知的情况。为了解决自适应控制问题，将设计自适应律来更新参数估计值 $\boldsymbol{k}_1(t)$ 和 $k_2(t)$。采用式(6.66)，则有闭环系统

$$x(k+1)=(\boldsymbol{A}+\boldsymbol{b}\boldsymbol{k}_1^{*\mathrm{T}})x(k)+\boldsymbol{b}k_2^*r(k)+\boldsymbol{b}[(\boldsymbol{k}_1(k)-\boldsymbol{k}_1^*)^{\mathrm{T}}x(k)+(k_2(k)-k_2^*)r(k)]$$

$$y(k)=\boldsymbol{C}x(k) \tag{6.69}$$

忽略初始条件 $x(0)$引起的指数衰减项的影响，由式(6.65)、式(6.67)和式(6.69)可得，跟踪误差方程为

$$e(k)=y(k)-y_m(k)=\rho^*W_m(z)[(\boldsymbol{k}_1-\boldsymbol{k}_1^*)^{\mathrm{T}}x+(k_2-k_2^*)r](k) \tag{6.70}$$

式中，$\rho^*=k_p$。为了推导估计误差方程，可类似地定义

$$\theta(k)=[\boldsymbol{k}_1^{\mathrm{T}}(k),k_2(k)]^{\mathrm{T}}\in R^{n+1} \tag{6.71}$$

$$\theta^*=[\boldsymbol{k}_1^{*\mathrm{T}},k_2^*]^{\mathrm{T}}\in R^{n+1} \tag{6.72}$$

$$\omega(k)=[\boldsymbol{x}^{\mathrm{T}}(k),r(k)]^{\mathrm{T}}\in R^{n+1} \tag{6.73}$$

$$\zeta(k)=W_m(z)[\omega](k)\in R^{n+1} \tag{6.74}$$

$$\xi(k)=\boldsymbol{\theta}^{\mathrm{T}}(k)\zeta(k)-W_m(z)[\boldsymbol{\theta}^{\mathrm{T}}\omega](k)\in R \tag{6.75}$$

然后引入估计误差

$$\epsilon(k)=e(k)+\rho(k)\xi(k) \tag{6.76}$$

式中，$\rho(k)$是 $\rho^*=k_p$ 的估计值。由式(6.70)～式(6.76)知，估计误差可描述为

$$\epsilon(k)=\rho^*[\theta(k)-\theta^*]^{\mathrm{T}}\zeta(k)+[\rho(k)-\rho^*]\xi(k) \tag{6.77}$$

此式也是参数误差 $\theta(k)-\theta^*$ 和 $\rho(k)-\rho^*$ 的线性函数，这样的表达式在自适应律设计中具有重要作用。

信号滤波：在上述信号的生成中，一个典型的信号处理是信号滤波，即对一个给定的信号 $v(k)$，构造 $\eta(k)=\dfrac{1}{\Lambda(z)}[v](k)$，式中 $\Lambda(z)$是稳定的首一多项式，其阶次为 q，且

$$\Lambda(z)=z^q+\lambda_{q-1}z^{q-1}+\cdots+\lambda_1z+\lambda_0 \tag{6.78}$$

为了生成信号 $\eta(k)$，构造离散时间系统

$$\omega_f(k+1)=A_\lambda\omega_f(k)+b_\lambda v(k),\quad \omega_f(k)\in R^q \tag{6.79}$$

式中

$$
\boldsymbol{A}_{\lambda}=\begin{bmatrix} 0 & 1 & 0 & \cdots & 0 & 0 \\ 0 & 0 & 1 & 0 & \cdots & 0 \\ \vdots & \vdots & \vdots & \vdots & & \vdots \\ 0 & 0 & \cdots & \cdots & 0 & 1 \\ -\lambda_0 & -\lambda_1 & \cdots & \cdots & -\lambda_{q-2} & -\lambda_{q-1} \end{bmatrix} \in R^{q\times q}, \quad \boldsymbol{b}_{\lambda}=\begin{bmatrix} 0 \\ \vdots \\ 0 \\ 1 \end{bmatrix} \tag{6.80}
$$

由 $\boldsymbol{\omega}_f(k)=[\omega_{f1}(k),\omega_{f2}(k),\cdots,\omega_{fq}(k)]^{\mathrm{T}}$ 知，$\eta(k)=\omega_{f1}(k)$。从此系统中也可以获得一些其他相关信号，例如

$$
\omega_{f2}(k)=\frac{z}{\Lambda(z)}[v](k)=\eta(k+1)
$$

$$
\omega_{f3}(k)=\frac{z^2}{\Lambda(z)}[v](k)=\eta(k+2)
$$

自适应律：基于式(6.77)，选择参数 $\theta(k)$ 和 $\rho(k)$ 的梯度算法自适应更新律为

$$
\theta(k+1)=\theta(k)-\frac{\mathrm{sign}[k_p]\Gamma\epsilon(k)\zeta(k)}{m^2(k)} \tag{6.81}
$$

$$
\rho(k+1)=\rho(k)-\frac{\gamma\epsilon(k)\xi(k)}{m^2(k)} \tag{6.82}
$$

式中，$m(k)=\sqrt{1+\zeta^{\mathrm{T}}(k)\zeta(k)+\xi^2(k)}$；自适应增益 Γ 和 γ 满足

$$
0<\Gamma=\Gamma^{\mathrm{T}}<\frac{2}{k_p^0}I_{n+1}, \quad 0<\gamma<2 \tag{6.83}
$$

式中，$k_p^0\geqslant|k_p|$ 是已知的常数(假设 6.8)。

这是一种迭代自适应律，始于 $\theta(0)$ 和 $\rho(0)$。在实际应用中，应选择尽可能接近真值 θ^* 和 ρ^* 的初始值 $\theta(0)$ 和 $\rho(0)$。自适应增益 Γ 和 γ，以及初始值 $\theta(0)$ 和 $\rho(0)$ 的选择都会影响自适应控制系统的瞬态响应。

上述自适应参数更新律具有以下性质。

引理 6.3 式(6.81)和式(6.82)保证 $\theta(k)\in L^{\infty}$，$\rho(k)\in L^{\infty}$，$\dfrac{\epsilon(k)}{m(k)}\in L^2\cap L^{\infty}$，且对任意有限整数 $k_0>0$，$\theta(k+k_0)-\theta(k)\in L^2$，$\rho(k+k_0)-\rho(k)\in L^2$。

在离散时间情况下，一个 L^2 的信号 $z(k)\in R^n$ 是指 $\sum\limits_{k=0}^{\infty}[z_1^2(k)+\cdots+z_n^2(k)]<\infty$，而一个 L^{∞} 信号 $z(k)\in R^n$ 满足 $\sup\limits_{k\geqslant 0}\max_{1\leqslant i\leqslant n}|z_i(k)|<\infty$。对一个离散时间信号 $z(k)$，若 $z(k)\in L^2$，则 $\lim\limits_{k\to\infty}z(k)=0$。引理 6.3 的证明建立在下面正定函数的基础上

$$
V(\tilde{\theta},\tilde{\rho})=|\rho^*|\tilde{\theta}^{\mathrm{T}}\Gamma^{-1}\tilde{\theta}+\gamma^{-1}\tilde{\rho}^2 \tag{6.84}
$$

沿着式(6.81)和式(6.82)的轨迹，求其对时间的增量为

$$
\begin{aligned}
&V[\tilde{\theta}(k+1),\tilde{\rho}(k+1)]-V[\tilde{\theta}(k),\tilde{\rho}(k)] \\
&=-\left(2-\frac{|k_p|\zeta^{\mathrm{T}}(k)\Gamma\zeta(k)+\gamma\xi^2(k)}{m^2(k)}\right)\frac{\epsilon^2(k)}{m^2(k)} \\
&\leqslant-\alpha_1\frac{\epsilon^2(k)}{m^2(k)}
\end{aligned} \tag{6.85}
$$

式中，常数 $\alpha_1>0$（式(6.83)保证了其存在性）。这意味着 $\theta(k)\in L^\infty$，$\rho(k)\in L^\infty$，$\dfrac{\epsilon(k)}{m(k)}\in L^2$。由式(6.77)知，$\dfrac{\epsilon(k)}{m(k)}\in L^\infty$。由式(6.81)知，$\theta(k+1)-\theta(k)\in L^2$。使用不等式

$$\|\theta(k+k_0)-\theta(k)\|_2\leqslant\sum_{i=0}^{k_0-1}\|\theta(k+i+1)-\theta(k+i)\|_2 \tag{6.86}$$

可得，对任意 k_0，有 $\theta(k+k_0)-\theta(k)\in L^2$。类似地，基于式(6.82)可得，对任意有限整数 $k_0>0$，$\rho(k+k_0)-\rho(k)\in L^2$。

基于上述引理的结果，可以得到以下定理。

定理 6.3 针对式(6.63)，选择参考模型(6.65)、设计控制器(6.66)和自适应参数更新律式(6.81)和式(6.82)，则闭环控制系统的所有信号有界，且跟踪误差信号 $e(k)=y(k)-y_m(k)$满足

$$\lim_{t\to\infty}[y(k)-y_m(k)]=0 \tag{6.87}$$

$$\sum_{t=0}^{\infty}[y(k)-y_m(k)]^2<\infty \tag{6.88}$$

离散自适应控制系统的稳定和渐近跟踪性能的证明参见文献[2]和文献[7]。针对连续系统和离散系统进行输出跟踪设计，其相应的控制器结构、设计条件、误差系统以及自适应律是相似的。不同的是，在针对离散时间系统设计时，自适应增益大小应当满足式(6.83)，其对保证期望的表达式(6.85)是非常重要的，然而在针对连续系统设计时，自适应增益是没有上界限制的，其仍可以保证式(6.54)成立。

6.3 输出反馈输出跟踪的 MRAC

在很多实际应用中，被控对象的状态变量可能是无法测量的。在这种情况下，将不能直接设计状态反馈控制器，而应当使用基于观测器的输出反馈控制。考虑连续时间系统

$$\begin{aligned}&\dot{x}(t)=\boldsymbol{A}x(t)+\boldsymbol{b}u(t),\quad x(t)\in R^{n_0}\\&y(t)=\boldsymbol{c}x(t)\end{aligned} \tag{6.89}$$

式中，$\boldsymbol{A}\in R^{n_0\times n_0}$，$\boldsymbol{b}\in R^{n_0\times 1}$和 $\boldsymbol{c}\in R^{1\times n_0}$是未知的参数矩阵，$n_0>0$，此系统的输入/输出描述是

$$y(s)=c\,(sI-A)^{-1}bu(s)=k_p\frac{Z(s)}{P(s)}u(s) \tag{6.90}$$

$$P(s)=s^n+p_{n-1}s^{n-1}+\cdots+p_1s+p_0 \tag{6.91}$$

$$Z(s)=z_ms^m+z_{m-1}s^{m-1}+\cdots+z_1s+z_0 \tag{6.92}$$

式中，$p_i(i=0,1,\cdots,n-1)$、$z_j(j=0,1,\cdots,m)(m<n\leqslant n_0)$是一些未知的常值参数。在这样的模型中，$P(s)$和 $\det(sI-A)$可能不相等，因为在 $c\,(sI-A)^{-1}b$ 中可能存在零极点对消，从而可能使得 $n<n_0$。

基本模型假设：在这个问题的描述中，实际系统模型或原系统模型阶次为 n_0，n_0 可能未知；标称（形式上的）系统的阶次 $n<n_0$，其也可能未知。当(A,b,c)已知时，一个经典的基于观测器的输出反馈控制方案设计思路是：先建立一个 n_0 阶的状态观测器产生状态 $x(t)$的估

计值 $\hat{x}(t)$，然后应用 $\hat{x}(t)$ 设计控制信号 $u(t)$。在自适应控制中，(A,b,c) 和 n_0 均是未知的，则将用阶次为 n 的标称系统的状态估计值设计一个基于降阶观测器的输出反馈控制方案。这意味着自适应控制的设计将基于一个虚拟的对象模型进行推导（甚至不是模型 $y(s)=k_p\dfrac{Z(s)}{P(s)}u(s)$，如果 n 未知，就需要用到 n 的上界 $\bar{n}\geqslant n$），然后应用于实际对象(6.89)。

为了设计自适应控制方案以保证闭环系统的稳定性，需要以下基本假设条件。

假设 6.9 原对象模型 (A,b,c) 是可镇定和可检测的。

该假设的主要作用是：通过设计一个自适应的输出反馈控制方案，保证系统在输入/输出信号 $u(t)$ 和 $y(t)$ 有界的情况下，仍可保证系统的内部稳定性（系统状态 $x(t)$ 有界）。

考虑线性时不变的被控对象模型

$$y(t)=G(s)[u](t),\quad G(s)=k_p\frac{Z(s)}{P(s)} \tag{6.93}$$

式中，k_p 为高频增益；$Z(s)$ 和 $P(s)$ 都是首一多项式，其阶次分别为 m 和 n。多项式 $Z(s)$ 和 $P(s)$ 中的参数和 k_p 都是未知的。

控制目标：自适应控制的目标是，在 k_p、$Z(s)$ 和 $P(s)$ 的参数均未知的情况下，设计一个输出反馈控制律以产生控制输入 $u(t)$，保证闭环系统信号有界，且输出信号 $y(t)$ 渐近跟踪一个参考输出信号 $y_m(t)$。

为了实现这一目标，作如下假设。

假设 6.10 $Z(s)$ 为稳定的多项式。

假设 6.11 $G(s)$ 的相对阶为 $n^*=n-m$。

假设 6.12 k_p 的符号已知。

假设 6.13 $P(s)$ 阶次 n 的上界 $\bar{n}$ 已知。

假设 6.10 是模型参考控制设计所必需的，因为模型参考控制设计仅适用于最小相位系统。假设 6.11 是构造一个相对阶为 $n-m$ 的参考模型系统所必需的，此系统的相对阶等于被控对象传递函数 $G(s)$ 的相对阶。假设 6.12 是进行自适应参数更新律设计所必需的。假设 6.13（已知 $\bar{n}\geqslant n$）是设计一个有效的输出反馈的控制器结构所必需的（若式(6.89)中的 n_0 是已知的，则可应用 $\bar{n}=n_0$）。

选择参考模型系统

$$y_m(t)=W_m(s)[r](t),\quad W_m(s)=\frac{1}{P_m(s)} \tag{6.94}$$

式中，$P_m(s)$ 是一个稳定的多项式，其阶次为 n^*；$r(t)$ 是一个选定的有界输入信号。

控制器结构和对象-模型匹配：当系统中仅输出 $y(t)$ 和 $u(t)$ 是可测的，选择输出反馈的自适应控制器结构

$$u(t)=\theta_1^{\mathrm{T}}\omega_1(t)+\theta_2^{\mathrm{T}}\omega_2(t)+\theta_{20}y(t)+\theta_3 r(t) \tag{6.95}$$

式中，$\theta_1\in R^{n-1}$，$\theta_2\in R^{n-1}$，$\theta_{20}\in R$ 和 $\theta_3\in R$ 为控制器参数；且

$$\omega_1(t)=\frac{a(s)}{\Lambda(s)}[u](t),\quad \omega_2(t)=\frac{a(s)}{\Lambda(s)}[y](t) \tag{6.96}$$

式中，$a(s)=[1,s,\cdots,s^{n-2}]^{\mathrm{T}}$；$\Lambda(s)$ 是一个稳定的首一多项式，其阶次为 $n-1$。若被控对象的形式上的传递函数 $G(s)=k_p\dfrac{Z(s)}{P(s)}$ 的阶次 n 是未知的，那么在控制器结构设计中可以使

用其上界 $\bar{n} \geqslant n$ 代替 n(为了方便描述,假设已知 n 的信息)。

通过两个滤波器可产生信号 $\omega_1(t)$ 和 $\omega_2(t)$。选择一个稳定多项式

$$\Lambda(s)=s^{n-1}+\lambda_{n-2}s^{n-2}+\cdots+\lambda_1 s+\lambda_0 \tag{6.97}$$

引入

$$A_\lambda=\begin{bmatrix} 0 & 1 & 0 & \cdots & 0 & 0 \\ 0 & 0 & 1 & 0 & \cdots & 0 \\ \vdots & \vdots & \vdots & \vdots & & \vdots \\ 0 & 0 & \cdots & \cdots & 0 & 1 \\ -\lambda_0 & -\lambda_1 & \cdots & \cdots & -\lambda_{n-3} & -\lambda_{n-2} \end{bmatrix} \in R^{(n-1)\times(n-1)}, \quad b_\lambda=\begin{bmatrix} 0 \\ \vdots \\ 0 \\ 1 \end{bmatrix} \in R^{n-1} \tag{6.98}$$

则 $\omega_1(t)$ 和 $\omega_2(t)$ 可通过下面的滤波器简单生成

$$\dot{\omega}_1(t)=A_\lambda \omega_1(t)+b_\lambda u(t), \quad \omega_1(t)\in R^{n-1} \tag{6.99}$$

$$\dot{\omega}_2(t)=A_\lambda \omega_2(t)+b_\lambda y(t), \quad \omega_2(t)\in R^{n-1} \tag{6.100}$$

文献[3]、文献[5]～文献[7]中的推导表明,当 $\theta_3^*=k_p^{-1}$ 选定时,存在常值参数 $\theta_1^* \in R^{n-1}$,$\theta_2^* \in R^{n-1}$ 和 $\theta_{20}^* \in R$,满足以下匹配方程

$$\theta_1^{*\mathrm{T}}a(s)P(s)+[\theta_2^{*\mathrm{T}}a(s)+\theta_{20}^*\Lambda(s)]k_pZ(s)=\Lambda(s)[P(s)-k_p\theta_3^*Z(s)P_m(s)] \tag{6.101}$$

为了说明这一点,文献[3]和文献[6]提出了一种简单的方法:首先将 $\Lambda(s)\theta_3^*P_m(s)P^{-1}(s)$ 表述为

$$\Lambda(s)\theta_3^*P_m(s)P^{-1}(s)=Q(s)+R(s)P^{-1}(s) \tag{6.102}$$

式中,$Q(s)$ 的阶次为 $n-m-1$;$R(s)$ 的阶次小于 n(注意:$P(s)$ 的阶次是 n,$Z(s)$ 的阶次是 m)。然后,定义 $\theta_1^* \in R^{n-1}$,$\theta_2^* \in R^{n-1}$ 和 $\theta_{20}^* \in R$ 满足

$$\theta_2^{*\mathrm{T}}a(s)+\theta_{20}^*\Lambda(s)=-R(s) \tag{6.103}$$

$$\theta_1^{*\mathrm{T}}a(s)=\Lambda(s)-Q(s)k_pZ(s) \tag{6.104}$$

(因为 $Q(s)k_pZ(s)$ 是阶次为 $n-1$ 的首一多项式,所以上述方程存在一个解 θ_1^*)。据式(6.102)～式(6.104)可验证匹配条件式(6.101)。

当理想参数 θ_1^*、θ_2^*、θ_{20}^* 和 θ_3^* 用于控制器结构式(6.95)时,可得理想的控制器律

$$u(t)=\theta_1^{*\mathrm{T}}\omega_1(t)+\theta_2^{*\mathrm{T}}\omega_2(t)+\theta_{20}^*y(t)+\theta_3^*r(t) \tag{6.105}$$

这样的控制器可保证所有闭环信号有界,且实现输出跟踪 $y(t)=y_m(t)+\epsilon_0(t)$,其中 $\epsilon_0(t)$ 为与系统初始条件有关的指数衰减项。将式(6.101)作用于 $y(t)$ 上,可得

$$\begin{aligned}&\theta_1^{*\mathrm{T}}a(s)P(s)[y](t)+[\theta_2^{*\mathrm{T}}a(s)+\theta_{20}^*\Lambda(s)]k_pZ(s)[y](t)\\&=\Lambda(s)[P(s)-k_p\theta_3^*Z(s)P_m(s)][y](t)\end{aligned} \tag{6.106}$$

将系统描述 $P(s)[y](t)=k_pZ(s)[u](t)$ 用于式(6.106)中可得

$$\begin{aligned}&\theta_1^{*\mathrm{T}}a(s)k_pZ(s)[u](t)+[\theta_2^{*\mathrm{T}}a(s)+\theta_{20}^*\Lambda(s)]k_pZ(s)[y](t)\\&=\Lambda(s)k_pZ(s)[u](t)-\Lambda(s)k_p\theta_3^*Z(s)P_m(s)[y](t)\end{aligned} \tag{6.107}$$

由于 $\Lambda(s)$ 和 $Z(s)$ 是稳定的,所以其可描述为

$$u(t)=\theta_1^{*\mathrm{T}}\frac{a(s)}{\Lambda(s)}[u](t)+\theta_2^{*\mathrm{T}}\frac{a(s)}{\Lambda(s)}[y](t)+\theta_{20}^*y(t)+\theta_3^*P_m(s)[y](t)+\epsilon_1(t) \tag{6.108}$$

式中,$\epsilon_1(t)$ 是与初始条件相关的指数衰减项。因此,由式(6.105)～式(6.108)可得 $y(t)=y_m(t)+\epsilon_0(t)$。

采用自适应控制器的误差系统:对于 $G(s)$未知时的自适应控制问题,采用自适应控制器(6.95),其中,$\theta_1=\theta_1(t)$,$\theta_2=\theta_2(t)$,$\theta_{20}=\theta_{20}(t)$,$\theta_3=\theta_3(t)$,式中,$\theta_1(t)$、$\theta_2(t)$、$\theta_{20}(t)$和 $\theta_3(t)$是参数 θ_1^*、θ_2^*、θ_{20}^*和 θ_3^* 的估计值,可通过下面设计的自适应律进行更新。

为了推导误差系统模型,引入

$$\omega(t)=[\omega_1^{\mathrm{T}}(t),\omega_2^{\mathrm{T}}(t),y(t),r(t)]^{\mathrm{T}} \tag{6.109}$$

$$e(t)=y(t)-y_m(t),\quad \tilde{\theta}(t)=\theta(t)-\theta^* \tag{6.110}$$

和 $\rho^*=k_p$,式中

$$\theta(t)=[\theta_1^{\mathrm{T}}(t),\theta_2^{\mathrm{T}}(t),\theta_{20}(t),\theta_3(t)]^{\mathrm{T}} \tag{6.111}$$

$$\theta^*=[\theta_1^{*\mathrm{T}},\theta_2^{*\mathrm{T}},\theta_{20}^*,\theta_3^*]^{\mathrm{T}} \tag{6.112}$$

在式(6.95)中,使用自适应参数估计值替代式(6.108)中的参数,忽略初始条件的影响,且根据式(6.109)和式(6.110)可得跟踪误差方程

$$\begin{aligned}e(t)&=\rho^* W_m(s)[\tilde{\theta}^{\mathrm{T}}\omega](t)\\&=-\rho^*[\theta^{*\mathrm{T}}W_m(s)[\omega](t)-W_m(s)[\theta^{\mathrm{T}}\omega](t)]\end{aligned} \tag{6.113}$$

因为 θ^* 和 ρ^* 均未知,上述方程表明,可定义估计误差 $\epsilon(t)$为 $e(t)$减去$-\rho^*(\theta^{*\mathrm{T}}W_m(s)[\omega](t)-W_m(s)[\theta^{\mathrm{T}}\omega](t))$的估计值,即

$$\epsilon(t)=e(t)+\rho(t)\xi(t) \tag{6.114}$$

式中,$\rho(t)$是 ρ^* 的估计值;且有

$$\xi(t)=\theta^{\mathrm{T}}(t)\zeta(t)-W_m(s)[\theta^{\mathrm{T}}\omega](t) \tag{6.115}$$

$$\zeta(t)=W_m(s)[\omega](t) \tag{6.116}$$

由于 $\tilde{\rho}(t)=\rho(t)-\rho^*$,应用式(6.113)、式(6.115)和式(6.116)可将式(6.114)中的 $\epsilon(t)$改写为

$$\epsilon(t)=\rho^*\tilde{\theta}^{\mathrm{T}}(t)\zeta(t)+\tilde{\rho}(t)\xi(t) \tag{6.117}$$

此式是关于参数误差 $\tilde{\theta}(t)$和 $\tilde{\rho}(t)$的线性函数(与状态反馈的情形相似)。

自适应律:基于误差方程式(6.117),选择如下自适应律

$$\dot{\theta}(t)=\frac{-\operatorname{sign}[k_p]\Gamma\epsilon(t)\zeta(t)}{m^2(t)} \tag{6.118}$$

$$\dot{\rho}(t)=\frac{-\gamma\epsilon(t)\xi(t)}{m^2(t)} \tag{6.119}$$

式中,$\Gamma=\Gamma^{\mathrm{T}}>0$ 和 $\gamma>0$ 是常值自适应增益;且

$$m(t)=\sqrt{1+\zeta^{\mathrm{T}}(t)\zeta(t)+\xi^2(t)} \tag{6.120}$$

自适应控制器具有如下理想特性。

引理 6.4 式(6.118)和式(6.119)可以保证 $\theta(t)\in L^\infty$,$\rho(t)\in L^\infty$,$\dfrac{\epsilon(t)}{m(t)}\in L^2\cap L^\infty$和 $\dot{\theta}(t)\in L^2\cap L^\infty$。

定理 6.4 针对被控对象(6.93),选择参考模型(6.94)、设计控制器(6.95)、自适应

律(6.118)和自适应律(6.119),则闭环控制系统的所有信号都是有界的,且跟踪误差信号 $e(t)=y(t)-y_m(t)$ 满足

$$y(t)-y_m(t)\in L^2,\quad \lim_{t\to\infty}(y(t)-y_m(t))=0 \tag{6.121}$$

上面引理的证明与状态反馈控制的情况类似,可见文献[7]。本节的相关理论可以类似地推广到离散系统,其过程和 6.2.2 节中状态反馈的离散时间设计类似。进一步,在连续系统中,状态反馈情况下的误差系统和输出反馈的误差系统类似。

6.4 相对阶为 1 的系统设计

下面考虑式(6.24)的相对阶为 $n^*=n-m=1$ 的特殊情况。采用上面的自适应控制器结构可以设计一个更简单的自适应参数更新律,以实现输出跟踪。在这种情况下,能够提供一个简单而完整的稳定性分析过程。

因为 $n-m=1$,所以可选择参考模型系统 $y_m(t)=W_m(s)[r](t)$,其中,$W_m(s)=\dfrac{1}{P_m(s)}$,$P_m(s)=s+a_m,a_m>0$。

6.4.1 输出反馈控制设计

首先,考虑采用输出反馈控制器结构(6.95),基于此,可推得

$$e(t)=\rho^* W_m(s)[\tilde{\theta}^{\mathrm{T}}\omega](t) \tag{6.122}$$

因为 $P_m(s)=s+a_m$,上式可变为

$$\dot{e}(t)+a_m e(t)=k_p\tilde{\theta}^{\mathrm{T}}(t)\omega(t) \tag{6.123}$$

选择 $\theta(t)$ 的自适应参数更新律为

$$\dot{\theta}(t)=-\ \mathrm{sign}[k_p]\Gamma\omega(t)e(t) \tag{6.124}$$

式中,$\Gamma=\Gamma^{\mathrm{T}}>0$;$\theta(0)$ 为参数 θ^* 的初始估计值。

选取正定函数

$$V=e^2+|k_p|\tilde{\theta}^{\mathrm{T}}\Gamma^{-1}\tilde{\theta} \tag{6.125}$$

其时间导数为

$$\dot{V}=-2a_m e^2(t)\leqslant 0 \tag{6.126}$$

基于此,可以得到 $e(t)\in L^\infty$(故 $y(t)\in L^\infty$,$\omega_2(t)\in L^\infty$),$\theta(t)\in L^\infty$ 和 $e(t)\in L^2$:$\int_0^\infty e^2(t)\mathrm{d}t=\dfrac{1}{2a_m}[V(e(0),\tilde{\theta}(0)]-V[e(\infty),\tilde{\theta}(\infty)]<\infty$(注意:即使 $\tilde{\theta}(\infty)$ 不存在,$V(e(\infty),\tilde{\theta}(\infty))$ 也是存在的,因为 $V\geqslant 0$,$\dot{V}\leqslant 0$)。

然后,忽略初始条件指数衰减的影响,由被控对象表达式 $P(s)[y](t)=k_pZ(s)[u](t)$,基于假设 6.9 和假设 6.10,可得

$$\frac{s^i}{\Lambda(s)}[u](t)=\frac{P(s)}{k_pZ(s)}\frac{s^i}{\Lambda(s)}[y](t) \tag{6.127}$$

因为 $\dfrac{P(s)}{k_pZ(s)}\dfrac{s^i}{\Lambda(s)}$ 是稳定的真分式,且 $y(t)\in L^\infty$,所以式(6.127)是有界的,其中 $i=0,1,\cdots$,

$n-2$。这意味着 $\omega_1(t)\in L^\infty$，故 $u(t),\dot{e}(t)\in L^\infty$。因为 $e(t)\in L^2,\dot{e}(t)\in L^\infty$，所以 $\lim_{t\to\infty}e(t)=0$（见定理 6.1 最后的证明，引理 6.1）。这意味着 $\lim_{t\to\infty}|k_p|\tilde{\theta}^{\mathrm{T}}(t)\Gamma^{-1}\tilde{\theta}(t)$ 存在但不一定为 0。

6.4.2 状态反馈控制设计

本节考虑采用状态反馈控制器结构(6.29)，由此可推导出跟踪误差方程式(6.36)。忽略 $ce^{(A+bk_1^{*\mathrm{T}})t}x(0)$，定义 $\theta(t)=[k_1^{\mathrm{T}}(t),k_2(t)]^{\mathrm{T}}$，$\theta^*=[k_1^{*\mathrm{T}},k_2^*]^{\mathrm{T}}$，$\omega(t)=[x^{\mathrm{T}}(t),r(t)]^{\mathrm{T}}$，则式(6.36)可描述为如式(6.123)的表达形式

$$\dot{e}(t)+a_m e(t)=k_p\tilde{\theta}^{\mathrm{T}}(t)\omega(t) \tag{6.128}$$

然后，选择参数 $\theta(t)$ 的自适应律为

$$\dot{\theta}(t)=-\mathrm{sign}[k_p]\Gamma\omega(t)e(t) \tag{6.129}$$

式中，$\Gamma=\Gamma^{\mathrm{T}}>0$；$\theta(0)$ 是参数 θ^* 的初始估计值。基于式(6.125)和式(6.126)进行类似的稳定性分析，可以得到 $e(t)\in L^\infty$（所以 $y(t)\in L^\infty$），$\theta(t)\in L^\infty$，$e(t)\in L^2$。

为了证明 $x(t)\in L^\infty$，考虑如下虚拟状态观测器，产生对系统状态 $x(t)$ 估计：

$$\dot{x}_e(t)=Ax_e(t)+bu(t)+L[y(t)-cx_e(t)] \tag{6.130}$$

式中，$x_e(t)$ 为状态的估计值；$L\in R^n$ 要保证 $A-Lc$ 为稳定的（由于 (A,c) 是可检测的，所以这样的矩阵 L 是存在的）。然后，可得 $x(t)=x_e(t)+(sI-A+Lc)^{-1}(x(0)-x_e(0))$（若取 $x_e(0)=x(0)$，则 $x(t)=x_e(t)$），其中，基于假设 6.3，可得

$$\begin{aligned}x_e(t)&=(sI-A+Lc)^{-1}b[u](t)+(sI-A+Lc)^{-1}L[y](t)\\&=(sI-A+Lc)^{-1}b\frac{P(s)}{k_pZ(s)}[y](t)+(sI-A+Lc)^{-1}L[y](t)\end{aligned} \tag{6.131}$$

因为 $y(t)\in L^\infty$ 且 $(sI-A+Lc)^{-1}b\dfrac{P(s)}{k_pZ(s)}$ 为稳定的真分式（注意，$\dfrac{k_pZ(s)}{P(s)}$ 的相对阶为 1），所以 $x_e(t)$ 是有界的，故 $x(t)$ 是有界的，进而可得 $u(t)$、$\dot{e}(t)$ 也是有界的。由 $\dot{e}(t)\in L^\infty$，$e(t)\in L^2$ 可得 $\lim_{t\to\infty}e(t)=0$。

由上述设计可知，对相对阶为 1 的系统，自适应控制设计具有更简单的自适应参数更新律以及更加简单直接的稳定和渐近跟踪性能的分析。但需要注意的是，上述设计方法无法推广到离散时间系统。

6.5 间接自适应控制设计

本节介绍两种间接的 MRAC 自适应控制设计：一种是采用状态反馈实现状态跟踪，另一种是采用输出反馈实现输出跟踪。间接自适应控制的一个重要特征是：先估计系统（被控对象）参数，然后基于系统参数估计值计算控制器参数，即间接地进行自适应控制器参数更新。

6.5.1 间接自适应的状态反馈状态跟踪控制设计

考虑线性时不变系统(6.1)

$$\dot{x}(t)=Ax(t)+bu(t),\quad x(t)\in R^n,\quad u(t)\in R \tag{6.132}$$

和参考模型系统(6.2)

$$\dot{x}_m(t)=A_m x_m(t)+b_m r(t), \quad x_m(t)\in R^n, \quad r(t)\in R \tag{6.133}$$

其满足匹配条件(6.3)

$$A+bk_1^{*\mathrm{T}}=A_m, \quad bk_2^*=b_m \tag{6.134}$$

系统参数化:首先,根据系统输入 $u(t)$ 和状态 $x(t)$ 参数化被控对象。由上述匹配条件可得

$$A=A_m-b_m\theta_1^{*\mathrm{T}}, \quad b=b_m\theta_2^* \tag{6.135}$$

式中,$\theta_1^*=k_2^{*-1}k_1^*$,$\theta_2^*=k_2^{*-1}$。此式表明矩阵 A 和 b 的不确定性其实是参数 θ_1^* 和 θ_2^* 的不确定性。因此,可以将参数 θ_1^* 和 θ_2^* 视为系统参数 A 和 b 的未知部分,基于此,将式(6.132)参数化为

$$\dot{x}(t)=Ax(t)+bu(t)=A_m x(t)+b_m[\theta_2^* u(t)-\theta_1^{*\mathrm{T}}x(t)] \tag{6.136}$$

这样的参数化系统模型是由输入 $u(t)$ 和状态 $x(t)$ 表示的信号恒等式。

参数估计:首先,设计一个自适应估计器来估计未知参数 θ_1^* 和 θ_2^*,令 $\theta_1(t)$ 和 $\theta_2(t)$ 为未知参数 θ_1^* 和 θ_2^* 的估计值,基于式(6.136),建立估计器状态方程

$$\dot{\hat{x}}(t)=A_m\hat{x}(t)+b_m[\theta_2(t)u(t)-\theta_1^{\mathrm{T}}(t)x(t)] \tag{6.137}$$

以产生一个估计器状态 $\hat{x}(t)$。对于估计器状态误差 $e_x(t)=\hat{x}(t)-x(t)$,可得估计器状态误差方程

$$\dot{e}_x(t)=A_m e_x(t)+b_m[(\theta_2(t)-\theta_2^*)u(t)-(\theta_1(t)-\theta_1^*)^{\mathrm{T}}x(t)] \tag{6.138}$$

基于此估计器状态误差方程,选择 $\theta_1(t)$ 和 $\theta_2(t)$ 的自适应参数更新律为

$$\dot{\theta}_1(t)=\Gamma_1 x(t)e_x^{\mathrm{T}}(t)Pb_m \tag{6.139}$$

$$\dot{\theta}_2(t)=-\gamma_2 u(t)e_x^{\mathrm{T}}(t)Pb_m \tag{6.140}$$

式中,$\Gamma_1=\Gamma_1^{\mathrm{T}}>0$,$\gamma_2>0$,$P=P^{\mathrm{T}}>0$ 使得对于给定的 $Q=Q^{\mathrm{T}}>0$,有 $PA_m+A_m^{\mathrm{T}}P=-Q$。考虑正定函数 $V=e_x^{\mathrm{T}}Pe_x+(\theta_1-\theta_1^*)^{\mathrm{T}}\Gamma_1^{-1}(\theta_1-\theta_1^*)+(\theta_2-\theta_2^*)^2\gamma_2^{-1}$,基于此,推出其时间导数 $\dot{V}=-e_x^{\mathrm{T}}Qe_x\leqslant 0$,所以 $\theta_1(t)$、$\theta_2(t)$ 和 $e_x(t)$ 都是有界的,并且 $e_x(t)\in L^2$。

自适应控制信号:为了使系统状态向量 $x(t)$ 跟踪参考模型系统(6.133)的参考状态向量 $x_m(t)$,选择自适应控制信号为

$$u(t)=\frac{1}{\theta_2(t)}v(t), \quad v(t)=\theta_1^{\mathrm{T}}(t)x(t)+r(t) \tag{6.141}$$

为了实现这种控制律的设计,在满足假设 6.14 的情况下,利用参数 θ_2^* 的下界及符号信息设计其参数的估计值 $\theta_2(t)$,以保证 $\theta_2(t)$ 不为零。

假设 6.14 θ_2^* 的符号 $\mathrm{sign}[\theta_2^*]$ 是已知的,且其下界 $\theta_2^0\leqslant|\theta_2^*|$ 也是已知的。

在这样的假设条件下,自适应参数更新律(6.140)可写成

$$\dot{\theta}_2(t)=-\gamma_2 u(t)e_x^{\mathrm{T}}(t)Pb_m+f_2(t) \tag{6.142}$$

选择其初始参数估计值 $\theta_2(0)$ 满足 $\mathrm{sign}[\theta_2^*]\theta_2(0)\geqslant\theta_2^0$。其中,参数投影信号 $f_2(t)$ 为

$$f_2(t)=\begin{cases}0, & \begin{array}{l}\mathrm{sign}[\theta_2^*]\theta_2(t)>\theta_2^0 \text{ 或} \\ \mathrm{sign}[\theta_2^*]\theta_2(t)=\theta_2^0, \mathrm{sign}[\theta_2^*]g_2(t)\geqslant 0\end{array} \\ -g_2(t), & \text{其他}\end{cases} \tag{6.143}$$

式中,$g_2(t)=-\gamma_2 u(t)e_x^{\mathrm{T}}(t)Pb_m$。由此,可验证 $(\theta_2(t)-\theta_2^*)f_2(t)\leqslant 0$,进而可推得 $\dot{V}\leqslant -e_x^{\mathrm{T}}Qe_x\leqslant 0$。

所以这样的参数投影算法仍能保证如上所述理想的参数估计的性质。

这样设计的间接自适应控制方案具有理想的稳定和跟踪性能。

定理 6.5 将自适应控制器(6.141)、自适应参数更新律(6.139)和(6.140)及参数投影算法(6.143)应用到被控对象(6.132),则可以保证所有闭环系统信号是有界的,且 $\lim_{t\to\infty}[x(t)-x_m(t)]=0$。

证明 将控制律(6.141)用于式(6.137),可得估计器状态方程式(6.137)为

$$\dot{\hat{x}}(t)=A_m\hat{x}(t)+b_m r(t) \tag{6.144}$$

其意味着 $\hat{x}(t)$ 有界,且由于 $e_x(t)=\hat{x}(t)-x(t)$ 有界,故 $x(t)$ 和 $u(t)$ 有界,进而推出 $\dot{x}(t)$ 有界。因为 $\lim_{t\to\infty}[\hat{x}(t)-x_m(t)]=0$(指数衰减),所以 $\hat{x}(t)-x_m(t)\in L^2$,加之 $x(t)-\hat{x}(t)\in L^2$,于是 $x(t)-x_m(t)=\hat{x}(t)-x_m(t)+x(t)-\hat{x}(t)\in L^2$。最后,由 $\dot{x}(t)=\dot{x}_m(t)$ 有界推出 $\lim_{t\to\infty}[\hat{x}(t)-x_m(t)]=0$(引理 6.1)。

由上面的分析可知,在间接自适应的状态反馈状态跟踪控制设计中,匹配条件(6.134)是必要的。另外,需要利用参数符号信息及其下界(假设 6.14)设计参数投影算法,以避免控制奇异性问题。控制奇异性问题是间接自适应控制中的一个典型问题,即当参数估计值 $\theta_2(t)$ 为零或接近零时,易引起式(6.141)表示的自适应控制信号 $u(t)$ 过大或趋于无穷。

6.5.2 间接自适应的输出反馈输出跟踪控制设计

当系统中只有输入 $u(t)$ 和输出 $y(t)$ 可测时,可进行输出反馈设计。在这种情况下,被控对象(6.25)描述为

$$P(s)[y](t)=k_p Z(s)[u](t) \tag{6.145}$$

式中

$$Z(s)=s^m+z_{m-1}s^{m-1}+\cdots+z_1 s+z_0 \tag{6.146}$$

$$P(s)=s^n+p_{n-1}s^{n-1}+\cdots+p_1 s+p_0 \tag{6.147}$$

是关于 s 的多项式,s 是时间微分操作符 $s[x](t)=\dot{x}(t)$,$p_i(i=0,1,\cdots,n-1)$、k_p、$z_i(i=0,1,\cdots,m-1)$ 是未知的常值参数,且 $n>m$。式(6.145)需要相同的假设 6.10～假设 6.13,而且其原来的状态变量模型 $\dot{x}(t)=Ax(t)+bu(t)$,$y(t)=cx(t)$ 需满足假设 6.9。

系统参数化:选择稳定的多项式 $\Lambda_e(s)=s^n+\lambda_{n-1}^e s^{n-1}+\cdots+\lambda_1^e s+\lambda_0^e$。利用 $1/\Lambda_e(s)$ 在式(6.145)两端进行滤波处理,定义参数向量 θ_p^* 和回归向量 $\phi(t)$:

$$\theta_p^*=[k_p z_0,k_p z_1,\cdots,k_p z_{m-1},k_p,-p_0,-p_1,\cdots,-p_{n-2},-p_{n-1}]^{\mathrm{T}}\in R^{n+m+1} \tag{6.148}$$

$$\begin{aligned}\phi(t)=\Bigg[&\frac{1}{\Lambda_e(s)}[u](t),\frac{s}{\Lambda_e(s)}[u](t),\cdots,\frac{s^{m-1}}{\Lambda_e(s)}[u](t),\frac{s^m}{\Lambda_e(s)}[u](t),\\&\frac{1}{\Lambda_e(s)}[y](t),\frac{s}{\Lambda_e(s)}[y](t),\cdots,\frac{s^{n-2}}{\Lambda_e(s)}[y](t),\frac{s^{n-1}}{\Lambda_e(s)}[y](t)\Bigg]^{\mathrm{T}}\end{aligned} \tag{6.149}$$

则式(6.145)可描述为

$$y(t)-\frac{\Lambda_{n-1}(s)}{\Lambda_e(s)}[y](t)=\theta_p^{*\mathrm{T}}\phi(t) \tag{6.150}$$

式中,$\Lambda_{n-1}(s)=\lambda_{n-1}^e s^{n-1}+\cdots+\lambda_1^e s+\lambda_0^e$。

为了生成向量信号 $\phi(t)$,构造两个动态系统

$$\dot{\omega}_1^e(t)=A_e\omega_1^e(t)+b_eu(t) \tag{6.151}$$

$$\dot{\omega}_2^e(t)=A_e\omega_2^e(t)+b_ey(t) \tag{6.152}$$

式中，$\omega_1^e(t)\in R^n$，$\omega_2^e(t)\in R^n$，且

$$A_e=\begin{bmatrix} 0 & 1 & 0 & \cdots & 0 & 0 \\ 0 & 0 & 1 & 0 & \cdots & 0 \\ \vdots & \vdots & \vdots & \vdots & & \vdots \\ 0 & 0 & \cdots & \cdots & 0 & 1 \\ -\lambda_0^e & -\lambda_1^e & \cdots & \cdots & -\lambda_{n-2}^e & -\lambda_{n-1}^e \end{bmatrix},\quad b_e=\begin{bmatrix} 0 \\ \vdots \\ 0 \\ 1 \end{bmatrix}\in R^n \tag{6.153}$$

然后由

$$\phi(t)=[(\bar{\omega}_1^e(t))^{\mathrm{T}},(\omega_2^e(t))^{\mathrm{T}}]^{\mathrm{T}} \tag{6.154}$$

生成回归向量 $\phi(t)$，其中，$\bar{\omega}_1^e(t)\in R^{m+1}$ 是 $\omega_1^e(t)$ 的前 $m+1$ 个元素构成的向量。

令 $\theta_p(t)$ 为 θ_p^* 的估计值，定义估计误差

$$\epsilon(t)=\theta_p^{\mathrm{T}}(t)\phi(t)-y(t)+\frac{\Lambda_{n-1}(s)}{\Lambda_e(s)}[y](t),\quad t\geqslant t_0 \tag{6.155}$$

式中，$\frac{\Lambda_{n-1}(s)}{\Lambda_e(s)}[y](t)$ 可通过以下方式实现

$$\frac{\Lambda_{n-1}(s)}{\Lambda_e(s)}[y](t)=\lambda_e^{\mathrm{T}}\omega_2^e(t),\quad \lambda_e=[\lambda_0^e,\lambda_1^e,\cdots,\lambda_{n-2}^e,\lambda_{n-1}^e]^{\mathrm{T}}\in R^n \tag{6.156}$$

自适应参数更新律：为了自适应地更新参数估计值 $\theta_p(t)$，采用参数投影的梯度算法

$$\dot{\theta}_p(t)=-\frac{\Gamma\phi(t)\epsilon(t)}{m^2(t)}+f(t),\quad \theta_p(0)=\theta_0,\quad t\geqslant 0 \tag{6.157}$$

式中，$\Gamma=\mathrm{diag}\{\Gamma_1,\gamma_{m+1},\Gamma_2\}$，$\Gamma_1\in R^{m\times m}$ 满足 $\Gamma_1=\Gamma_1^{\mathrm{T}}>0$，$\gamma_{m+1}>0$，$\Gamma_2\in R^{n\times n}$ 满足 $\Gamma_2=\Gamma_2^{\mathrm{T}}>0$；$\theta_0$ 是 $\theta_p^*\in R^{n+m+1}$ 的初始估计值；且

$$m(t)=\sqrt{1+\kappa\phi^{\mathrm{T}}(t)\phi(t)},\quad \kappa>0 \tag{6.158}$$

参数投影项 $f(t)$ 具有如下形式

$$f(t)=[0_{1\times m},f_{m+1}(t),0_{1\times n}]^{\mathrm{T}}\in R^{n+m+1} \tag{6.159}$$

为了对参数 $\theta_{pm+1}(t)=\hat{k}_p(t)$（$\theta_{pm+1}(t)$ 是 $\theta_p(t)$ 中的第 $m+1$ 个元素）进行投影处理，需设计 $f_{m+1}(t)$ 以保证 $\hat{k}_p(t)$（k_p 的估计值）远离零。为此，作以下假设。

假设 6.15 k_p 的符号 $\mathrm{sign}[k_p]$ 和 $|k_p|$ 的下界 k_p^0（$0<k_p^0\leqslant|k_p|$）皆已知。

然后，选择初始参数估计值 $\theta_{pm+1}(0)$ 满足 $\mathrm{sign}[k_p]\theta_{pm+1}(0)\geqslant k_p^0$。

在向量 $\phi(t)=[\phi_1(t),\cdots,\phi_m(t),\phi_{m+1}(t),\phi_{m+2}(t),\cdots,\phi_{n+m+1}(t)]^{\mathrm{T}}$ 中，$\phi_{m+1}(t)=\frac{s^m}{\Lambda_e(s)}[u](t)$ 是由式(6.151)定义的 $\omega_1^e(t)$ 的第 $m+1$ 个元素。基于此，引入

$$g_{m+1}(t)=-\frac{\gamma_{m+1}\phi_{m+1}(t)\epsilon(t)}{m^2(t)} \tag{6.160}$$

且令投影函数的元素 $f_{m+1}(t)$ 为

$$f_{m+1}(t)=\begin{cases} 0, & \begin{array}{l}\mathrm{sign}[k_p]\theta_{pm+1}(t)>k_p^0\ \text{或} \\ \mathrm{sign}[k_p]\theta_{pm+1}(t)=k_p^0\ \text{且}\ \mathrm{sign}[k_p]g_{m+1}(t)\geqslant 0\end{array} \\ -g_{m+1}(t), & \text{其他} \end{cases} \tag{6.161}$$

这样的 $f(t)$ 保证了 $\operatorname{sign}[k_p]\theta_{pm+1}(t)\geqslant k_p^0$ 和 $(\theta_{pm+1}(t)-\theta_{pm+1}^*)f_{m+1}(t)\leqslant 0$。选择正定函数 $V(\tilde{\theta}_p)=\tilde{\theta}_p^{\mathrm{T}}\Gamma^{-1}\tilde{\theta}_p$，$\tilde{\theta}_p=\theta_p-\theta^*$，求其时间导数为

$$\begin{aligned}\dot{V}&=\frac{-2\epsilon^2(t)}{m^2(t)}+2\tilde{\theta}_p^{\mathrm{T}}(t)\Gamma^{-1}f(t)\\&=\frac{-2\epsilon^2(t)}{m^2(t)}+2(\theta_{pm+1}(t)-\theta_{pm+1}^*)\gamma_{m+1}^{-1}f_{m+1}(t)\leqslant-\frac{2\epsilon^2(t)}{m^2(t)}\end{aligned}\tag{6.162}$$

由此可得如下理想性质。

(1) $\theta_p(t)$、$\dot{\theta}_p(t)$ 和 $\dfrac{\epsilon(t)}{m(t)}$ 是有界的。

(2) $\dfrac{\epsilon(t)}{m(t)}$ 和 $\dot{\theta}_p(t)$ 属于 L^2。

由式(6.157)可获得参数向量 $\theta_p(t)$，基于此，辨识参数

$$\begin{aligned}&[\hat{k}_p z_0(t),\hat{k}_p z_1(t),\cdots,\hat{k}_p z_{m-1}(t),\hat{k}_p(t),-\hat{p}_0(t),-\hat{p}_1(t),\cdots,-\hat{p}_{n-2}(t),-\hat{p}_{n-1}(t)]\\&=\theta_p^{\mathrm{T}}(t)\in R^{1\times(n+m+1)}\end{aligned}\tag{6.163}$$

定义 z_i 的参数估计值为

$$\hat{z}_i(t)=\frac{\hat{k}_p z_i(t)}{\hat{k}_p(t)},\quad i=0,1,\cdots,m-1\tag{6.164}$$

然后引入式(6.146)和式(6.147)中 $P(s)$ 和 $Z(s)$ 的估计值

$$\hat{P}(s,\hat{p})=s^n+\hat{p}_{n-1}s^{n-1}+\cdots+\hat{p}_1 s+\hat{p}_0\tag{6.165}$$

$$\hat{Z}(s,\hat{z})=s^m+\hat{z}_{m-1}s^{m-1}+\cdots+\hat{z}_1 s+\hat{z}_0\tag{6.166}$$

式中，$\hat{z}=[\hat{z}_0,\hat{z}_1,\cdots,\hat{z}_{m-1}]^{\mathrm{T}}$ 和 $\hat{p}=[\hat{p}_0,\hat{p}_1,\cdots,\hat{p}_{n-1}]^{\mathrm{T}}$ 为 $z^*=[z_0,z_1,\cdots,z_{m-1}]^{\mathrm{T}}\in R^m$ 和 $p^*=[p_0,p_1,\cdots,p_{n-1}]^{\mathrm{T}}\in R^n$ 的自适应(在线)估计值。

参考模型系统:选择参考模型系统为式(6.28)或式(6.94)，即

$$P_m(s)[y_m](t)=r(t)\tag{6.167}$$

式中，$P_m(s)$ 是阶次为 $n-m$ 的首一稳定多项式；$r(t)$ 是一个有界的分段连续参考输入信号。

自适应控制信号:采用与式(6.95)相同的控制器结构

$$u(t)=\theta_1^{\mathrm{T}}\omega_1(t)+\theta_2^{\mathrm{T}}\omega_2(t)+\theta_{20}y(t)+\theta_3 r(t)\tag{6.168}$$

式中，$\theta_1\in R^{n-1}$，$\theta_2\in R^{n-1}$，$\theta_{20}\in R$ 和 $\theta_3\in R$ 是参数，并且

$$\omega_1(t)=\frac{a(s)}{\Lambda_c(s)}[u](t),\quad \omega_2(t)=\frac{a(s)}{\Lambda_c(s)}[y](t)\tag{6.169}$$

式中，$a(s)=[1,s,\cdots,s^{n-2}]^{\mathrm{T}}$；$\Lambda_c(s)$ 是一个阶次为 $n-1$ 的首一稳定多项式。

与式(6.101)中的标称参数 θ_1^*、θ_2^*、θ_{20}^* 和 θ_3^* 的定义方法类似，推导控制参数 $\theta_1\in R^{n-1}$，$\theta_2\in R^{n-1}$，$\theta_{20}\in R$ 和 $\theta_3\in R$ 以满足式(6.101)的自适应(在线)形式

$$\begin{aligned}&\theta_1^{\mathrm{T}}a(\lambda)\hat{P}(\lambda,\hat{p})+(\theta_2^{\mathrm{T}}a(\lambda)+\theta_{20}\Lambda_c(\lambda))\hat{k}_p\hat{Z}(\lambda,\hat{z})\\&=\Lambda_c(\lambda)(\hat{P}(\lambda,\hat{p})-\hat{k}_p\theta_3\hat{Z}(\lambda,\hat{z})P_m(\lambda))\end{aligned}\tag{6.170}$$

将式(6.165)和式(6.166)中的 s 由 λ 代替，对任意 $\hat{P}(\lambda,\hat{p})$ 和 $\hat{Z}(\lambda,\hat{z})$，式(6.170)总有一个解 $\{\theta_1,\theta_2,\theta_{20},\theta_3\}$。然而若 $\hat{P}(\lambda,\hat{p})$ 和 $\hat{Z}(\lambda,\hat{z})$ 不是互质的，那么式(6.170)的解不唯一。直接求解式(6.170)可能很复杂，因此为实现自适应控制器(6.168)的设计，采用下面的求解过程。

首先，用 $\hat{P}(\lambda,\hat{p})$ 除 $\Lambda_c(\lambda)P_m(\lambda)$，可得

$$\frac{\Lambda_c(\lambda)P_m(\lambda)}{\hat{P}(\lambda,\hat{p})}=\hat{Q}(\lambda,\hat{q})+\frac{\hat{R}(\lambda,\hat{r})}{\hat{P}(\lambda,\hat{p})} \tag{6.171}$$

式中，$\hat{Q}(\lambda,\hat{q})$ 是阶次为 n^*-1 的首一多项式，其参数是向量 $\hat{q}\in R^{n^*-1}$ 的元素；$\hat{R}(\lambda,\hat{r})$ 是 $n-1$ 阶多项式，其参数是向量 $\hat{r}\in R^n$ 的元素。通过 $\hat{Q}(\lambda,\hat{q})$ 和 $\hat{R}(\lambda,\hat{r})$ 的参数化，可选择 $\{\theta_1,\theta_2,\theta_{20},\theta_3\}$ 作为式(6.170)的解以满足下面的多项式方程

$$\theta_1^{\mathrm{T}}a(\lambda)=\Lambda_c(\lambda)-\hat{Q}(\lambda,\hat{q})\hat{Z}(\lambda,\hat{z}) \tag{6.172}$$

$$\theta_2^{\mathrm{T}}a(\lambda)+\theta_{20}\Lambda_c(\lambda)=-\theta_3\hat{R}(\lambda,\hat{r}),\quad \theta_3=\frac{1}{\hat{k}_p} \tag{6.173}$$

因为 $\Lambda_c(\lambda)$、$\hat{Q}(\lambda,\hat{q})$ 和 $\hat{Z}(\lambda,\hat{z})$ 都是首一的，故由式(6.171)可知，$\Lambda_c(\lambda)-\hat{Q}(\lambda,\hat{q})\hat{Z}(\lambda,\hat{z})$ 的阶次为 $n-2$，$\hat{R}(\lambda,\hat{r})$ 的阶次为 $n-1$。因此，上述式(6.172)和式(6.173)可产生理想的 $\{\theta_1,\theta_2,\theta_{20}\}$。

基于 $\{\theta_1,\theta_2,\theta_{20},\theta_3\}$ 的定义，由式(6.172)和式(6.173)可得

$$\begin{aligned}&\theta_1^{\mathrm{T}}a(\lambda)+[\theta_2^{\mathrm{T}}a(\lambda)+\theta_{20}\Lambda_c(\lambda)]\hat{k}_p\frac{\hat{Z}(\lambda,\hat{z})}{\hat{P}(\lambda,\hat{p})}\\&=\Lambda_c(\lambda)-\hat{k}_p\theta_3\hat{Z}(\lambda,\hat{z})\left[\hat{Q}(\lambda,\hat{q})+\frac{\hat{R}(\lambda,\hat{r})}{\hat{P}(\lambda,\hat{p})}\right]\end{aligned} \tag{6.174}$$

其意味着式(6.170)成立。该过程表明了如何获得自适应控制器参数 $\{\theta_1,\theta_2,\theta_{20},\theta_3\}$，也说明了自适应控制的基本原理——等价性原理：针对具有未知参数的对象，采用自适应参数估计值进行反馈控制设计，如同采用系统真值进行反馈控制设计。换句话说，在自适应控制中，可以用自适应参数估计值代替真值，进行控制律设计(在自适应控制设计时，可以直接估计控制器参数(如 6.3 节描述的直接自适应设计)，也可先自适应估计系统参数，然后基于估计的系统参数求解如同式(6.170)的设计(匹配)方程，以实现控制律的间接设计)。基于这样的等价性原则进行自适应控制设计时，参数估计值必须满足某种理想特性。

稳定和跟踪性能：关于间接自适应控制理想的稳定和跟踪性能可概括为如下定理。

定理 6.6 考虑被控对象(6.145)：$P(s)[y](t)=k_pZ(s)[u](t)$，采用控制器(6.168)(其参数满足式(6.170)或式(6.172)和式(6.173))、自适应律(6.157)(其用来更新 $P(s)$、k_p 和 $Z(s)$ 的估计值 $\hat{P}(s,\hat{p})$、$\hat{k}_p$ 和 $\hat{Z}(s,\hat{z})$)，以及参考模型(6.167)(其中 $r(t)$ 用于控制器(6.168)设计，$P_m(s)$ 用来确定控制器参数)，则闭环系统的所有信号都是有界的，且输出误差 $y(t)-y_m(t)$ 满足 $y(t)-y_m(t)\in L^2$ 和 $\lim\limits_{t\to\infty}(y(t)-y_m(t))=0$。

总之，间接自适应控制设计分为两步：一是对被控对象参数的自适应估计(采用被控对象的参数化形式(6.150)，生成的估计误差(6.155)，以及带有投影项(6.161)的参数自适应算法(6.157))；二是对不确定对象的自适应控制(采用控制器结构(6.168)，使用式(6.170)或式(6.172)和式(6.173)计算控制器参数)。与 6.3 节中的直接自适应控制方法相比，间接自适应控制需要知道被控对象的附加信息，即增益参数 k_p 的符号及下界(假设 6.15)；其将在参数投影中使用，以保证 k_p 的估计值和 k_p 具有相同的符号和下界，从而保证控制器的非奇异性。上面的输出反馈输出跟踪间接自适应控制设计过程也适用于离散时间系统，在离散时间的自适应控制设计中，参数更新律与式(6.157)相似，以 $\theta_p(k+1)-\theta_p(k)$ 代替 $\dot{\theta}_p(t)$，其中，自适应增益 Γ 满足 $0<\Gamma<2I$(6.2 节)。更前面的连续系统的状态反馈状态跟踪间接自适应控制设计也是分为相似的两步，但不适用于离散系统。

6.6 典型设计实例

本节将介绍几个例子,以说明前面的自适应控制设计:一是状态反馈状态跟踪,二是状态反馈输出跟踪或输出反馈输出跟踪。

6.6.1 标准型系统的状态跟踪控制匹配

考虑如下标准型系统

$$A=\begin{bmatrix} 0 & 1 & 0 & \cdots & 0 & 0 \\ 0 & 0 & 1 & 0 & \cdots & 0 \\ \vdots & \vdots & \vdots & \vdots & \vdots & \vdots \\ 0 & 0 & \cdots & \cdots & 0 & 1 \\ -a_0 & -a_1 & \cdots & \cdots & -a_{n-2} & -a_{n-1} \end{bmatrix},\quad b=\begin{bmatrix} 0 \\ 0 \\ \vdots \\ 0 \\ b_0 \end{bmatrix} \tag{6.175}$$

式中,a_i 和 b_0 是未知常值参数。对这种系统进行状态反馈状态跟踪控制设计是很方便的。在这种情况下,选择标准型的参考模型系统矩阵为

$$A_m=\begin{bmatrix} 0 & 1 & 0 & \cdots & 0 & 0 \\ 0 & 0 & 1 & 0 & \cdots & 0 \\ \vdots & \vdots & \vdots & \vdots & \vdots & \vdots \\ 0 & 0 & \cdots & \cdots & 0 & 1 \\ -a_{m0} & -a_{m1} & \cdots & \cdots & -a_{mn-2} & -a_{mn-1} \end{bmatrix},\quad b_m=\begin{bmatrix} 0 \\ 0 \\ \vdots \\ 0 \\ b_{m0} \end{bmatrix} \tag{6.176}$$

式中,参数 $a_{mi}, i=0,1,2,\cdots,n-1$ 的选取要使得 $\alpha_m(s)=s^n+a_{mn-1}s^{n-1}+\cdots+a_{m1}s+a_{m0}$ 为期望的稳定多项式。对象-模型匹配参数 $k_1^*=[k_{11}^*,k_{12}^*,\cdots,k_{1n}^*]^{\mathrm{T}}$ 和 k_2^*(满足假设 6.1)为

$$k_2^*=\frac{b_{m0}}{b_0},\quad k_{1i}^*=\frac{a_{i-1}-a_{mi-1}}{b_0},\quad i=1,2,\cdots,n \tag{6.177}$$

通过分析可知,对于上面的标准型系统来说,总满足对象-模型匹配条件(假设 6.1),因此,状态反馈状态跟踪的控制设计是可行的。然而,对于非标准型系统来说,这样一个匹配条件可能不满足,则状态跟踪控制设计可能无法实现。

6.6.2 非标准型系统的输出跟踪设计

为实现输出跟踪设计,对象-模型匹配条件是被控对象传递函数的相对阶与参考模型传递函数的相对阶相匹配,以及为实现输出跟踪控制所需的一个稳定的零点条件。通过状态反馈或输出反馈均可实现输出跟踪,而且它们均可针对非标准型系统进行设计。本节考虑一个基准系统,并对其研究几种自适应控制设计[7]。

基准系统:考虑一个电机-负载复合系统

$$\begin{aligned} J_m\ddot{\theta}_m(t)+b_m\dot{\theta}_m(t)&=u(t)-u_k(t) \\ J_l\ddot{\theta}_l(t)+b_l\dot{\theta}_l(t)&=u_k(t) \end{aligned} \tag{6.178}$$

式中,电机负载连接弹性力和阻尼力为

$$u_k(t)=k[\theta_m(t)-\theta_l(t)]+b_k[\dot{\theta}_m(t)-\dot{\theta}_l(t)] \tag{6.179}$$

未知常值参数 $J_m>0$（电机转动惯量），$J_l>0$（负载转动惯量），$b_m\geqslant 0$（黏滞摩擦系数），$k>0$（连接刚度系数）和 $b_k>0$（连接阻尼系数）。假设位置信号 $\theta_l(t)$、$\theta_m(t)$ 和速度信号 $\dot{\theta}_l(t)$、$\dot{\theta}_l(t)$ 均是可测的，结构图如图 6.1 所示。

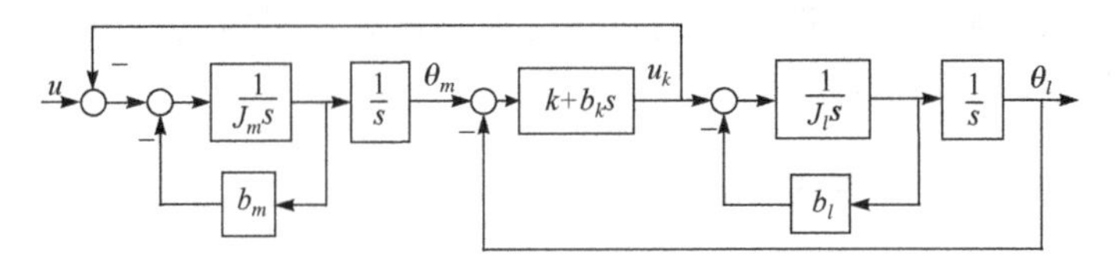

图 6.1　电机-负载复合动态系统

将被控对象(6.178)的状态空间表达式描述为

$$
\begin{aligned}
\dot{x}(t)&=Ax(t)+bu(t)\\
y(t)&=Cx(t)
\end{aligned}
\tag{6.180}
$$

式中，$x(t)=[\theta_m(t),\dot{\theta}_m(t),\theta_l(t),\dot{\theta}_l(t)]^{\mathrm{T}}$，$C=[0,0,1,0]$

$$
A=\begin{bmatrix}
0 & 1 & 0 & 0\\
-\dfrac{k}{J_m} & -\dfrac{b_m+b_k}{J_m} & \dfrac{k}{J_m} & \dfrac{b_k}{J_m}\\
0 & 0 & 0 & 1\\
\dfrac{k}{J_l} & \dfrac{b_k}{J_l} & -\dfrac{k}{J_l} & -\dfrac{b_l+b_k}{J_l}
\end{bmatrix},\quad b=\begin{bmatrix}0\\ \dfrac{1}{J_m}\\ 0\\ 0\end{bmatrix}
\tag{6.181}
$$

被控对象的传递函数为

$$
G(s)=\frac{y(s)}{u(s)}=\frac{\dfrac{b_k}{J_mJ_l}\left(s+\dfrac{k}{b_k}\right)}{s^4+\dfrac{J_0b_k+J_lb_m+J_mb_l}{J_mJ_l}s^3+\dfrac{b_0b_k+kJ_0+b_mb_l}{J_mJ_l}s^2+\dfrac{b_0k}{J_mJ_l}s}
\tag{6.182}
$$

显然，相对阶为 $n^*=n-m=4-1=3$，其中，$J_0=J_m+J_l$，$b_0=b_m+b_l$。当 $k=k_c=\dfrac{b_kb_l}{J_l}$ 时，被控对象(6.180)是不可控的；因其不可控模态 $s_c=-\dfrac{k_c}{b_k}=-\dfrac{b_l}{J_l}<0$，则式(6.180)是可镇定的。类似地，当 $k=k_o=\dfrac{b_kb_m}{J_m}$ 时，式(6.180)是不可观测的；而其不可观测的模态 $s_o=-\dfrac{k_o}{b_k}=-\dfrac{b_m}{J_m}<0$，所以系统是可检测的。

控制目标是寻找一个反馈控制信号 $u(t)$，使得闭环系统所有信号有界，并且系统输出 $y(t)=\theta_l(t)$ 跟踪一个参考信号 $y_m(t)=\theta_{ld}(t)$，此参考信号由下面的参考模型产生

$$
\theta_{ld}(t)=\frac{1}{s^3+a_{m2}s^2+a_{m1}s+a_{m0}}[r](t)=W_m(s)[r](t)
\tag{6.183}
$$

式中，$a_{mi}>0(i=0,1,2)$ 为选定的设计参数；$r(t)$ 是一个理想的有界输入信号。

当状态向量 $x(t)=[\theta_m(t),\dot{\theta}_m(t),\theta_l(t),\dot{\theta}_l(t)]^{\mathrm{T}}$ 可测时，可以采用状态反馈的自适应控制设计，以降低控制系统阶次。然而，由于无法设计反馈控制器 $u(t)=k_1^{*\mathrm{T}}y(t)+k_2^*r(t)$，使

得闭环系统矩阵 $A+bk_1^{*\mathrm{T}}$ 等于一个预先选择的稳定的矩阵 A_m(与矩阵 A 中的参数无关),其中 $k_1^*=[k_{11}^*,k_{12}^*,k_{13}^*,k_{14}^*]^{\mathrm{T}}$ 和 k_2^* 是反馈增益,即匹配条件 $A+bk^{*\mathrm{T}}=A_m$ 无法满足,因此,无法针对被控对象(6.180)进行状态跟踪的自适应控制设计。

下面基于式(6.178)比较三种输出跟踪的自适应控制设计:6.2 节中的直接状态反馈设计,6.3 节中的直接输出反馈设计,以及 6.5 节中的间接输出反馈设计。

1) 状态反馈设计

考虑如下结构的状态反馈模型参考自适应控制

$$u(t)=k_1^{\mathrm{T}}(t)x(t)+k_2(t)r(t)=\theta^{\mathrm{T}}(t)\omega(t) \tag{6.184}$$

式中,$k_1(t)\in R^n$,$k_2\in R$(被控对象(6.180)的阶次为 $n=4$)

$$\theta(t)=[k_1^{\mathrm{T}}(t),k_2(t)]^{\mathrm{T}},\quad \omega(t)=[x^{\mathrm{T}}(t),r(t)]^{\mathrm{T}} \tag{6.185}$$

引入估计误差

$$\epsilon(t)=e(t)+\rho(t)\xi(t) \tag{6.186}$$

式中,$e(t)=y(t)-y_m(t)$;$\rho(t)$ 为 $\rho^*=\dfrac{b_k}{J_mJ_l}>0$ 的估计值,

$$\xi(t)=\theta^{\mathrm{T}}(t)\zeta(t)-W_m(s)[\theta^{\mathrm{T}}\omega](t),\quad \zeta(t)=W_m(s)[\omega](t) \tag{6.187}$$

则设计自适应参数更新律为

$$\dot{\theta}(t)=-\frac{\mathrm{sign}[\rho^*]\Gamma\zeta(t)\epsilon(t)}{m^2(t)},\quad \Gamma=\Gamma^{\mathrm{T}}>0 \tag{6.188}$$

$$\dot{\rho}(t)=-\frac{\gamma\xi(t)\epsilon(t)}{m^2(t)},\quad \gamma>0 \tag{6.189}$$

式中,$m(t)=\sqrt{1+\zeta^{\mathrm{T}}(t)\zeta(t)+\xi^2(t)}$,$\mathrm{sign}[\rho^*]=1$。

上述自适应控制设计策略可以保证闭环信号有界,且输出信号 $y(t)$ 渐近跟踪参考信号 $y_m(t)$。这样的自适应控制设计的动态阶(一阶微分方程的个数)为 $n+6n^*+2$。式(6.183)中 $W_m(s)[r](t)$ 的阶次为 n^*,式(6.187)中 $W_m(s)[\theta^{\mathrm{T}}\omega](t)$ 的阶次为 n^*,式(6.187)中 $\zeta(t)$ 的阶次为 $4n^*$,式(6.188)和式(6.189)中 $\dot{\theta}(t)$ 和 $\dot{\rho}(t)$ 的阶次为 $n+2$。当式(6.182)中 $n=4$,$n^*=3$ 时,其动态阶次为 24。

2) 输出反馈设计

考虑如下结构的输出反馈模型参考自适应控制器

$$u(t)=\theta_1^{\mathrm{T}}\omega_1(t)+\theta_2^{\mathrm{T}}\omega_2(t)+\theta_{20}y(t)+\theta_3r(t) \tag{6.190}$$

式中,$\theta_1\in R^{n-1}$,$\theta_2\in R^{n-1}$(对式(6.180)来说,$n=4$),$\theta_{20}\in R$,$\theta_3\in R$

$$\omega_1(t)=\frac{a(s)}{\Lambda(s)}[u](t),\quad \omega_2(t)=\frac{a(s)}{\Lambda(s)}[y](t) \tag{6.191}$$

式中,$a(s)=[1,s,\cdots,s^{n-2}]^{\mathrm{T}}=[1,s,s^2]^{\mathrm{T}}$;$\Lambda(s)$ 是阶次为 $n-1=3$ 的首一稳定多项式。

针对这样的控制器结构,设计自适应参数更新律为

$$\dot{\rho}(t)=-\frac{\gamma\epsilon(t)\xi(t)}{m^2(t)},\quad \gamma>0 \tag{6.192}$$

$$\dot{\theta}(t)=-\frac{\text{sign}[\rho^*]\Gamma\epsilon(t)\zeta(t)}{m^2(t)},\quad \Gamma=\Gamma^{\mathrm{T}}>0 \tag{6.193}$$

式中，$m(t)=\sqrt{1+\zeta^{\mathrm{T}}(t)\zeta(t)+\xi^2(t)}$

$$\epsilon(t)=e(t)+\rho(t)\xi(t) \tag{6.194}$$

$$\xi(t)=\theta^{\mathrm{T}}(t)\zeta(t)-W_m(s)[\theta^{\mathrm{T}}\omega](t),\quad \zeta(t)=W_m(s)[\omega](t) \tag{6.195}$$

这种自适应控制设计也具有理想的稳定和跟踪性能。通常情况下，自适应控制设计的阶次为 $4n+5n^*-1$：$W_m(s)[r](t)$的阶次为 n^*，$W_m(s)[\theta^{\mathrm{T}}\omega](t)$的阶次为 n^*，$\dot{\theta}(t)$和 $\dot{\rho}(t)$的阶次为 $2n+1$，$\omega_1(t)$和 $\omega_2(t)$的阶次为 $2n-2$，$\zeta(t)$的阶次为 $3n^*$ 或更大（$n^*=n-1$ 时，为 $3n^*$；这时，对 $\omega_1=[\omega_{11},\omega_{12},\cdots,\omega_{1n-1}]^{\mathrm{T}}$（见式(6.191)），$g(t)=W_m(s)[\omega_1](t)=[g_1,g_2,\cdots,g_{n-1}]$，得到$g_1(t)=W_m(s)[\omega_{11}](t)$，$g_2(t)=W_m(s)[\omega_{12}](t)=sW_m(s)[\omega_{11}](t)$，$\cdots$，$g_{n-1}(t)=W_m(s)[\omega_{1n-1}](t)=s^{n-2}W_m(s)[\omega_{11}](t)$，这意味着 $g_2(t),\cdots,g_{n-1}(t)$可以从 $g_1(t)=W_m(s)[\omega_{11}](t)$实现的其他状态得到。当 $n=4$，$n^*=3$ 时，其阶次为 30。

3）间接输出反馈设计

间接模型参考自适应控制器结构（6.5.2 节）与式(6.190)相同，其中，$\Lambda(s)=\Lambda_c(s)$，其阶次为 $n-1$。考虑 n 阶被控对象(6.178)的参数化模型

$$y(t)-\frac{\Lambda_e(s)-s^n}{\Lambda_e(s)}[y](t)=\theta_p^{*\mathrm{T}}\phi(t) \tag{6.196}$$

式中，$\theta_p^*\in R^{n+m+1}$；$\Lambda_e(s)$是阶次为 n 的稳定多项式。为了实现被控对象参数 θ_p^* 的估计，设计下面的梯度算法

$$\dot{\theta}_p(t)=-\frac{\Gamma\phi(t)\epsilon(t)}{m^2(t)},\quad \Gamma=\Gamma^{\mathrm{T}}>0 \tag{6.197}$$

式中，$m(t)=\sqrt{1+\kappa\phi^{\mathrm{T}}(t)\phi(t)}$，$\kappa>0$

$$\epsilon(t)=\theta_p^{\mathrm{T}}(t)\phi(t)-y(t)+\frac{\Lambda_e(s)-s^n}{\Lambda_e(s)}[y](t) \tag{6.198}$$

基于被控对象参数 θ_p^* 的估计值$\theta_p(t)$，据设计方程（6.5.2 节）求解 $\theta_1\in R^{n-1}$，$\theta_2\in R^{n-1}$，$\theta_{20}\in R$ 和 $\theta_3\in R$。

这种自适应控制设计的阶次为 $4n-n^*+1$，$\dot{\theta}_p(t)$的阶次为 $2n-n^*+1$，$\omega_1^e(t)$和 $\omega_2^e(t)$的阶次为 $2n$，$\omega_1(t)$和 $\omega_2(t)$的阶次为 $2n-2$。当 $n=4$，$n^*=3$ 时，其阶次为 20。

6.7 结论及练习题

6.7.1 结论

自适应反馈控制设计的主要特征是：在系统（被控对象）可完全参数化的条件下（无建模误差），自适应控制设计不需要被控对象的参数信息，仍能实现期望的闭环系统稳定和渐近输出或状态跟踪性能，如本章所述。在存在建模误差的情况下，例如，系统的乘性未建模动态 $\Delta_m(s)$、加性未建模动态 $\Delta_a(s)$以及扰动 $d(t)$，对象模型为

$$y(t)=[G(s)(1+\Delta_m(s)]+\Delta_a(s)[u](t)+d(t) \tag{6.199}$$

在这种情况下，针对系统$G(s)=k_p\dfrac{Z(s)}{P(s)}$设计的原自适应控制器可能无法保证控制系统的稳定性，这就是著名的自适应控制的鲁棒性问题，其推动了自适应控制理论与技术的发展和成熟。现有几种鲁棒自适应控制技术，其采用鲁棒自适应律、鲁棒控制信号(如遏制、切换或滑模信号)或者附加的激励信号。

鲁棒自适应控制理论与设计技术已取得了很好的发展，在存在有界扰动和适当的未建模动态$\Delta_m(s)$和$\Delta_a(s)$的情况下，即使$G(s)$在大的参数不确定性时，也可以建立闭环系统的稳定性。在一般意义上，有界的跟踪误差信号与扰动信号$d(t)$的幅值，以及输入信号$u(t)$加在未建模动态$\Delta_m(s)$和$\Delta_a(s)$上时所生成的信号幅值有关。

6.7.2 练习题

练习题 6.1 考虑被控对象

$$(s^2+p_1s+p_0)[y](t)=k_pu(t)$$

式中，$\dot{y}(0)=0$，$y(0)=1$，$k_p=0$，$y(t)$和$\dot{y}(t)$是可观测的。令系统状态$x(t)=[y(t),\dot{y}(t)]^{\mathrm{T}}$。

(1) 寻找(A,b)，使得$\dot{x}(t)=Ax(t)+bu(t)$。

(2) 选择参考模型$\dot{x}_m(t)=A_mx_m(t)+b_mr(t)$，其中，$A_m$是稳定的，$A_m$和$b_m$与系统参数$k_p$、$p_1$和$p_0$无关，但是存在$k_1^*\in R^2$，$k_2^*\in R$(其依赖于$k_p$、$p_1$和$p_0$)，满足匹配条件$A_m=A+bk_1^{*\mathrm{T}}$和$b_m=bk_2^*$。

① 当k_p、p_1和p_0未知，但$\mathrm{sign}[k_p]$已知时，试构造一个自适应控制问题，并设计自适应控制律$u(t)=k_1^{\mathrm{T}}(t)x(t)+k_2(t)r(t)$，即由测量的信号计算$\dot{k}_1(t)$和$\dot{k}_2(t)$。

② 针对上面的设计，分析闭环系统，推导$k_1(t)$、$k_2(t)$、$x(t)$有界和$\lim\limits_{t\to\infty}e(t)=0$。

③ 选择不同的初始条件进行仿真验证，并讨论系统的响应特性。

练习题 6.2 考虑被控对象

$$\dot{x}(t)=Ax(t)+Bu(t)$$
$$y(t)=Cx(t)$$

式中

$$A=\begin{bmatrix}0 & -1 & 3\\ 1 & 0 & -1\\ 0 & 1 & -1\end{bmatrix},\quad B=\begin{bmatrix}1\\0\\0\end{bmatrix},\quad C=\begin{bmatrix}1 & 0 & 0\end{bmatrix}$$

其传递函数为$\dfrac{s^2+s+1}{s^3+s^2+2s-2}$。假设被控对象$(A,B,C)$的参数全部未知。

(1) 验证 6.2.1 节中自适应状态反馈输出跟踪控制器的设计条件。

(2) 针对给定的被控对象，设计一个自适应控制器。

(3) 分别选择$r(t)=1$，$\sin t$，$\sin t+2\sin(2t)$仿真自适应控制系统，并在不同的初始条件下画出控制信号、跟踪误差信号以及参数误差信号。

(4) 讨论仿真结果。

练习题 6.3 给定被控对象

$$(s^2+p_1s+p_0)[y](t)=k_p(s+z_0)[u](t),\quad \dot{y}(0)=0,\quad y(0)=1$$

式中，$z_0>0$、p_1、p_0、k_p 均为未知的，但 sign$[k_p]$为已知的；$y(t)$是可测的，但是 $\dot{y}(t)$是不可测的。选择的参考模型为$(s+1)[y_m](t)=r(t)$。

(1) 研究对象模型匹配条件(6.101)。

(2) 设计一个自适应控制方案(6.3 节)。

(3) 令 $p_1=-2,p_0=2,k_p=-1,z_0=1$，选择不同的参考信号 $r(t)=10,r(t)=10\sin t$，$r(t)=10\sin t+13\sin(3.3t)$仿真自适应控制系统，并针对每种情况画出跟踪误差信号。

(4) 讨论仿真结果。

练习题 6.4 考虑 6.4 节中的自适应控制设计，重新做练习题 6.2 和练习题 6.3(证明当时间 $t\to\infty$时，跟踪误差 $y(t)-y_m(t)$收敛到零)。

练习题 6.5 考虑被控对象

$$(s^2+p_1s+p_0)[y](t)=k_p[u](t),\quad \dot{y}(0)=0,\quad y(0)=1,$$

式中，$y(t)$是可测的，但是 $\dot{y}(t)$是不可测的。选择参考模型为

$$(s^2+3s+2)[y_m](t)=r(t),\quad \dot{y}_m(0)=y_m(0)=0.$$

(1) 研究对象模型匹配条件(6.101)。

(2) 当 p_1、p_0、k_p 未知但 sign$[k_p]$已知时，设计一个自适应控制器。

(3) 当 p_1、p_0 未知但 $k_p=1$ 已知时，设计一个自适应控制器。

(4) 令 $p_1=-2,p_0=3,k_p=1$，分别选择不同的参考信号 $r(t)=10,r(t)=10\sin t,r(t)=10\sin t+13\sin(3.3t)$，仿真(3)中的自适应系统，并画出各种情形下的跟踪误差信号和控制器参数。

(5) 讨论仿真结果，并将控制器参数与由(1)中计算获得的匹配参数相比较。

练习题 6.6 仿真 6.6.2 节中 3 种自适应控制设计，令系统中的参数 J_m、J_l、b_m、b_l、k、b_k(忽略单位)分别为

$$J_m=0.01,\quad b_m=0.5,\quad J_l=0.2,\quad b_l=1.7,\quad k=246.2,\quad b_k=0.6$$

研究不同的设计参数和初始参数估计值对自适应控制系统的影响。

第 7 章　自适应控制技术综合应用实例

7.1　基于非规范化自适应律的民航机直接自适应控制

民航机在高过载、大振动的情况下会出现舵面暂时卡死现象，针对这种故障，必须对飞机进行控制律重构。本章采用非规范化自适应律的直接自适应控制方案，利用飞机其他完好舵面以及推力来进行组合控制，使飞机尽快配平，保证纵向控制的稳定性，以减小过载，降低振动，恢复故障舵面原始性能，保证飞机继续安全飞行。有待返场后进行地面故障再测复现，并进行维护[8]。

针对民航机在高过载、大振动情况下出现的舵面暂时卡死故障，本章采用基于非规范化自适应律的直接自适应方案进行直接自修复控制，保证飞机继续安全飞行。基于非规范化自适应律的直接自适应控制结构如图 7.1 所示。

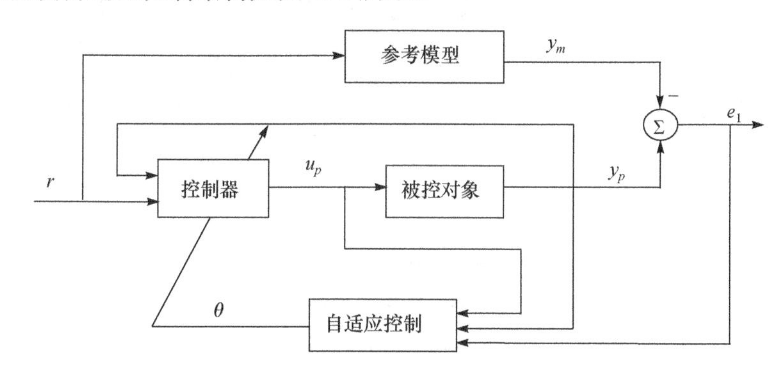

图 7.1　基于非规范化自适应律的直接自适应控制结构图

参考模型与被控对象具有相同的相对阶次，被控对象和参考模型满足下列五个假设条件。

(1) $Z_p(s)$ 是相对阶次为 m_p 的首一 Hurwitz 多项式。

(2) 增益 k_p 的符号已知。

(3) $Z_m(s)$、$R_m(s)$是相对阶次分别为 q_m、p_m 的首一 Hurwitz 多项式，$p_m \leqslant n$。

(4) 相对阶次 $n_m^* = p_m - q_m$ 和 $G_p(s)$的相对阶次相等。

(5) $W_m(s)$设计成严格正实。

基于非规范化自适应律的直接自适应控制系统的被控对象为

$$y_p = k_p \frac{Z_p(s)}{R_p(s)} u_p, \quad n^* = 1 \tag{7.1}$$

参考模型为

$$y_m = W_m(s) r, \quad W_m(s) = k_m \frac{Z_m(s)}{R_m(s)} \tag{7.2}$$

基本控制律为

$$\begin{cases}\dot{w}_1=Fw_1+gu_p, & w_1(0)=0\\ \dot{w}_2=Fw_2+gy_p, & w_2(0)=0\\ u_p=\theta^{\mathrm{T}}w\end{cases}\tag{7.3}$$

式中

$$w=[w_1^{\mathrm{T}},w_2^{\mathrm{T}},y_p,r],\quad w_1\in R^{n-1},\quad w_2\in R^{n-1}\tag{7.4}$$

自适应控制律为

$$\begin{cases}\dot{\theta}=-\Gamma e_1 w\operatorname{sgn}(\rho^*)\\ e_1=y_p-y_m, \quad \operatorname{sgn}(\rho^*)=\operatorname{sgn}(k_p/k_m)\end{cases}\tag{7.5}$$

本章利用图 7.1 中基于非规范化自适应律的直接自适应控制策略对民航机飞行控制系统[8]进行舵面卡死故障下直接自适应控制仿真。这里飞行员给定民航机升降舵输入指令为 1°,在高过载、大振动的情况下,假设升降舵瞬间卡死在 0.5°上,利用副翼以及推力进行组合配平,采用基于非规范化自适应律的直接自适应控制来调整总能量分配率 $\dot{L}$ 和变化率 $\dot{E}_s/v$,使飞机稳定运行,降低过载,减小振动,恢复该升降舵的原始性能,使飞机期望的升降舵输入 1°得到实现,完成基本飞行任务。这里仿真时间取 10s,在 0s 开始给升降舵指令输入 1°,分别对未加入自适应控制和加入自适应控制这两种情况进行仿真,从仿真结果看,前 6s 已经达到稳态。民航机舵面卡死 0.5°故障下的舵机升降舵实际输出仿真结果见表 7.1 。

表 7.1　民航机舵面卡死 0.5°故障下的舵机升降舵实际输出仿真结果

飞行时间/s	升降舵 δ_e 实际输出/(°)		
	未加自适应控制	加入自适应控制	自适应控制误差
0.0	0	0	0
0.5	0.5	0.51	0.49
1.0	0.5	0.81	0.19
1.5	0.5	1.11	−0.11
2.0	0.5	0.91	0.09
2.5	0.5	1.05	−0.05
3.0	0.5	0.93	0.07
3.5	0.5	1.02	−0.02
4.0	0.5	0.98	0.02
4.5	0.5	1.01	−0.01
5.0	0.5	1.00	0.00
5.5	0.5	1.00	0.00
6.0	0.5	1.00	0.00

从表 7.1 可以看出,在 0s 给升降舵指令为 1°时,民航机飞行控制系统对卡死故障未进行自适应控制时,舵机升降舵实际输出一直保持在 0.5°上,不能达到期望的 1°;而加入自适应控制进行直接自修复控制的情况下,升降舵实际输出信号从 0s 开始从 0°逐渐上升到 1°,在 4s 之内有微弱振荡,5s 之后达到稳态值 1°,能很好地跟踪期望输出 1°,从而完成对控制律的重构,恢复升降舵的原始性能,使飞机能安全返场,进行返场后的地面维护工作,根据黑

匣子数据进一步诊断出高空高速瞬间发生的卡死故障的“故障类型”“故障位置”及“故障程度”，确保民航机下一次飞行的安全可靠性。

7.2 基于自适应控制与量子调控的小直升机直接自修复控制

采用基于模型参考自适应控制与量子调控相结合的直接自修复控制方案对小型无人直升机进行自修复控制律设计及仿真分析。采用基于李雅普诺夫稳定性理论设计模型参考自适应控制律，引入量子调控模块可以针对小直升机多种故障以及复杂故障进行三量子比特概率幅描述，在不改变系统稳定性的前提下，提高了对多种复杂故障自修复控制的鲁棒性，改进了自适应控制律设计效果，达到小型无人直升机直接自修复控制效果。基于自适应控制与量子调控的小型无人直升机直接自修复控制原理图如图 7.2 所示。

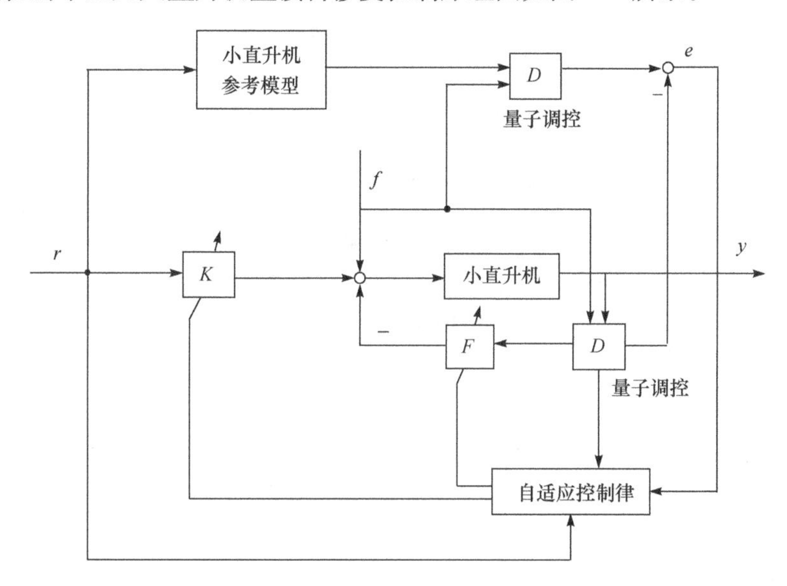

图 7.2 基于自适应控制与量子调控的无人机直接自修复控制原理图

7.2.1 量子调控模块与直接自修复控制

利用量子调控技术中的量子比特状态描述对小型无人直升机飞行控制系统进行纵向和横侧向通道控制律的综合设计。针对小直升机三个运动方向的输入与故障的有无等 8 种情况进行三量子比特描述，将纵向和横侧向通道的多种故障情况用量子调控模块直接描述，简化了故障情况下小直升机的飞行控制系统结构图。

图 7.2 中的量子调控模块实现了三量子比特状态描述及控制，小型无人直升机量子调控模块 D 对应三量子比特概率幅具体描述见表 7.2。

本节研究小型无人直升机飞行控制系统的状态，以 $|\alpha_{100}|^2$ 概率坍缩到 $|100\rangle$ 状态为例，此时只考虑俯仰运动控制的通道有输入和有故障的情况，研究飞行高度的控制效果；同时研究小型无人直升机飞行控制系统的状态，以 $|\alpha_{001}|^2$ 概率坍缩到 $|001\rangle$ 状态为例，此时只考虑偏航运动控制的通道有输入和有故障的情况，研究偏航角的控制效果。

俯仰运动通道研究小直升机系统中高度的期望输出 z^d 仍为 2m，偏航运动研究小直升机系统中偏航角的期望输出 ψ^d 仍为 10°。复杂故障的故障注入位置如图 7.2 所示。故障大小仍为高度和偏航角通道对应的数值。

表 7.2 小直升机量子调控模块 D 对应三量子比特概率幅

概率幅	输入			故障		
	俯仰	滚转	偏航	俯仰	滚转	偏航
α_{000}	无	无	无	无	无	无
α_{001}	无	无	有	无	无	有
α_{010}	无	有	无	无	有	无
α_{011}	无	有	有	无	有	有
α_{100}	有	无	无	有	无	无
α_{101}	有	无	有	有	无	有
α_{110}	有	有	无	有	有	无
α_{111}	有	有	有	有	有	有

7.2.2 基于量子调控的自适应控制律设计与仿真

图 7.2 基于自适应控制与量子调控的直接自修复控制方案中的量子调控模块实现了故障直接参与自修复控制律设计中的调控，但是量子调控模块不改变自适应控制系统的基于李雅普诺夫稳定性理论设计自适应控制律的设计步骤及结果。

1. 自适应控制律设计

图 7.2 中采用基于李雅普诺夫稳定性理论设计的自适应控制方案[9]，这里小型无人直升机在俯仰运动方向的模型为

$$\ddot{z}=k_1u_1-k_2 \tag{7.6}$$

将其写成状态方程的形式为

$$\dot{x}=Ax+Bu_1+M \tag{7.7}$$

$$y=Cx \tag{7.8}$$

式中，u_1 为系统输入；y 为输出；系统状态变量 $x=\begin{bmatrix}x_1\\x_2\end{bmatrix}=\begin{bmatrix}\dot{z}\\z\end{bmatrix}$；其他参数矩阵为

$$A=\begin{bmatrix}0 & 0\\1 & 0\end{bmatrix},\quad B=\begin{bmatrix}k_1\\0\end{bmatrix},\quad M=\begin{bmatrix}-k_2\\0\end{bmatrix},\quad C=\begin{bmatrix}0\\1\end{bmatrix} \tag{7.9}$$

式中，$x_1=\dot{z}$，为小型无人直升机的垂直速度；$x_2=z$ 为小型无人直升机飞行高度；k_2 为向下的重力加速度 g。

使用模糊 PID 方法使系统稳定，并使小型无人直升机在参考输入的作用下飞行在期望的高度。经过化简后，在没有故障时，小直升机的参考模型可写为

$$\dot{x}_m=A_mx_m+B_mr \tag{7.10}$$

式中

$$A_m=\begin{bmatrix}-5 & -10.62\\1 & 0\end{bmatrix},\quad B_m=\begin{bmatrix}4.248\\0\end{bmatrix},\quad r=2 \tag{7.11}$$

当在输入端发生故障时，有

$$\dot{x}=Ax+Bu \tag{7.12}$$

$$u=K(r+f)+Fx \tag{7.13}$$

根据李雅普诺夫稳定性理论来设计控制器，包括前馈增益矩阵 K 和反馈增益矩阵 F，可得到控制律

$$F(t)=\int_0^t \Gamma_1(B_m\overline{K}^{-1})^{\mathrm{T}}Pe{x_p}^{\mathrm{T}}\mathrm{d}\tau+F(0) \tag{7.14}$$

$$K(t)=\int_0^t \Gamma_2(B_m\overline{K}^{-1})^{\mathrm{T}}Per^{\mathrm{T}}\mathrm{d}\tau+K(0) \tag{7.15}$$

式中

$$\Gamma_1=\Gamma_2=1,\quad P=\begin{bmatrix}3 & 1\\1 & 1\end{bmatrix},\quad F(0)=K(0)=0 \tag{7.16}$$

同样，小型无人直升机在偏航运动方向的模型为

$$\ddot{\psi}=-k_7\dot{\psi}-k_8(\psi-\psi^d) \tag{7.17}$$

将其写成参考模型的状态方程形式

$$\dot{x}_m=A_mx_m+B_mr \tag{7.18}$$

$$y=Cx \tag{7.19}$$

式中，$x=\begin{bmatrix}x_{1m}\\x_{2m}\end{bmatrix}=\begin{bmatrix}\psi\\\dot{\psi}\end{bmatrix}$，其他参数矩阵为

$$A_m=\begin{bmatrix}0 & 1\\-10 & -4.5\end{bmatrix},\quad B_m=\begin{bmatrix}0\\10\end{bmatrix},\quad C=\begin{bmatrix}1\\0\end{bmatrix} \tag{7.20}$$

这里参考输入 $r=10$，$x_{1m}=\psi$ 为小型无人直升机的偏航角，$x_{2m}=\dot{\psi}$ 为小型无人直升机偏航角速度。小型无人直升机的参考输入的作用下飞行在期望的高度，当在输入端发生故障时，有

$$\dot{x}=Ax+Bu \tag{7.21}$$

$$u=K(r+f)+Fx \tag{7.22}$$

根据李雅普诺夫稳定性理论设计控制器，包括前馈增益矩阵 K 和反馈增益矩阵 F，可得到控制律

$$F(t)=\int_0^t \Gamma_1(B_m\overline{K}^{-1})^{\mathrm{T}}Pe{x_p}^{\mathrm{T}}\mathrm{d}\tau+F(0) \tag{7.23}$$

$$K(t)=\int_0^t \Gamma_2(B_m\overline{K}^{-1})^{\mathrm{T}}Per^{\mathrm{T}}\mathrm{d}\tau+K(0) \tag{7.24}$$

式中

$$\Gamma_1=\Gamma_2=1,\quad P=\begin{bmatrix}3 & 1\\1 & 1\end{bmatrix},\quad F(0)=K(0)=0 \tag{7.25}$$

2. 小直升机直接自修复控制系统仿真

在 MATLAB 环境下进行小型无人直升机高度姿态和偏航姿态控制的仿真，以验证基于量子调控与自适应控制的直接自修复控制方案。这里取小型无人直升机的参考输入为

$z^d=2\text{m}$，$\psi^d=10°$；自适应控制律如式(7.6)～式(7.25)的设计；量子控制模块参见表7.2。俯仰运动通道与偏航运动通道的故障均取 $f=5\sin t$，基于自适应控制与量子调控的小型无人直升机直接自修复控制仿真曲线如图7.3所示，图中虚线表示无故障情况下的小直升机的系统输出，实线表示故障情况下的小直升机的系统输出。

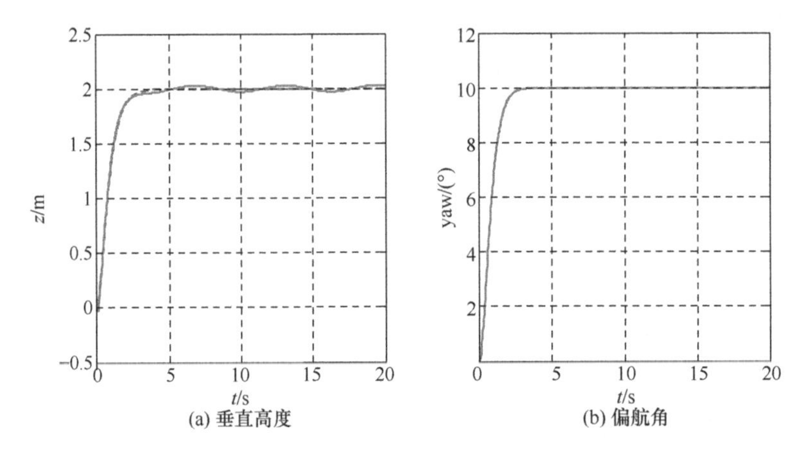

图7.3　基于自适应控制与量子调控的小型无人直升机直接自修复控制仿真曲线

由图7.3可以看出，基于自适应控制与量子调控的小型无人直升机直接自修复控制方案得出小直升机俯仰运动通道的高度控制以及偏航通道的偏航角控制均达到期望的性能，并具有一定的飞行品质。仿真结果表明，量子调控与自适应控制相结合的自修复控制方案对故障具有一定的自修复能力。

7.3　基于干扰观测器与LDU分解的直升机自适应控制

针对带有未知外部干扰的LPV直升机系统，本节介绍一种稳定的多变量模型参考自适应控制方案。设计干扰观测器来观测未知干扰；利用增益矩阵LDU分解技术设计状态反馈自适应控制律跟踪期望的系统状态；仿真结果验证了该自适应控制方案的有效性及系统的抗干扰能力。基于干扰观测器与LDU分解的LPV直升机自适应控制结构如图7.4所示。

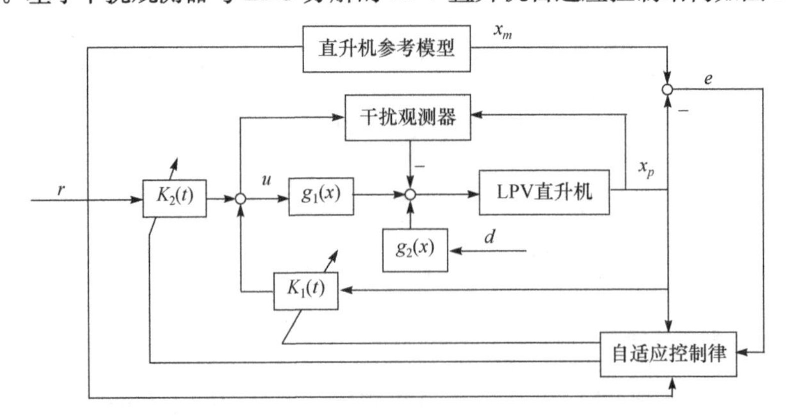

图7.4　基于干扰观测器与LDU分解的LPV直升机自适应控制结构图

7.3.1 干扰观测器设计

假设 LPV 直升机系统具有未知外界干扰，直升机模型可表示为

$$\dot{x}(t)=f(x,\theta_t)+g_1(x)u+g_2(x)d \tag{7.26}$$

$$y(t)=Cx(t) \tag{7.27}$$

式中，d 为外部干扰；$g_2(x)$是已知的和连续的。

这里研究如式(7.26)的 LPV 直升机系统的干扰观测器[10-14]设计。根据式(7.26)可得

$$g_2(x)d=\dot{x}(t)-f(x,\theta_t)-g_1(x)u \tag{7.28}$$

首先设计非线性观测器

$$\dot{\hat{d}}=-L(x)g_2(x)\hat{d}+L(x)[\dot{x}-f(x,\theta_t)-g_1(x)u] \tag{7.29}$$

式中，$L(x)$为非线性观测器的增益。定义

$$\tilde{d}=d-\hat{d} \tag{7.30}$$

对式(7.30)求导，将式(7.28)和式(7.29)代入得

$$\dot{\tilde{d}}=\dot{d}-\dot{\hat{d}}=-L(x)g_2(x)\tilde{d} \tag{7.31}$$

如果 $L(x)$按下式设计

$$\dot{\tilde{d}}+L(x)g_2(x)\tilde{d}=0 \tag{7.32}$$

对所有 x 都指数收敛，则当 $t\to\infty$时 $\hat{d}$ 呈指数形式接近 d。

因为 $\dot{x}$ 无法获得，所以不能实现形如式(7.29)的干扰观测器。引入一个近似变量

$$z=\hat{d}-p(x) \tag{7.33}$$

这里设计的非线性函数 $p(x)$必须满足

$$\dot{p}(x)=L(x)\cdot\dot{x} \tag{7.34}$$

对式(7.33)求导，并代入式(7.34)，得到

$$\dot{z}=\dot{\hat{d}}-\dot{p}(x)=-L(x)[g_2(x)z+g_2(x)p(x)+f(x,\theta_t)+g_1(x)u] \tag{7.35}$$

$$\hat{d}=z+p(x) \tag{7.36}$$

式中，$p(x)$使式(7.37)针对所有 $p(x)$指数收敛

$$\tilde{d}+\frac{\partial p(x)}{\partial x}\cdot g_2(x)\cdot\tilde{d}=0 \tag{7.37}$$

7.3.2 自适应控制器设计

图 7.4 中的 LPV 直升机模型为

$$\dot{x}_p(t)=A_px_p(t)+B_pu(t) \tag{7.38}$$

$$y_p(t)=C_px_p(t) \tag{7.39}$$

直升机参考模型为

$$\dot{x}_m(t)=A_mx_m(t)+B_mr(t) \tag{7.40}$$

式中，$x_m(t)\in R^n$，$r(t)\in R^m$。

假设 7.1 存在一个常数矩阵 $K_1^*\in R^{n\times m}$，一个非退化常数矩阵 $K_2^*\in R^{m\times n}$，它们满足

$$A_p+B_pK_1^{*\mathrm{T}}=A_m,\quad B_pK_2^*=B_m \tag{7.41}$$

假设 7.2 已知 $S\in R^{m\times m}$，$K_2^* S$ 对称正定且

$$M_s=K_2^* S=(K_2^* S)^{\mathrm{T}}=S^{\mathrm{T}}K_2^{*\mathrm{T}}>0 \tag{7.42}$$

因为 LPV 直升机系统含有未知参数，故设计控制律为

$$u(t)=K_1^{\mathrm{T}}(t)x_p(t)+K_2(t)r(t) \tag{7.43}$$

式中，$K_1(t)$、$K_2(t)$ 为 K_1^*、K_2^* 的估计值。为了设计 $K_1(t)$、$K_2(t)$ 并保证系统闭环稳定，这里定义参数误差

$$\widetilde{K}_1(t)=K_1(t)-K_1^*,\quad \widetilde{K}_2(t)=K_2(t)-K_2^* \tag{7.44}$$

由式(7.43)可得

$$\begin{aligned}\dot{x}_p(t)&=A_p x_p(t)+B_p[K_1^{\mathrm{T}}(t)x_p(t)+K_2(t)r(t)]\\&=A_m x_p(t)+B_m r(t)+B_p[\widetilde{K}_1^{\mathrm{T}}(t)x_p(t)+\widetilde{K}_2(t)r(t)]\\&=A_m x_p(t)+B_m r(t)+B_m[K_2^{*-1}\widetilde{K}_1^{\mathrm{T}}(t)x_p(t)+K_2^{*-1}\widetilde{K}_2(t)r(t)]\end{aligned} \tag{7.45}$$

将式(7.40)代入式(7.45)得跟踪误差方程

$$\dot{e}(t)=A_m e(t)+B_m[K_2^{*-1}\widetilde{K}_1^{\mathrm{T}}(t)x_p(t)+K_2^{*-1}\widetilde{K}_2(t)r(t)] \tag{7.46}$$

令

$$e_c(t)=[e^{\mathrm{T}}(t),\tilde{k}_{11}^{\mathrm{T}}(t),\cdots,\tilde{k}_{1n}^{\mathrm{T}}(t),\tilde{k}_{21}^{\mathrm{T}}(t),\cdots,\tilde{k}_{2m}^{\mathrm{T}}(t)]^{\mathrm{T}} \tag{7.47}$$

式中，$\tilde{k}_{1i}(t)\in R^m$ 是 $\widetilde{K}_1^{\mathrm{T}}(t)$，$i=1,2,\cdots,n$ 的第 i 列；$\tilde{k}_{2j}(t)\in R^m$ 是 $\widetilde{K}_2(t)$，$j=1,2,\cdots,m$ 的第 j 列。

选择正定函数

$$V(e_c)=e^{\mathrm{T}}Pe+\mathrm{tr}[\widetilde{K}_1 M_s^{-1}\widetilde{K}_1^{\mathrm{T}}]+\mathrm{tr}[\widetilde{K}_2^{\mathrm{T}}M_s^{-1}\widetilde{K}_2] \tag{7.48}$$

式中，$P\in R^{n\times n}$，且 $P=P^{\mathrm{T}}>0$ 并满足

$$PA_m+A_m^{\mathrm{T}}P=-Q \tag{7.49}$$

式中，常数矩阵 $Q\in R^{n\times n}$，且 $Q=Q^{\mathrm{T}}>0$，$M_s=M_s^{\mathrm{T}}>0$ 满足假设 7.2。对 $V(e_c)$ 求时间的导数

$$\begin{aligned}\dot{V}&=\frac{\mathrm{d}}{\mathrm{d}t}V(e_c)=2e^{\mathrm{T}}(t)P\dot{e}(t)+2\sum_{i=1}^{n}\tilde{k}_{1i}^{\mathrm{T}}(t)M_s^{-1}\dot{\tilde{k}}_{1i}(t)+2\sum_{j=1}^{m}\tilde{k}_{2j}^{\mathrm{T}}(t)M_s^{-1}\dot{\tilde{k}}_{2i}(t)\\&=2e^{\mathrm{T}}(t)P\dot{e}(t)+2\mathrm{tr}[\widetilde{K}_1(t)M_s^{-1}\dot{\widetilde{K}}_1^{\mathrm{T}}(t)]+2\mathrm{tr}[\widetilde{K}_2^{\mathrm{T}}(t)M_s^{-1}\dot{\widetilde{K}}_1(t)]\end{aligned} \tag{7.50}$$

将式(7.46) 和式(7.49)代入式(7.50)得

$$\begin{aligned}\dot{V}=&-e^{\mathrm{T}}(t)Qe(t)+2e^{\mathrm{T}}(t)PB_mK_2^{*-1}\widetilde{K}_1^{\mathrm{T}}(t)x_p+2e^{\mathrm{T}}(t)PB_mK_2^{*-1}\widetilde{K}_2^{\mathrm{T}}(t)r(t)\\&+2\mathrm{tr}[\widetilde{K}_1(t)M_s^{-1}\dot{\widetilde{K}}_1^{\mathrm{T}}(t)]+2\mathrm{tr}[\widetilde{K}_2^{\mathrm{T}}(t)M_s^{-1}\dot{\widetilde{K}}_2(t)]\\=&-e^{\mathrm{T}}(t)Qe(t)+2\mathrm{tr}[\widetilde{K}_1(t)M_s^{-1}S^{\mathrm{T}}B_m^{\mathrm{T}}Pe(t)x_p^{\mathrm{T}}(t)]+2\mathrm{tr}[\widetilde{K}_2^{\mathrm{T}}(t)M_s^{-1}S^{\mathrm{T}}B_m^{\mathrm{T}}Pe(t)r^{\mathrm{T}}(t)]\\&+2\mathrm{tr}[\widetilde{K}_1(t)M_s^{-1}\dot{\widetilde{K}}_1^{\mathrm{T}}(t)]+2\mathrm{tr}[\widetilde{K}_2^{\mathrm{T}}(t)M_s^{-1}\dot{\widetilde{K}}_2(t)]\end{aligned} \tag{7.51}$$

为了使 $\dot{V}<0$，式(7.50)和式(7.51)要求自适应控制律为

$$\dot{\widetilde{K}}_1^{\mathrm{T}}(t)=\dot{K}_1^{\mathrm{T}}(t)=-S^{\mathrm{T}}B_m^{\mathrm{T}}Pe(t)x_p^{\mathrm{T}} \tag{7.52}$$

$$\dot{\widetilde{K}}_2(t)=\dot{K}_2(t)=-S^{\mathrm{T}}B_m^{\mathrm{T}}Pe(t)r^{\mathrm{T}}(t) \tag{7.53}$$

S 满足假设 7.2，$K_1(0)$、$K_2(0)$ 为任意值，根据 Barbalat 引理可得 $x(t)$、$K_1(t)$、$K_2(t)$ 和 $\dot{e}(t)$ 均有界，且

$$\lim_{t\to\infty}e(t)=0 \tag{7.54}$$

根据假设 7.2，存在 $S\in R^{m\times m}$，$K_2^* S$ 为对称正定阵，但 S 阵比 K_2^* 难获得。接下来介绍

一种增益阵 K_2^* 的设计方法来设计自适应控制方案[7]。该自适应控制律设计采用基于增益阵 K_2^* 的LDU分解的可调控制器结构。假设有以下分解成立

$$K_2^{*-1}=LD^*U \tag{7.55}$$

存在非退化矩阵 $L\in R^{M\times M}$、单位上三角阵 $U\in R^{M\times M}$ 和对角阵

$$\begin{aligned}D^*&=\mathrm{diag}\{d_1^*,d_2^*,\cdots,d_M^*\}\\&=\mathrm{diag}\left\{\Delta_1,\frac{\Delta_2}{\Delta_1},\cdots,\frac{\Delta_M}{\Delta_{M-1}}\right\}\end{aligned} \tag{7.56}$$

令 K_2^{*-1}、$\mathrm{sign}[d_i^*]$ 为已知的，则跟踪误差方程为

$$\begin{aligned}\dot{e}(t)&=\dot{x}_p(t)-\dot{x}_m(t)\\&=A_me(t)-BK_1^{*\mathrm{T}}x(t)+Bu(t)-B_mr(t)\\&=A_me(t)+B_mLD^*[u(t)-(I-U)u(t)-UK_1^{*\mathrm{T}}x(t)-UK_2^*r(t)]\end{aligned} \tag{7.57}$$

采用控制器结构

$$u(t)=\Phi_0(t)u(t)+\Phi_1^{\mathrm{T}}(t)x(t)+\Phi_2(t)r(t) \tag{7.58}$$

式中，$\Phi_0(t)$、$\Phi_1^{\mathrm{T}}(t)$、$\Phi_2(t)$ 是下式的估计值

$$\Phi_0^*=I-U,\quad \Phi_1^{*\mathrm{T}}=UK_1^{*\mathrm{T}},\quad \Phi_2^*=UK_2^* \tag{7.59}$$

参数矩阵 Φ_0 可表示为

$$\Phi_0=\begin{bmatrix}0&\phi_{12}&\phi_{13}&\cdots&\phi_{1M}\\0&0&\phi_{23}&\cdots&\phi_{2M}\\\vdots&\vdots&\vdots&&\vdots\\0&0&\cdots&0&\phi_{M-1M}\\0&0&\cdots&0&0\end{bmatrix} \tag{7.60}$$

经整理，令 $\Phi_{1i}^{\mathrm{T}}(t)$ 为 $\Phi_1^{\mathrm{T}}(t)$ 的第 i 行，$\Phi_{2i}^{\mathrm{T}}(t)$ 为 $\Phi_2^{\mathrm{T}}(t)$ 的第 i 行，$\Phi_{2i}^{\mathrm{T}}(t)$ 为 $\Phi_2^{\mathrm{T}}(t)$ 的第 i 行，$i=1,2,\cdots,M$，定义

$$\begin{aligned}\theta_1(t)&=[\phi_{12}(t),\phi_{13}(t),\cdots,\phi_{1M}(t),\Phi_{11}^{\mathrm{T}}(t),\Phi_{21}^{\mathrm{T}}(t)]^{\mathrm{T}}\\\theta_2(t)&=[\phi_{23}(t),\phi_{24}(t),\cdots,\phi_{2M}(t),\Phi_{12}^{\mathrm{T}}(t),\Phi_{22}^{\mathrm{T}}(t)]^{\mathrm{T}}\\&\vdots\\\theta_{M-1}(t)&=[\phi_{M-1M}(t),\Phi_{1M-1}^{\mathrm{T}}(t),\Phi_{2M-1}^{\mathrm{T}}(t)]^{\mathrm{T}}\\\theta_M(t)&=[\Phi_{1M}^{\mathrm{T}}(t),\Phi_{2M}^{\mathrm{T}}(t)]^{\mathrm{T}}\end{aligned} \tag{7.61}$$

是 Φ_0^*、$\Phi_1^{*\mathrm{T}}$ 和 Φ_2^* 的行对应的 θ_i^* 的估计值，定义

$$\begin{aligned}\omega_1(t)&=[u_2(t),u_3(t),\cdots,u_M(t),x^{\mathrm{T}}(t),r^{\mathrm{T}}(t)]^{\mathrm{T}}\\\omega_2(t)&=[u_3(t),u_4(t),\cdots,u_M(t),x^{\mathrm{T}}(t),r^{\mathrm{T}}(t)]^{\mathrm{T}}\\&\vdots\\\omega_{M-1}(t)&=[u_M(t),x^{\mathrm{T}}(t),r^{\mathrm{T}}(t)]^{\mathrm{T}}\\\omega_M(t)&=[x^{\mathrm{T}}(t),r^{\mathrm{T}}(t)]^{\mathrm{T}}\end{aligned} \tag{7.62}$$

将式(7.58)～式(7.61)代入式(7.57)得

$$\dot{e}(t)=A_me(t)+B_mLD^*\begin{bmatrix}\tilde{\theta}_1^{\mathrm{T}}(t)\omega_1(t)\\\tilde{\theta}_2^{\mathrm{T}}(t)\omega_2(t)\\\vdots\\\tilde{\theta}_{M-1}^{\mathrm{T}}(t)\omega_{M-1}(t)\\\tilde{\theta}_M^{\mathrm{T}}(t)\omega_M(t)\end{bmatrix} \tag{7.63}$$

式中，$\tilde{\theta}_i(t)=\theta_i(t)-\theta_i^*$，$i=1,2,\cdots,M$。

为了获得 $\theta_i(t)$ 的自适应控制律，考虑正定李雅普诺夫函数

$$V(e,\tilde{\theta}i)=e^{\mathrm{T}}Pe+\sum_{i=1}^{M}|d_i^*|\tilde{\theta}_i^{\mathrm{T}}\Gamma_i^{-1}\tilde{\theta}_i \tag{7.64}$$

对 $V(e,\tilde{\theta}i)$ 求时间的导数得

$$\begin{aligned}\dot{V}(e,\tilde{\theta}i)&=2e^{\mathrm{T}}(t)P\dot{e}(t)+2\sum_{i=1}^{M}|d_i^*|\tilde{\theta}_i^{\mathrm{T}}\Gamma_i^{-1}\dot{\theta}_i(t)\\&=2e^{\mathrm{T}}(t)PA_me(t)+2e^{\mathrm{T}}(t)PB_mLD^*\begin{bmatrix}\tilde{\theta}_1^{\mathrm{T}}(t)\omega_1(t)\\\tilde{\theta}_2^{\mathrm{T}}(t)\omega_2(t)\\\vdots\\\tilde{\theta}_{M-1}^{\mathrm{T}}(t)\omega_{M-1}(t)\\\tilde{\theta}_M^{\mathrm{T}}(t)\omega_M(t)\end{bmatrix}+2\sum_{i=1}^{M}|d_i^*|\tilde{\theta}_i^{\mathrm{T}}\Gamma_i^{-1}\dot{\theta}_i(t)\\&=-e^{\mathrm{T}}(t)Qe(t)+2\sum_{i=1}^{M}d_i^*\bar{e}_i(t)\tilde{\theta}_i^{\mathrm{T}}\omega_i(t)+2\sum_{i=1}^{M}|d_i^*|\tilde{\theta}_i^{\mathrm{T}}\Gamma_i^{-1}\dot{\theta}_i(t)\end{aligned} \tag{7.65}$$

$Q=Q^{\mathrm{T}}>0$，且满足

$$A_m{}^{\mathrm{T}}P+PA_m{}^{\mathrm{T}}=-Q,\quad P=P^{\mathrm{T}}>0 \tag{7.66}$$

$\bar{e}_i$ 为 $e^{\mathrm{T}}(t)PB_mL$ 的第 i 个元素，令

$$\dot{\theta}_i(t)=-\mathrm{sign}[d_i^*]\Gamma_i\bar{e}_i(t)\omega_i(t) \tag{7.67}$$

则

$$\dot{V}=-e^{\mathrm{T}}(t)Qe(t) \tag{7.68}$$

$e_c=[e^{\mathrm{T}},\tilde{\theta}_1^{\mathrm{T}},\cdots,\tilde{\theta}_M^{\mathrm{T}}]^{\mathrm{T}}$ 一致有界，$\dot{e}(t)$ 有界，根据 Barbalat 引理可得 $\lim\limits_{t\to\infty}e(t)=0$。

7.3.3 基于干扰观测器与 LDU 分解的自适应控制器仿真

按照前面设计的自适应控制方案，A_m、B_m 取

$$A_m=\begin{bmatrix}-7.5146 & -0.1165 & 2.333 & 4.7940\\3.8900 & -4.7539 & -0.6862 & -2.0278\\76.3833 & 4.7302 & -24.7311 & -57.3561\\0 & 0 & 1 & 0\end{bmatrix} \tag{7.69}$$

$$B_m=\begin{bmatrix}0.4 & 0.39\\0.87 & -7.36\\-4.9 & 2\\0 & 0\end{bmatrix} \tag{7.70}$$

故

$$K_2^*=\begin{bmatrix}0.89 & 0.47\\0 & 1.03\end{bmatrix} \tag{7.71}$$

$$K_2^{*-1}=LD^*U=\begin{bmatrix}0.1236 & -0.5127\\0 & 0.9709\end{bmatrix} \tag{7.72}$$

式中

$$L=\begin{bmatrix}0 & 1\\1 & 0\end{bmatrix},D^*=\begin{bmatrix}0.1236 & 0\\0 & 0.9709\end{bmatrix},\quad U=\begin{bmatrix}1 & -4.1481\\0 & 1\end{bmatrix} \tag{7.73}$$

满足假设。针对自适应控制律式(5.76),选择$Q=I_{4\times4}$,$\Gamma_i=5*I$;参考输入$r(t)=[1,1]^{\mathrm{T}}$;外部干扰$d=[0.1,0.1,0,0]^{\mathrm{T}}$。根据式(7.58)~式(7.62)和式(7.67)设计控制律。根据式(7.35)和式(7.36)设计干扰观测器。基于干扰观测器与LDU分解的LPV直升机自适应控制系统的输出跟踪误差曲线如图7.5所示。

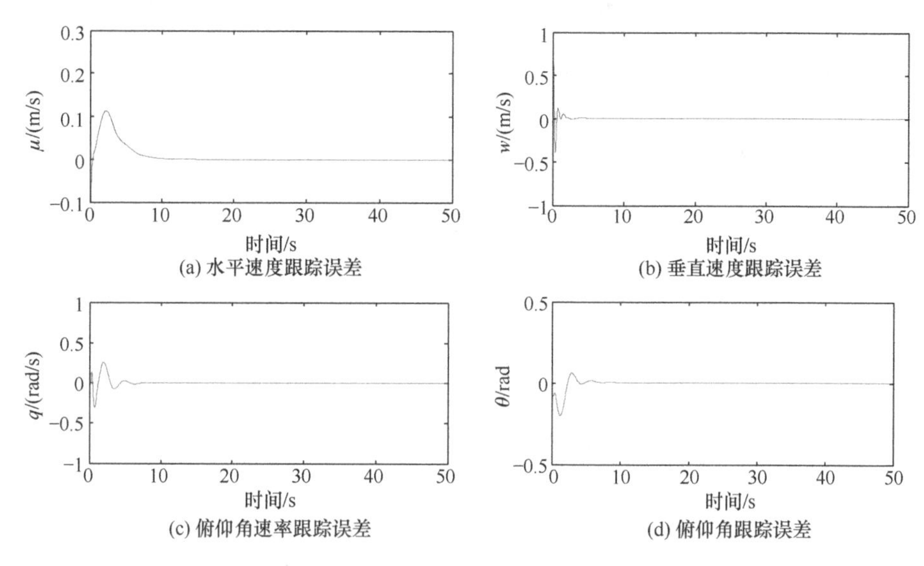

图7.5　基于干扰观测器与LDU分解的LPV直升机自适应控制系统的输出跟踪误差曲线

由图7.5的仿真曲线可看出,基于干扰观测器与LDU分解的LPV直升机自适应控制系统使在外界未知干扰作用下的LPV直升机具有较强的抗干扰能力。仿真结果表明,干扰观测器对外界未知干扰具有一定的观测及补偿作用,效果明显。

7.4　基于量子调控的四悬翼直升机的自适应补偿控制

7.4.1　四旋翼直升机的模型介绍

本节主要针对Quanser公司3-DOF四旋翼直升机悬停平台进行控制方法研究与半物理仿真验证。四悬翼直升机悬停平台主要部件如图7.6所示。

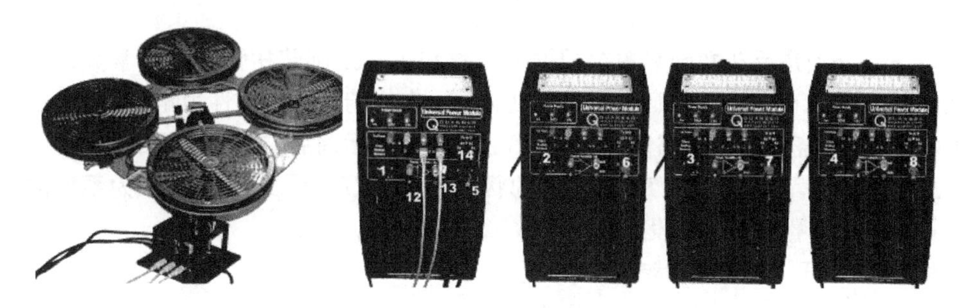

图7.6　3-DOF四悬翼直升机悬停平台主要部件图

四旋翼直升机通过4个电机的运动完成直升机三个方向的运动，即俯仰运动、偏航运动、滚转运动。前部和后部的转子在顺时针方向上旋转，而左侧和右侧的转子在逆时针方向上旋转，以平衡转矩。这里使用 Lagrange 方法对四旋翼直升机进行建模，并在某些假设的基础上简化建模过程。

定义 $\upsilon=(x,y,z,\psi,\theta,\phi)\in R^6$，令 $\xi=(x,y,z)\in R^3$ 表示位置，$\eta=(\psi,\theta,\phi)\in R^3$ 表示偏航角、俯仰角、滚转角。运动的动能 T_{trans} 是 $\frac{1}{2}m\xi^{\mathrm{T}}\xi$，旋转的动能 T_{rot} 是 $\frac{1}{2}m\eta^{\mathrm{T}}\eta$，$U$ 为势能，这里 m 表示直升机的质量。忽略平动运动得 $T_{\text{trans}}=0$，则 Lagrangian 函数可写为

$$L(\upsilon,\dot{\upsilon})=T_{\text{trans}}+T_{\text{rot}}-U \tag{7.74}$$

由 Euler-Lagrangian 方程可得

$$\frac{\mathrm{d}}{\mathrm{d}t}\frac{\partial L}{\partial\dot{\upsilon}}-\frac{\partial L}{\partial\upsilon}=F \tag{7.75}$$

式中，$F=[F_{\xi}\quad \tau]^{\mathrm{T}}$，且

$$\tau=\begin{bmatrix}K_{fn}l(V_f+V_b)+K_{fc}l(V_r+V_l)\\ K_{fn}l(V_f-V_b)\\ K_{fc}l(V_r-V_l)\end{bmatrix}$$

是直升机的转矩矢量，$F_{\xi}=R\widetilde{F}$ 是直升机的力矢量，且

$$\widetilde{F}=\begin{bmatrix}0\\ 0\\ \widetilde{F}_1+\widetilde{F}_2+\widetilde{F}_3+\widetilde{F}_4\end{bmatrix}$$

$\widetilde{F}_1$、$\widetilde{F}_2$、$\widetilde{F}_3$、$\widetilde{F}_4$ 是悬停的升力，得

$$J\ddot{\eta}+\dot{J}\dot{\eta}-\frac{1}{2}\frac{\partial}{\partial\eta}(\dot{\eta}^{\mathrm{T}}J\eta)=J\ddot{\eta}=\tau \tag{7.76}$$

式中，J 是系统的转动惯量。

系统的动力学方程可写为

$$\begin{cases}\ddot{\psi}=\dfrac{K_{t,n}}{J_y}(V_f+V_b)+\dfrac{K_{t,c}}{J_y}(V_r+V_l)\\ \ddot{\theta}=\dfrac{K_f}{J_p}l(V_f-V_b)\\ \ddot{\phi}=\dfrac{K_f}{J_r}l(V_r-V_l)\end{cases} \tag{7.77}$$

式中，$K_{t,c}$、$K_{t,n}$分别是反转螺旋桨扭矩的推力常数和正转螺旋桨扭矩的推力常数；K_f 为桨力-推力常数；l 表示电动机与编码器之间的距离；J_p 为绕俯仰轴的惯性力矩；J_r 为绕滚转轴的惯性力矩；J_y 为绕偏航轴的惯性力矩；V_f、V_b、V_r、V_l 表示前后左右电动机的电压。

令 $x(t)=[\psi,\theta,\phi,\dot{\psi},\dot{\theta},\dot{\phi}]\in R^n$ 为系统的状态变量，$y(t)=[\psi,\theta,\phi]\in R^q$ 为系统的输出状态变量。输入变量 $u(t)$可能发生执行器故障$[V_f,V_b,V_r,V_l]^{\mathrm{T}}$。

根据式(7.77)可得系统的状态空间表达式为

$$A=\begin{bmatrix}0&0&0&1&0&0\\0&0&0&0&1&0\\0&0&0&0&0&1\\0&0&0&0&0&0\\0&0&0&0&0&0\\0&0&0&0&0&0\end{bmatrix},\quad B=\begin{bmatrix}0&0&0&0\\0&0&0&0\\0&0&0&0\\\frac{K_{t,n}}{J_y}&\frac{K_{t,n}}{J_y}&\frac{K_{t,c}}{J_y}&\frac{K_{t,c}}{J_y}\\\frac{lK_f}{J_p}&-\frac{lK_f}{J_p}&0&0\\0&0&\frac{lK_f}{J_r}&-\frac{lK_f}{J_r}\end{bmatrix}$$

$$C=\begin{bmatrix}1&0&0&0&0&0\\0&1&0&0&0&0\\0&0&1&0&0&0\end{bmatrix},\quad D=\begin{bmatrix}0&0&0&0\\0&0&0&0\\0&0&0&0\end{bmatrix}$$

所有参数的数值见表 7.3。

表 7.3 四旋翼直升机模型参数表

符号	描述	参数	单位
$K_{t,n}$	正向旋转螺旋桨转矩推力常数	0.0036	N·m/V
$K_{t,c}$	反向旋转螺旋桨转矩推力常数	−0.0036	N·m/V
K_f	桨力-推力常数	0.1188	N/V
l	电子支点之间的距离	0.197	m
J_y	绕偏航轴的等效惯性力矩	0.110	$kg\cdot m^2$
J_p	绕俯仰轴的等效惯性力矩	0.0552	$kg\cdot m^2$
J_r	绕滚转轴的等效惯性力矩	0.0552	$kg\cdot m^2$

7.4.2 四旋翼直升机的干扰观测器设计

考虑以下系统

$$\dot{x}(t)=Ax(t)+Bu(t)+B_d d(t) \tag{7.78}$$

式中，$d(t)$是干扰向量；B_d 是未知的常数矩阵。

控制目标是设计一个自修复控制律，在干扰和执行器故障的情况下使直升机系统仍保持良好的性能。本章用干扰观测器对干扰进行观测，然后根据估计值用基于量子信息技术的切换控制技术（通过选取合适的性能指标使系统自动切换）对执行器故障情况下的干扰进行补偿，对执行器故障用模型参考自适应的方法进行修复，基于量子调控与干扰观测器的四旋翼直升机自适应补偿控制系统结构如图 7.7 所示。

令

$$\bar{d}(t)=B_d d(t) \tag{7.79}$$

由式(7.78)可得

$$\bar{d}(t)=\dot{x}(t)-Ax(t)-Bu(t) \tag{7.80}$$

设计干扰观测器

$$\dot{\hat{\bar{d}}}(t)=-L(x)\hat{\bar{d}}+L(x)[\dot{x}-Ax(t)-Bu(t)] \tag{7.81}$$

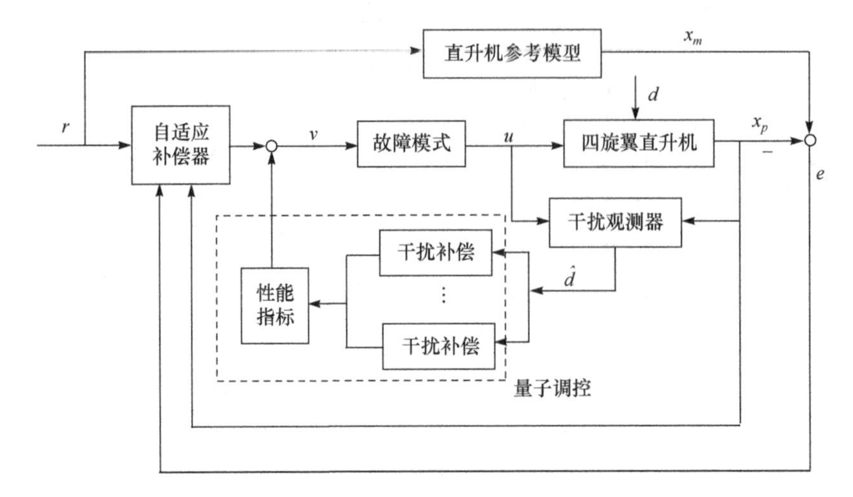

图 7.7 基于量子调控与干扰观测器的四旋翼直升机自适应补偿控制系统结构图

式中，$L(x)$为被设计的非线性控制器增益。定义

$$\tilde{\bar{d}}=\bar{d}-\hat{\bar{d}} \tag{7.82}$$

对式(7.82)求导，并代入式(7.80)和式(7.81)得

$$\dot{\tilde{\bar{d}}}=\dot{\bar{d}}-\dot{\hat{\bar{d}}}=-L(x)\tilde{\bar{d}} \tag{7.83}$$

若 $L(x)$取值使下式指数稳定，则$\hat{\bar{d}}$可渐近趋于$\bar{d}$

$$\dot{\tilde{\bar{d}}}+L(x)\tilde{\bar{d}}=0 \tag{7.84}$$

因式(7.81)中的 $\dot{x}$ 不能直接得到，故引入变量

$$z=\hat{\bar{d}}-p(x) \tag{7.85}$$

式中，非线性函数 $p(x)$满足

$$\dot{p}(x)=L(x)\cdot\dot{x} \tag{7.86}$$

对式(7.85)求导，代入式(7.81)和式(7.86)得

$$\begin{aligned}\dot{z}&=\dot{\hat{\bar{d}}}-\dot{p}(x)\\&=-L(x)\hat{\bar{d}}-L(x)[Ax(t)+Bu(t)]\\&=-L(x)[z+p(x)+Ax(t)+Bu(t)]\end{aligned} \tag{7.87}$$

$$\hat{\bar{d}}=z+p(x) \tag{7.88}$$

$$\dot{\tilde{\bar{d}}}+\frac{\partial p(x)}{\partial x}\cdot\tilde{\bar{d}}=0 \tag{7.89}$$

7.4.3 四旋翼直升机的自修复控制律设计

假设执行器发生如下故障

$$u_j(t)=\bar{u}_j,\quad t\geqslant t_j,\quad j\in\{1,2,\cdots,m\} \tag{7.90}$$

常数 $\bar{u}_j$ 故障发生时间 t_j 未知。执行器发生故障时

$$u(t)=v(t)+\sigma(\bar{u}-v(t)) \tag{7.91}$$

式中，$v(t)$为设计的控制信号，且

$$v(t)=[v_1(t),v_2(t),\cdots,v_m(t)]^{\mathrm{T}}$$
$$\bar{u}=[\bar{u}_1,\bar{u}_2,\cdots,\bar{u}_m]^{\mathrm{T}}$$
$$\sigma=\operatorname{diag}\{\sigma_1,\sigma_2,\cdots,\sigma_m\} \tag{7.92}$$
$$\sigma_j=\begin{cases}1, & \text{第 } j \text{ 个执行器故障}\\ 0, & \text{其他}\end{cases},\quad j=1,2,\cdots,m$$

控制目标：设计信号 $v(t)$，使系统在执行器故障和干扰的情况下使闭环信号有界，使系统实现状态跟踪。其中参考信号由下式提供

$$\dot{x}_m(t)=A_m x_m(t)+B_m r(t) \tag{7.93}$$

式中，$A_m\in R^{n\times n}$，$B_m\in R^{n\times l}$为已知的常数矩阵，A_m 为稳定阵，B_m 满秩，$r(t)\in R^l$ 有界。

假设当有 p 个执行器发生故障时，剩余的执行器仍然能够完成控制目标。

针对式(7.91)设计控制律

$$v(t)=v^*(t)=K_1^{*\mathrm{T}}x(t)+K_2^{*\mathrm{T}}r(t)+k_3^*+k_4 \tag{7.94}$$

设计 $K_1^*=[k_{11}^*,\cdots,k_{1m}^*]\in R^{n\times m}$，$K_2^*=[k_{21}^*,\cdots,k_{2m}^*]\in R^{l\times m}$，$k_3^*=[k_{31}^*,\cdots,k_{3m}^*]^{\mathrm{T}}\in R^m$ 对执行器故障进行补偿，设计 k_4 对执行器故障下的干扰进行补偿。

其中，K_1^*、K_2^* 用来匹配系统模型；k_3^* 用来补偿故障；k_4 用来补偿估计的干扰。接下来首先对故障进行补偿。

1. 故障补偿设计

系统在 t 时刻发生 p 个故障，即

$$u_j(t)=\bar{u}_j,\quad j=j_1,\cdots,j_p,\quad 1\leqslant p\leqslant m-q \tag{7.95}$$

根据故障发生的模态对矩阵分别进行分块，对应发生故障的列和没有发生故障的列分别组合得到四个矩阵 $B_a\in R^{n\times(m-p)}$，$K_{1a}^*\in R^{n\times(m-p)}$，$K_{2a}^*\in R^{l\times(m-p)}$，$k_{3a}^*\in R^{m-p}$。

定义故障矢量为

$$\bar{u}_f=[\bar{u}_{j_1},\cdots,\bar{u}_{j_p}]^{\mathrm{T}} \tag{7.96}$$

则闭环系统为

$$\begin{aligned}\dot{x}(t)&=Ax(t)+Bu(t)+\bar{d}\\&=Ax(t)+B(v(t)+\sigma(\bar{u}-v(t)))+\bar{d}\\&=Ax(t)+B(I-\sigma)v(t)+B\sigma\bar{u}+\bar{d}\\&=(A+B(I-\sigma)K_1^{*\mathrm{T}})x(t)+B(I-\sigma)K_2^{*\mathrm{T}}r(t)+B(I-\sigma)k_3^*+B\sigma\bar{u}+B(I-\sigma)k_4+\bar{d}\end{aligned} \tag{7.97}$$

为了满足控制目标，选择 K_{1a}^*、K_{2a}^*、k_{3a}^* 使下式成立

$$\begin{aligned}&(A+B_aK_{1a}^{*\mathrm{T}})=A_M\\&B_aK_{2a}^{*\mathrm{T}}=b_M\\&B_ak_{3a}^*+B_f\bar{u}_f=0\end{aligned} \tag{7.98}$$

命题 7.1 式(7.98)有解的充分必要条件为

$$\begin{aligned}&\operatorname{rank}(B_a)=\operatorname{rank}([B_a|A_m-A])\\&\operatorname{rank}(B_a)=\operatorname{rank}([B_a|B_m])\\&\operatorname{rank}(B_a)=\operatorname{rank}(B)\end{aligned} \tag{7.99}$$

由于系统的参数均未知，故 K_1^*、K_2^*、k_3^* 无法直接求取，设计控制器

$$v(t)=K_1^{\mathrm{T}}x(t)+K_2^{\mathrm{T}}r(t)+k_3(t)+k_4(t) \tag{7.100}$$

$K_1(t)$、$K_2(t)$、$k_3(t)$ 为 K_1^*、K_2^*、k_3^* 的估计值。定义参数误差

$$\widetilde{K}_{1a}(t)=K_{1a}(t)-K_{1a}^*,\quad \widetilde{K}_{2a}(t)=K_{2a}(t)-K_{2a}^*,\quad \tilde{k}_{3a}(t)=k_{3a}(t)-k_{3a}^* \tag{7.101}$$

定义状态跟踪误差

$$e(t)=x(t)-x_m(t) \tag{7.102}$$

$$\begin{aligned}\dot{e}(t)&=\dot{x}(t)-\dot{x}_m(t)\\&=A_mx(t)+B_mr(t)+B_a[\widetilde{K}_{1a}^{\mathrm{T}}(t)x(t)+\widetilde{K}_{2a}^{\mathrm{T}}(t)r(t)+\tilde{k}_{3a}(t)]\\&\quad+B(I-\sigma)k_4+\bar{d}-A_mx(t)-B_mr(t)\\&=A_Me(t)+B_a[\widetilde{K}_{1a}^{\mathrm{T}}(t)x(t)+\widetilde{K}_{2a}^{\mathrm{T}}(t)r(t)+\tilde{k}_{3a}(t)]+B(I-\sigma)k_4+\bar{d}\end{aligned} \tag{7.103}$$

选择控制律

$$\begin{aligned}\dot{k}_{1j}&=-\Gamma_{1j}x(t)e^{\mathrm{T}}(t)Pb_j\\\dot{k}_{2j}&=-\Gamma_{2j}r(t)e^{\mathrm{T}}(t)Pb_j\\\dot{k}_{3j}&=-\gamma_{3j}e^{\mathrm{T}}(t)Pb_j\end{aligned} \tag{7.104}$$

式中，$j=1,\cdots,m$，$P\in R^{n\times n}$，$P=P^{\mathrm{T}}>0$，满足

$$PA_M+A_M^{\mathrm{T}}P=-Q \tag{7.105}$$

式中，$Q\in R^{n\times n}$，$Q=Q^{\mathrm{T}}>0$。$\Gamma_{1j}\in R^{n\times n}$，$\Gamma_{2j}\in R^{l\times l}$，$\gamma_{3j}$ 和 γ_{4j} 为常数，故

$$\Gamma_{1j}=\Gamma_{1j}^{\mathrm{T}}>0,\quad \Gamma_{2j}=\Gamma_{2j}^{\mathrm{T}}>0,\quad \gamma_{3j}>0,\quad \gamma_{4j}>0 \tag{7.106}$$

2. 干扰补偿设计

当执行器发生故障时，不容易对干扰进行补偿。本节根据干扰观测器的观测结果，利用基于量子信息技术的切换控制思想选择性能指标

$$J(t)=c_1\|e\|^2+c_2\int_{t_0}^{t}\exp[-\lambda(\tau_j-\tau_0)\|e\|^2\mathrm{d}\tau_j] \tag{7.107}$$

使系统在不同的故障模态选用不同的补偿算法，从而达到补偿的目的。这里 $c_1,c_2>0$，$\lambda>0$。

首先，通过量子信息技术为每一种故障模态设计一个基于干扰补偿器的干扰补偿算法，然后选取性能指标，使系统自动切换到相应的算法。

一般地，四旋翼直升机有一套相对复杂的执行机构，故会发生多种形式的故障。量子调控模块对故障模态进行描述的概率幅见表 7.4。

表 7.4　四旋翼直升机量子调控模块概率幅表

概率幅	故障		
	执行器 1	执行器 2	执行器 3
α_{000}	无	无	无
α_{001}	无	无	有
α_{010}	无	有	无
α_{011}	无	有	有
α_{100}	有	无	无

续表

概率幅	故障		
	执行器 1	执行器 2	执行器 3
α_{101}	有	无	有
α_{110}	有	有	无
α_{111}	有	有	有

针对不同故障设计不同的干扰补偿器，由式(7.103)可得

$$k_4=-[B(I-\sigma)]^+\hat{\bar{d}} \tag{7.108}$$

式中，$(\cdot)^+$为矩阵的伪逆，则跟踪误差为

$$\begin{aligned}\dot{e}(t)&=\dot{x}(t)-\dot{x}_m(t)\\&=A_me(t)+B_a[\widetilde{K}_{1a}^{\mathrm{T}}(t)x(t)+\widetilde{K}_{2a}^{\mathrm{T}}(t)r(t)+\tilde{k}_{3a}(t)]+B(I-\sigma)k_4+\bar{d}\\&=A_me(t)+B_a[\widetilde{K}_{1a}^{\mathrm{T}}(t)x(t)+\widetilde{K}_{2a}^{\mathrm{T}}(t)r(t)+\tilde{k}_{3a}(t)]+\bar{d}-\tilde{\bar{d}}\end{aligned} \tag{7.109}$$

选择

$$V_p=e^{\mathrm{T}}Pe+\sum_{j\neq j_1,\cdots,j_p}(\tilde{k}_{1j}^{\mathrm{T}}\Gamma_{1j}^{-1}\tilde{k}_{1j}+\tilde{k}_{2j}^{\mathrm{T}}\Gamma_{2j}^{-1}\tilde{k}_{2j}+\tilde{k}_{3j}^{2}\gamma_{3j}^{-1}) \tag{7.110}$$

$$\dot{V}_p=2e^{\mathrm{T}}P\dot{e}+2\sum_{j\neq j_1,\cdots,j_p}(\tilde{k}_{1j}^{\mathrm{T}}\Gamma_{1j}^{-1}\dot{\tilde{k}}_{1j}+\tilde{k}_{2j}^{\mathrm{T}}\Gamma_{2j}^{-1}\dot{\tilde{k}}_{2j}+\tilde{k}_{3j}\gamma_{3j}^{-1}\dot{\tilde{k}}_{3j}) \tag{7.111}$$

根据式(7.104) 和式(7.108)～式(7.111)得

$$\dot{V}_p=-e^{\mathrm{T}}(t)Qe(t)\leqslant 0 \tag{7.112}$$

根据 Barbalat 引理可得系统的状态跟踪误差为零。

定理 7.1 控制对象(7.78)在执行器故障(7.90)和外界干扰情况下，设计控制器(7.98)、控制律(7.104)、干扰控制器(7.87)～式(7.88)，可使$\lim\limits_{t\to\infty}[x(t)-x_m(t)]=0$。

7.4.4 四悬翼直升机自适应补偿控制的半物理仿真验证

1. 数字仿真

参考模型设定为

$$A_m=\begin{bmatrix}0&0&0&1&0&0\\0&0&0&0&1&0\\0&0&0&0&0&1\\-8.005&0&0&-4.0025&0&0\\0&-94.8064&0&0&-23.4048&0\\0&0&-94.8093&0&0&-23.4048\end{bmatrix}$$

$$B_m=b_1,\quad B_d=I_6$$

系统输入设定为$r(t)=10(\mathrm{V})$，$p(x)=5x$。

1) 数字仿真情况一

故障与干扰设定为$v_1=1.3(\mathrm{V})$，$t\geqslant 70\mathrm{s}$；$d(t)=[0,0,0,0.8,1.4,2.2]^{\mathrm{T}}$，$d(t)\geqslant 150(\mathrm{s})$。

$J(t)=\|e\|^2+\int_{t_0}^{t}\exp[-2(\tau_j-\tau_0)\|e\|^2\mathrm{d}\tau_j]$中的参数设定如下

$$Q=10*I_6,\quad \Gamma_{11}=20I_6,\quad \Gamma_{12}=20I_6,\quad \Gamma_{13}=25I_6,\quad \Gamma_{14}=30I_6,\quad \Gamma_{21}=I_6$$

$$\Gamma_{22}=\Gamma_{21}=0.5I_6,\quad \Gamma_{24}=I_6,\quad \gamma_{31}=20,\quad \gamma_{32}=\gamma_{33}=\gamma_{34}=10$$

四旋翼直升机自适应补偿控制系统姿态角跟踪误差曲线(数字仿真情况一)如图 7.8 所示。四旋翼直升机自适应补偿控制系统干扰观测器观测值如图 7.9 所示。

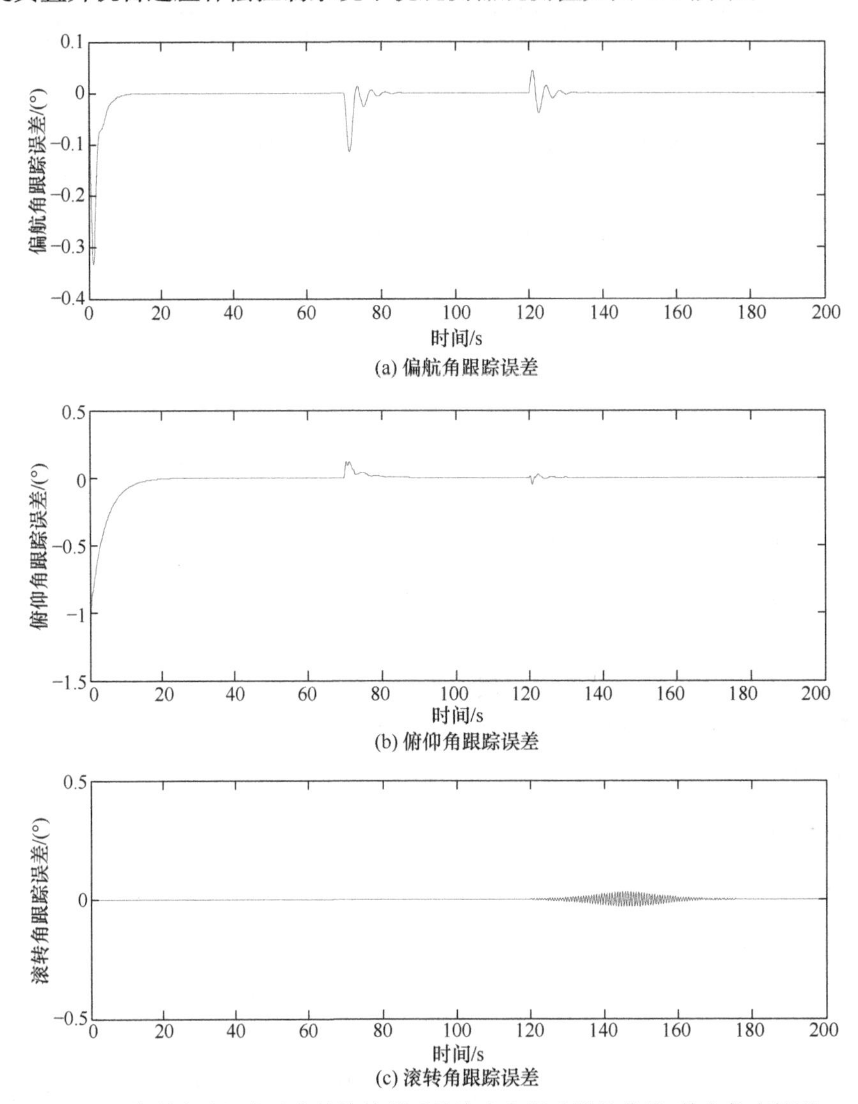

图 7.8　四旋翼直升机自适应补偿控制系统姿态角跟踪误差曲线(数字仿真情况一)

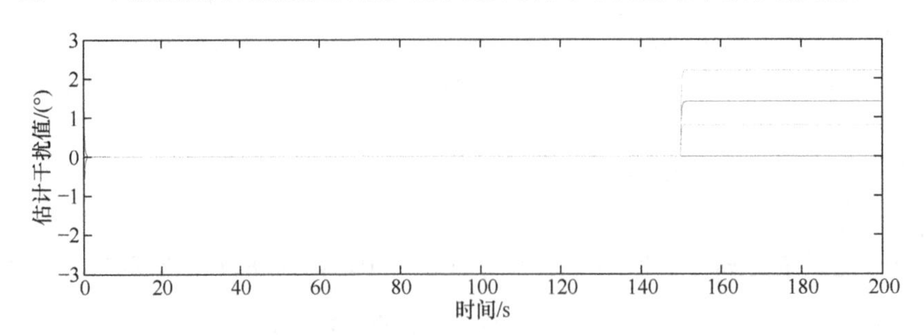

图 7.9　四旋翼直升机自适应补偿控制系统干扰观测器观测值

2）数字仿真情况二

故障与干扰设定为 $v_3=0.8(\text{V}), t\geqslant 70\text{s}; d(t)=[0,0,0,0.8,1.4,2.2]^{\text{T}}, d(t)\geqslant 150\text{s}$。

$J(t)=\|e\|^2+\int_{t_0}^{t}\exp[-2(\tau_j-\tau_0)\|e\|^2\text{d}\tau_j]$ 中的参数设定如下

$$Q=10*I_6,\quad \Gamma_{11}=20I_6,\quad \Gamma_{12}=10I_6,\quad \Gamma_{13}=15I_6,\quad \Gamma_{14}=20I_6,\quad \Gamma_{21}=I_6$$

$$\Gamma_{22}=\Gamma_{21}=0.5I_6,\quad \Gamma_{24}=I_6,\quad \gamma_{31}=20,\quad \gamma_{32}=\gamma_{33}=\gamma_{34}=10$$

四旋翼直升机自适应补偿控制系统姿态角跟踪误差曲线（数字仿真情况二）如图 7.10 所示。

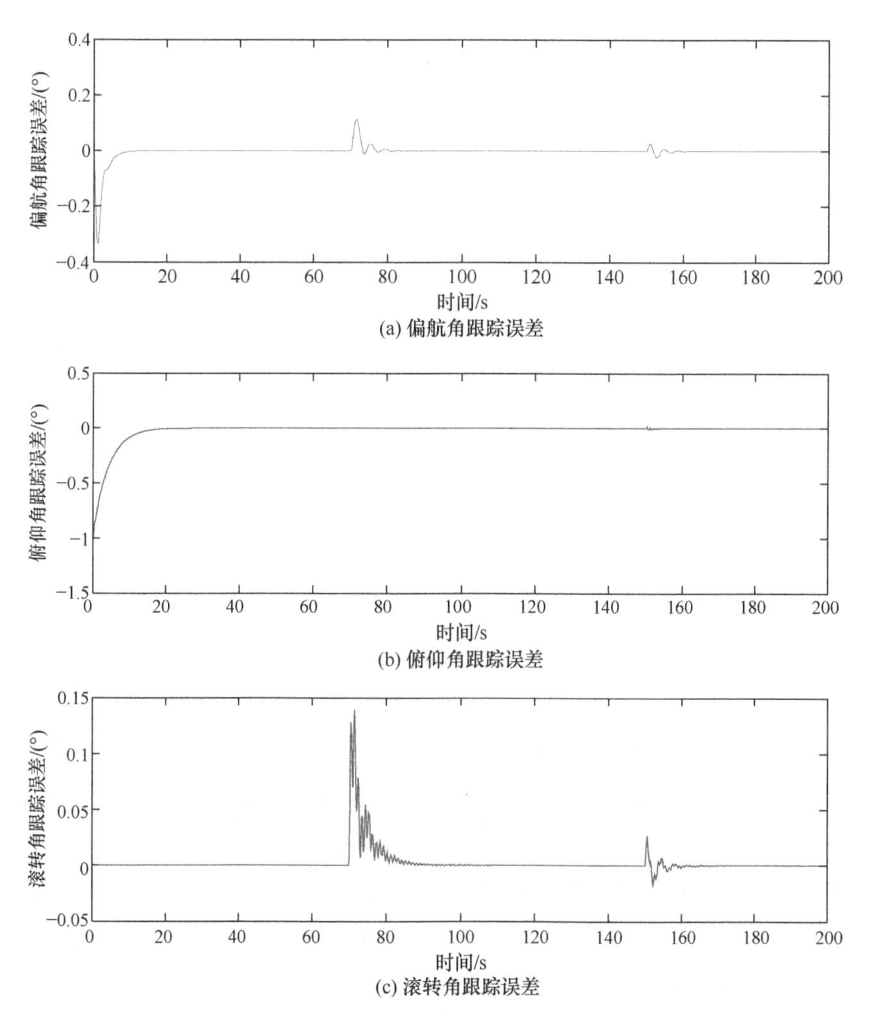

图 7.10 四旋翼直升机自适应补偿控制系统姿态角跟踪误差曲线（数字仿真情况二）

2. 半物理仿真验证

故障与干扰设定为 $v_3=0.8(\text{V}), t\geqslant 70\text{s}; d(t)=[0,0,0,0.8,1.4,2.2]^{\text{T}}, d(t)\geqslant 150\text{s}$。

$J(t)=\|e\|^2+\int_{t_0}^{t}\exp[-2(\tau_j-\tau_0)\|e\|^2\text{d}\tau_j]$ 中的参数设定如下

$$Q=10*I_6,\quad \Gamma_{11}=20I_6,\quad \Gamma_{12}=10I_6,\quad \Gamma_{13}=15I_6,\quad \Gamma_{14}=20I_6,\quad \Gamma_{21}=I_6$$

$$\Gamma_{22}=\Gamma_{21}=0.5I_6,\quad \Gamma_{24}=I_6,\quad \gamma_{31}=20,\quad \gamma_{32}=\gamma_{33}=\gamma_{34}=10$$

四旋翼直升机自适应补偿控制系统姿态角跟踪误差曲线(半物理仿真验证)如图 7.11 所示。

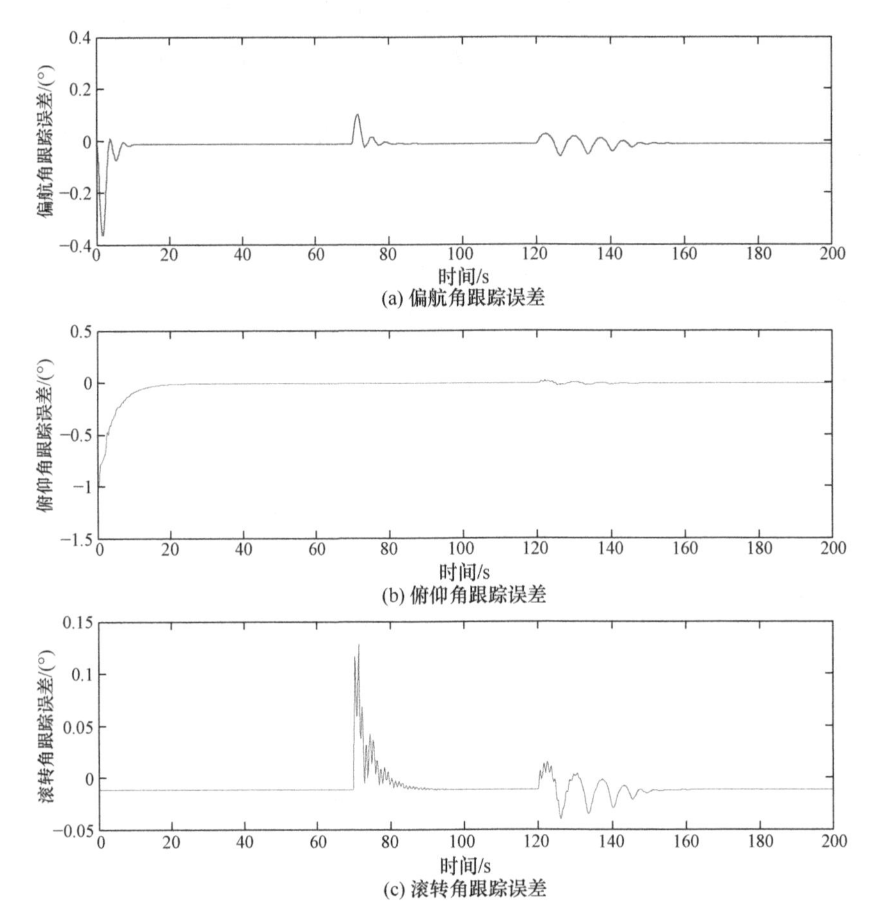

图 7.11 四旋翼直升机自适应补偿控制系统姿态角跟踪误差曲线(半物理仿真验证)

从图 7.8 和图 7.10 可看出,在四悬翼直升机发生执行器故障和受到外界干扰的瞬间,跟踪误差有瞬时的动态行为,但随着时间的增加逐渐趋近于 0。图 7.9 表明干扰观测器的估计结果趋近于真实的干扰值。干扰观测器效果明显,对自修复控制系统的抗干扰能力的提高有明显作用。图 7.11 为半物理仿真验证结果,在同样的输入条件、干扰和故障参数下,与图 7.10 相比,半物理仿真结果瞬态性能不太好,稳态也有少许误差。这可能是受硬件设备中的非线性的未建模动态和输出电压饱和的影响。

附录　历年试题集锦

试　题　1

一、单项选择题(每小题 4 分,共 20 分)

1. 最小方差调节器设计的关键是__________。

   A) 最优预测　　B) 确定随机扰动对输出的影响

   C) 确定控制作用对输出的影响　　D) 最小方差控制

2. 在信号综合法中不属于信号综合依据的是__________。

   A) 由辨识装置所提供的当前被控对象的特性

   B) 系统本身环境的变化特性

   C) 系统所期望的性能指标

   D) 系统的实际输出响应

3. 模型参考自适应控制系统设计最重要的信息来源是__________。

   A) 系统输入　　B) 参考模型输出

   C) 广义误差　　D) 可调系统输出

4. 基于李雅普诺夫稳定性理论设计 MRAC 方法是__________首先提出的。

   A) 兰德(Landau)　　B) 帕克斯(Parks)

   C) 波波夫(Popov)　　D) 吉布逊(Gibson)

5. 自校正控制器与自校正调节器相比较,自校正控制器的目标函数中引入了________。

   A) 预测输出约束　　B) 噪声约束

   C) 极点配置　　D) 控制约束

二、多项选择题(每小题 4 分,共 20 分)

1. 自适应控制结构形式有__________。

   A) 可变增益系统　　B) 线性模型跟随系统

   C) 自校正控制系统　　D) 模型参考

2. 李雅普诺夫函数一定具有的性质是__________。

   A) 对时间连续可微　　B) 关于系统状态的标量函数

   C) 具有正定性　　D) 对时间的导数具有负定性

3. 下列自校正控制技术适用于非最小相位系统的有__________。

   A) 最小方差控制　　B) 加权最小方差控制

   C) 极点配置调节器　　D) 加权最小方差自校正控制器的极点配置

4. 自回归滑动模型时滞多项式在下列__________情况下属于非逆稳系统。

   A) A 稳定 B 不稳定 C 稳定　　B) A 不稳定 B 稳定 C 稳定

   C) A 稳定 B 稳定 C 不稳定　　D) A 不稳定 B 不稳定 C 稳定

5. 属于自适应控制主要研究问题的是__________。

A) 可靠性　　B) 稳定性

C) 收敛性　　D) 品质分析

三、判断下列结论是否正确并说明理由(每小题 10 分,共 20 分)

1. 若系统为 $y(t)-y(t-1)=u(t-2)+1.5u(t-3)+\omega(t)-0.3\omega(t-1)$,则自适应控制规律可设计为 $u(t)=-\frac{G}{BF'}y(t)$。

2. 若某一闭环控制系统的线性部分为 $G(s)=\frac{3(2+s)}{1+2s}$,非线性部分满足波波夫不等式,则该闭环系统必为渐近超稳定系统。

四、系统的传递函数为 $G_p(s)=\frac{k}{a_2s^2+a_1s+1}$,按 MIT 方法设计闭环自适应系统并分析其稳定性。(本题 10 分)

五、设受控系统的模型为

$$y(t)=1.5y(t-1)-0.7y(t-2)+u(t-1)+0.5u(t-2)+\omega(t)-0.5\omega(t-1)$$

指标函数为 $J=E\{[y(t+1)-y_r(t)]^2+0.25u^2(t)\}$,求 J 为最小的自校正控制器的控制规律。(本题 15 分)

六、设有一不稳定亦非逆稳定受控系统方程为

$$(1-q^{-1})y(t)=q^{-2}(1+1.5q^{-1})u(t)+(1-0.2q^{-1})\omega(t)$$

选闭环期望极点方程为 $T=1-0.4q^{-1}$,试确定自校正调节器的输出方程。(本题 15 分)

试　题　2

一、单项选择题(每小题 4 分,共 20 分)

1. 属于引起被控对象特性发生变化主要原因的是__________。

A) 系统自振　　B) 系统外加扰动

C) 系统所处环境变化　　D) 系统结构变化

2. 相对于经典 PID 控制思想,自适应规律设计最常采用__________结构形式。

A) PD　　B) PI

C) PID　　D) D

3. 下列选项不属于自适应控制主要研究问题的是__________。

A) 可靠性　　B) 稳定性

C) 收敛性　　D) 品质分析

4. __________把波波夫超稳定性理论成功运用于 MRAC 系统的设计。

A) 兰德(Landau)　　B) 帕克斯(Parks)

C) 波波夫(Popov)　　D) 吉布逊(Gibson)

5. 自校正控制器与自校正调节器相比较,自校正控制器的目标函数中引入了________。

A) 预测输出约束　　B) 噪声约束

C) 极点配置　　D) 控制约束

二、多项选择题(每小题 4 分,共 20 分)

1. 下列系统适合采用自适应控制的为__________。

A) 无扰动、系统模型确定　　B) 有扰动、系统模型确定

C) 无扰动、系统模型不确定　　D) 有扰动、系统模型不确定

2. 在信号综合法中属于信号综合依据的是__________。

A) 由辨识装置所提供的当前被控对象的特性

B) 系统本身环境的变化特性

C) 系统所期望的性能指标

D) 系统的实际输出响应

3. 下列方法中,__________是从系统稳定性出发来设计自适应控制系统的。

A) 极点配置调节器　　B) 基于李雅普诺夫稳定性理论设计法

C) 基于波波夫超稳定性理论设计法　　D) 最小方差调节器

4. 自回归滑动模型中时滞多项式在__________情况下属于逆稳定系统。

A) A 稳定 B 不稳定 C 稳定　　B) A 不稳定 B 稳定 C 稳定

C) A 稳定 B 稳定 C 不稳定　　D) A 不稳定 B 不稳定 C 稳定

5. 最小方差控制的关键是__________。

A) 最优预测　　B) 确定随机扰动对输出的影响

C) 确定控制作用对输出的影响　　D) 最小化性能指标

三、判断下列结论是否正确并说明理由(每小题 10 分,共 20 分)

1. 若系统为 $y(t)-y(t-1)=u(t-2)+1.5u(t-3)+\omega(t)-0.3\omega(t-1)$,则自适应控制规律可设计为 $u(t)=\dfrac{CRy_r(t)-Gy(t)}{C\Lambda+BF'}$。

2. 若某一闭环控制系统的线性部分为 $G(s)=\dfrac{3}{s^2+9}$,非线性部分满足波波夫不等式,则该闭环系统必为渐近超稳定系统。

四、系统的传递函数为 $G_p(s)=\dfrac{k}{1+Ts}$,按 MIT 方法设计闭环自适应系统并分析其稳定性。(本题 10 分)

五、设受控系统的模型为

$$y(t)=1.5y(t-1)-0.7y(t-2)+u(t-1)+0.5u(t-2)+\omega(t)-0.5\omega(t-1)$$

指标函数为 $J=E\{[y(t+1)-y_r(t)]^2+0.25u^2(t)\}$,求 J 为最小的加权最小方差控制律。(本题 15 分)

六、设受控系统方程为 $y(t)-a_1y(t-1)=b_0u(t-1)+\omega(t)$,选闭环期望极点方程为 $T=1+t_1q^{-1}$,试确定自校正调节器的输出方差。(本题 15 分)

试　题　3

一、单项选择题(每小题 4 分,共 20 分)

1. 下列选项中,__________必须具有辨识装置。

A) 可变增益自适应控制系统　　B) 模型参考自适应控制系统

C) 自校正控制系统　　D) 直接优化目标函数自适应控制系统

2. 在信号综合法中不属于信号综合依据的是__________。

A) 由辨识装置所提供的当前被控对象的特性　　B) 系统本身环境的变化特性

C) 系统所期望的性能指标　　D) 系统的实际输出响应

3. 属于模型参考自适应的设计方法是__________。

A) 自校正控制器设计　　B) 自校正调节器设计

C) 基于波波夫超稳定性理论设计法　　D) 极点配置法

4. 基于李雅普诺夫稳定性理论设计 MRAC 是由__________首先提出的。

A) Parks　　B) Landau

C) Popov　　D) Gibson

5. 自校正控制器与自校正调节器相比较，自校正控制器的目标函数中引入了________。

A) 噪声约束　　B) 极点配置

C) 控制约束　　D) 预测输出约束

二、多项选择题(每小题 4 分，共 20 分)

1. 局部参数最优化设计方法存在的最主要问题是__________。

A) 收敛性问题　　B) 稳定性问题

C) 鲁棒性问题　　D) 性能优化问题

2. 自适应控制系统中的广义误差一般来源于__________。

A) 参考模型　　B) 可调系统

C) 自适应机构　　D) 指令输入

3. 用超稳定性理论设计模型参考自适应系统的基本思想有__________。

A) 利用反馈方块满足非线性无记忆条件确定一部分自适应规律

B) 将模型参考自适应系统等效为非线性时变反馈系统

C) 利用前向方块满足稳定条件确定一部分自适应规律

D) 根据超稳定性原理，分别使等效反馈方块满足波波夫积分不等式和使前向方块为正实传递函数，从而确定合适的自适应规律

4. 自回归滑动模型中时滞多项式在__________情况下属于逆稳定系统。

A) A 稳定 B 不稳定 C 稳定　　B) A 不稳定 B 稳定 C 稳定

C) A 稳定 B 稳定 C 不稳定　　D) A 不稳定 B 不稳定 C 稳定

5. 在基于李雅普诺夫稳定性理论设计 MRAC 系统中，选择的李雅普诺夫函数必须包含__________。

A) 参考模型的状态变量　　B) 可调系统的状态变量

C) 参考模型与可调系统的状态误差　　D) 可调系统的可调参数的变化量

三、判断下列结论是否正确并说明理由(每小题 10 分，共 20 分)

1. 若系统为 $y(t)-2y(t-1)=u(t-2)+1.5u(t-3)+\omega(t)-\omega(t-1)$，则自适应控制规律可设计为 $u(t)=-\dfrac{G}{BF'}y(t)$。

2. 若某一闭环控制系统的线性部分为 $G(s)=\dfrac{k(2+T_1 s)}{1+T_2 s}$，非线性部分满足波波夫不等式，则该闭环系统必为渐近超稳定系统。

四、对于具有可调增益的模型参考自适应控制系统，可调系统的动态方程为$(a_2p^2+a_1p+1)y_p(t)=k_ck_vu(t)$，参考模型的动态方程为$(a_2p^2+a_1p+1)y_m(t)=ku(t)$，其中，$k_v$ 在运动过程中受环境因素影响可能发生缓慢变化，但可通过 k_c 的调整得到补偿，$a_2=1$，$a_1=2.5$，$k=10$。根据上述信息，试用局部参数最优化理论设计调整 k_c 的自适应规律，分析系统输入为单位阶跃，参考模型和可调系统达到稳定时闭合自适应回路的稳定条件，画出系统框图。(本题 10 分)

五、二阶逆稳定受控系统 $y(t)=1.5y(t-1)-0.7y(t-2)+u(t-1)+0.5u(t-2)+\omega(t)-0.5\omega(t-1)$，指标函数为 $J=E\{[y(t+1)-y_r(t)]^2+0.25u^2(t)\}$，设计其自校正控制器的控制规律。(本题 15 分)

六、设有一不稳定亦非逆稳定受控系统方程为$(1-q^{-1})y(t)=q^{-2}(1+1.5q^{-1})u(t)+(1-0.2q^{-1})\omega(t)$，选闭环期望极点方程为 $T=1-0.5q^{-1}$，试确定自校正调节器的输出方程。(本题 15 分)

试　题　4

一、单项选择题(每小题 4 分，共 40 分)

1. 一个自适应控制系统应该具有辨识、__________、修正三方面的功能。

   A) 决策　　B) 分析

   C) 计算　　D) 调节

2. 下列系统控制问题中，比较适合采用自适应控制的是__________。

   A) 系统不确定，参数变化较快　　B) 系统确定，无扰动

   C) 系统不确定，参数缓慢变化　　D) 系统确定，有扰动

3. 局部参数最优化的设计方法存在的最主要问题是__________。

   A) 收敛性问题　　B) 性能优化问题

   C) 鲁棒性问题　　D) 稳定性问题

4. MRAC 系统广义误差一般来源于__________。

   A) 指令输入　　B) 自适应机构

   C) 参考模型与被控对象　　D) 可调装置

5. 李雅普诺夫稳定性理论设计 MRAC 利用了__________。

   A) 间接法　　B) 李雅普诺夫第一法

   C) 李雅普诺夫第二法　　D) 求解微分方程

6. 下列方法中没有从系统稳定性出发来设计自适应规律的是__________。

   A) 局部参数最优化设计方法

   B) 李雅普诺夫设计方法

   C) 利用等价反馈方块满足波波夫积分不等式和前向方块满足正实性要求的设计方法

   D) 极点配置调节器

7. 自校正调节器最初由科学家__________提出。

   A) 帕克斯(Parks)　　B) 兰德(Landau)

   C) 波波夫(Popov)　　D) 奥斯特卢姆(A strom)

8. 下列自校正控制技术不适用于非逆稳系统的是__________。

A) 最小方差自校正调节器　　B) 最小方差自校正控制器

C) 极点配置调节器　　D) 最小方差自校正控制的极点配置

9. 自校正控制器与自校正调节器相比，自校正控制器在目标函数中增加了__________。

A) 噪声约束　　B) 极点配置

C) 预测输出约束　　D) 伺服输入和控制作用加权

10. 对于系统 $A(q^{-1})y(t)=B(q^{-1})q^{-d}u(t)+C(q^{-1})\varepsilon(t)$，当其时滞多项式属于__________情况时，系统非逆稳。

A) A 稳定 B 稳定 C 稳定　　B) A 不稳定 B 稳定 C 稳定

C) A 稳定 B 不稳定 C 稳定　　D) A 稳定 B 稳定 C 不稳定

二、分析判断题(每小题 10 分，共 20 分)

1. 验证下列传递函数的正实性和严格正实性。

(1) $G(s)=\dfrac{(1+T_1s)}{1+T_2s}$　T_1,T_2 均大于 0　(2) $G(s)=\dfrac{K}{s(1+as)}K>0,a>0$

2. 判断下述系统是否可用最小方差自校正调节器设计自适应控制规律。

$y(t)=1.5y(t-1)-0.7y(t-2)+u(t-1)+2u(t-2)+\varepsilon(t)-0.5\varepsilon(t-1)$，其中 $d=1$。

三、如图 1 所示的具有可调增益的模型参考自适应控制系统，可调系统的传递函数为 $G_p(s)=\dfrac{k_p}{1+Ts}$，参考模型传递函数为 $G_p(s)=\dfrac{k_m}{1+Ts}$。其中，k_p 在运动过程中受环境因素影响可能发生缓慢变化，但可通过 k_c 的调整得到补偿。(本题 20 分)

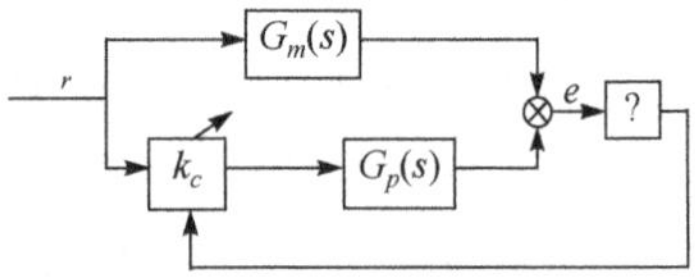

图 1　具有可调增益的模型参考自适应控制系统

1. 试用局部参数最优化理论设计自适应规律，并分析当系统输入为单位阶跃时的稳定条件，画出系统框图。

2. 试用李雅普诺夫稳定性理论设计自适应规律，画出系统框图。

四、设有一稳定而非逆稳受控系统 $(1-0.9q^{-1})y(t)=q^{-2}u(t)+(1-0.7q^{-1})\varepsilon(t)$，试确定最小方差调节规律 $u(t)$。(本题 10 分)

五、设有一不稳定且非逆稳的受控对象方程为 $y(t)-y(t-1)=u(t-2)+1.5u(t-3)+\varepsilon(t)-0.2\varepsilon(t-1)$，$d=2$，试确定调节器的输出方程，使系统的闭环极点配置在 2。(本题 10 分)

试　题　5

一、不定项选择题(每小题 2 分，共 40 分)

1. 下列描述中符合自适应控制系统的有__________。

A) 常规慢闭环反馈和虚拟的快性能反馈相结合　　B) 非线性定常控制问题

C) 时变控制问题　　D) 非线性控制问题

2. 自适应控制系统的特点有__________。

A) 系统的不确定性　　B) 信息的在线积累

C) 过程的有效控制　　D) 常规反馈控制和性能控制相结合

3. 下列系统可以采用自适应控制的是__________。

A) 无扰动，系统模型确定　　B) 有扰动，系统模型确定

C) 无扰动，系统模型不确定　　D) 有扰动，系统模型不确定

4. 下列选项中属于自适应机构的组成部分的是__________。

A) 性能计算　　B) 决策机构

C) 辨识装置　　D) 修正机构

5. 自适应控制应用存在的问题有__________。

A) 结构和算法复杂　　B) 实现困难

C) 系统运行寿命短　　D) 成本高

6. 下列描述符合自适应调节问题的是__________。

A) 自适应控制策略修正调节器特性

B) 自适应控制需要在线辨识过程模型

C) 调节器具有补偿过程和扰动的动力学变化的能力

D) 自适应控制策略使整个可调系统趋向于参考模型

7. 下列描述符合自适应控制的是__________。

A) 自适应控制使得可调系统的被控对象部分趋向于参考模型

B) 在线观测系统运行性能指标

C) 性能指标趋向最优化

D) 修正控制器或可调系统参数

8. 自适应控制结构形式有__________。

A) 可变增益系统　　B) 线性模型跟随系统

C) 自校正控制系统　　D) 模型参考

9. 相对于经典 PID 控制思想，自适应规律设计最常采用的结构形式是__________。

A) PD　　B) PID

C) PI　　D) D

10. 下列方法中从系统稳定性出发来设计自适应控制系统的是__________。

A) 极点配置调节器

B) 李雅普诺夫设计方法

C) 等价系统的反馈方块满足波波夫积分不等式，前向方块满足正实函数的设计方法

D) 最小方差调节

11. 下列方法中属于开环自适应设计方法，即不存在闭环性能反馈的是__________。

A) 加权最小方差控制　　B) 模型参考自适应控制系统

C) 可变增益的自适应控制　　D) 最小方差调节

12. 下列描述符合自校正调节的有__________。

A) 调节器参数是直接更新的

B) 调节器参数由参数估计和控制设计计算间接更新的

C) 调节器设计分析常采用离散时间模型

D) 调节器设计采用性能最优化策略

13. 模型参考自适应系统设计假设条件有__________。

A) 参考模型是线性时不变系统，而且是完全可控和完全可观的

B) 参考模型和可调系统的结构是相同的

C) 在自适应调整过程中，可调系统的可调参数仅受自适应机构和系统运行环境影响

D) 广义误差向量或者输出误差向量是可测得的

14. 李雅普诺夫函数一定具有的性质是__________。

A) 对时间连续可微　　B) 关于系统状态的标量函数

C) 单调非负函数　　D) 对时间的导数是负定的

15. 用超稳定性理论设计模型参考自适应系统的基本步骤是__________。

A) 将模型参考自适应系统等价为非线性时变反馈系统的标准误差模型的形式，即由一个线性的前向方块和一个非线性的反馈方块组成

B) 将等价系统返回至原始系统，从而完成整个自适应系统的工作原理图

C) 确定等价系统的前向方块是严格正实的，从而决定另一部分自适应规律

D) 使等价系统的反馈方块满足波波夫积分不等式，并由此确定合适的自适应规律

16. 下列说法正确的是__________。

A) 模型参考自适应控制系统中，对于给定的某信号，广义误差达到零，说明可调系统完全跟踪参考模型

B) 参考模型的参数与可调系统的参数之间的初始偏差是未知的

C) 相对于系统过渡过程来说，可调系统参数变化较快

D) 利用超稳定性理论与李雅普诺夫稳定性理论设计模型参考自适应控制系统的结果相同

17. 下列自校正控制技术适用于非最小相位系统的是__________。

A) 最小方差控制　　B) 加权最小方差控制

C) 极点配置调节器　　D) 加权最小方差自校正控制器的极点配置

18. 最小方差控制的关键是__________。

A) 最优预测　　B) 确定随机扰动对输出的影响

C) 确定控制作用对输出的影响　　D) 最小化性能指标

19. 最小方差自校正调节器设计内容包括__________。

A) 可调系统可调参数调整

B) 以递推最小二乘法为方法的参数估计

C) 以输出量方差最小为控制目标的自校正调节器设计

D) 使广义误差最小的自适应控制律设计

20. 相对于最小方差自校正控制器设计来说，加权最小方差控制具有的优点包括__________。

A) 不用考虑控制器设计的稳定性问题　　B) 适用于非逆稳定的受控系统

C) 对控制作用有抑制作用　　D) 控制效果比前者好

二、若可调系统的动态方程为$(a_2p^2+a_1p+1)y_p(t)=k_ck_vu(t)$，参考模型的动态方程为$(a_2p^2+a_1p+1)y_m(t)=ku(t)$，其中，$k_v$ 在运动过程中受环境因素影响可能发生缓慢变化，但可通过 k_c 的调整得到补偿，$a_2=1$，$a_1=2$，$k=5$。根据上述信息分析具有可调增益的

模型参考自适应控制系统。(本题 25 分)

1. 试用局部参数最优化理论设计调整 k_c 的自适应规律,分析系统输入为单位阶跃,参考模型和可调系统达到稳定时闭合自适应回路的稳定条件,画出系统框图。

2. 试用李雅普诺夫稳定性理论设计调整 k_c 的自适应规律,画出系统框图。

三、设有一状态变量滤波器的传递函数为 $h_f(s)=\dfrac{1}{s^2+(1+c_0)s+c_0}$,传递函数 $h(s)=\dfrac{s+c_0}{s^2+a_1s+a_2}$为严格正实函数,其中,$a_1$、$a_2$ 为已知系数,试确定 c_0 使得 $h_f(s)$具有最大通频带。(本题 10 分)

四、设一线性定常的模型为$(1-0.9q^{-1})y(t)=0.5u(t-2)+(1+0.7q^{-1})\omega(t)$,其中,$\omega(t)$为白噪声,$E\{\omega^2(t)\}=0.02$,试求最小方差意义下最优预测模型和最优预测误差的方差。(本题 8 分)

五、设受控系统的模型为 $y(t)=1.5y(t-1)-0.7y(t-2)+u(t-1)+0.5u(t-2)+\omega(t)-0.5\omega(t-1)$,指标函数为 $J=E\{[y(t+1)-y_r(t)]^2+0.5u^2(t)\}$,求 J 为最小的加权最小方差控制律。(本题 9 分)

六、设有一受控对象的模型为$(1-q^{-1})y(t)=q^{-2}(1+1.5q^{-1})u(t)+(1-0.2q^{-1})\omega(t)$,系统的闭环极点多项式为 $T=1-0.5q^{-1}$,试确定调节器的输出方程 $y(t)$。(本题 8 分)

试　题　6

一、不定项选择题(每小题 2 分,共 30 分)

1. 下列描述符合自适应控制系统的有__________。
   A) 常规反馈和性能反馈相结合　　B) 非线性控制问题
   C) 时变控制问题　　D) 线性控制问题
2. 自适应控制系统的特点有__________。
   A) 系统的不确定性　　B) 信息的在线积累
   C) 过程的有效控制　　D) 状态的快变化和可调参数的慢变化
3. 下列系统控制问题中,比较适合自适应控制的是__________。
   A) 无扰动,系统模型确定　　B) 有扰动,系统模型确定
   C) 无扰动,系统模型不确定　　D) 有扰动,系统模型不确定
4. 自适应机构包括__________。
   A) 性能计算(或辨识装置)　　B) 决策机构
   C) 调节器　　D) 修正机构
5. 下列方法中,从系统稳定性出发来设计自适应控制系统的是__________。
   A) 局部参数最优化设计方法
   B) 李雅普诺夫设计方法
   C) 利用等价系统的反馈方块满足波波夫积分不等式和前向方块满足正实函数的要求设计方法
   D) 极点配置调节器

6. 局部参数最优化设计方法存在的最主要问题是__________。

A) 收敛性问题　　B) 稳定性问题

C) 鲁棒性问题　　D) 性能优化问题

7. 下列选项中属于开环自适应控制，即不存在性能反馈的自适应控制系统的是__________。

A) 加权最小方差控制　　B) 模型参考自适应控制系统

C) 可变增益的自适应控制　　D) 最小方差调节器

8. 下列描述符合自校正调节的有__________。

A) 调节器参数是直接更新的

B) 调节器参数由参数估计和控制设计计算间接更新的

C) 调节器设计分析常采用离散时间模型

D) 调节器设计采用性能优化策略

9. 模型参考自适应控制系统设计最重要的信息来源是__________。

A) 系统输入　　B) 参考模型输出

C) 广义误差　　D) 可调系统输出

10. 影响广义误差的因素有__________。

A) 参考模型　　B) 可调系统

C) 自适应机构　　D) 指令输入

11. 模型参考自适应控制系统设计的假设条件有__________。

A) 参考模型是线性时不变系统，而且是完全可控和完全可观的

B) 参考模型和可调系统的维数相同

C) 在自适应的调整过程中，可调系统的参数不仅仅依赖于自适应机构

D) 广义误差向量或者输出误差向量是可测的

12. 李雅普诺夫函数一定具有的性质是__________。

A) 对时间连续可微　　B) 关于系统状态的标量函数

C) 具有正定性　　D) 对时间的导数具有负定性

13. 用超稳定性理论设计模型参考自适应系统的基本思想有__________。

A) 利用反馈方块满足非线性无记忆条件确定一部分自适应规律

B) 将模型参考自适应系统等效为非线性时变反馈系统

C) 利用前向方块满足稳定条件确定一部分自适应规律

D) 根据超稳定性原理，分别使等效反馈方块满足波波夫积分不等式和使前向方块为正实传递函数，从而确定合适的自适应规律

14. 下列自校正控制技术适用于非最小相位系统的是__________。

A) 最小方差控制　　B) 加权最小方差控制

C) 极点配置调节器　　D) 加权最小方差自校正控制器的极点配置

15. 最小方差调节器设计的关键是__________。

A) 最优预测　　B) 确定随机扰动对输出的影响

C) 确定控制作用对输出的影响　　D) 最小方差控制

二、若可调系统的动态方程为$(a_2p^2+a_1p+1)y_p(t)=k_ck_vu(t)$，参考模型的动态方程为$(a_2p^2+a_1p+1)y_m(t)=ku(t)$，其中，$k_v$ 在运动过程中受环境因素影响可能发生缓慢变化，但可通过 k_c 的调整得到补偿，$a_2=1$，$a_1=2.5$，$k=10$。根据上述信息分析具有可调增益的模型参考自适应控制系统。

1. 试用局部参数最优化理论设计调整 k_c 的自适应规律，分析系统输入为单位阶跃，参考模型和可调系统达到稳定时闭合自适应回路的稳定条件，画出系统框图。（本题 10 分）

2. 试用李雅普诺夫稳定性理论设计调整 k_c 的自适应规律，画出系统框图。（本题 10 分）

3. 试用超稳定性理论设计调整 k_c 的具体自适应规律。（本题 15 分）

三、设状态变量滤波器的传递函数为$h_f(s)=\dfrac{1}{s+c_0}$，传递函数$h(s)=\dfrac{s+c_0}{s^2+a_1s+a_0}$为严格正实函数，其中，$a_0$ 和 a_1 为已知系数，试确定 c_0 使得 $h_f(s)$具有最大通频带。（本题 10 分）

四、设$(1-0.967q^{-1})y(t)=q^{-3}(0.79+0.3q^{-1}+0.29q^{-2})u(t)+\omega(t)$为一线性定常模型，其中，$\omega(t)$为白噪声，$E\{\omega^2(t)\}=0.01$，试求最小方差意义下最优预测模型和最优预测误差的方差。（本题 8 分）

五、设受控系统的模型为$(1-1.8q^{-1}+0.9q^{-2})y(t)=q^{-1}(1+2.5q^{-1})u(t)+(1-0.7q^{-1})\omega(t)$，指标函数为$J=E\{y^2(t+k)+0.88u^2(t)\}$，求使 J 为最小的加权最小方差控制律。（本题 9 分）

六、设有一受控对象的模型为$(1-q^{-1})y(t)=q^{-2}(1+1.5q^{-1})u(t)+(1-0.2q^{-1})\omega(t)$，系统的闭环极点多项式 $T=1-0.5q^{-1}$，试确定调节器的输出方程。（本题 8 分）

试　题　7

一、单项选择题(每小题 4 分，共 20 分)

1. 下列自适应控制系统必须具有辨识装置的是__________。
   A) 可变增益自适应控制系统　　B) 模型参考自适应控制系统
   C) 自校正控制系统　　D) 直接优化目标函数的自适应控制系统
2. 在信号综合法中不属于信号综合依据的是__________。
   A) 由辨识装置所提供的当前被控对象的特性　　B) 系统本身环境的变化特性
   C) 系统所期望的性能指标　　D) 系统的实际输出响应
3. 不属于模型参考自适应设计方法的是__________。
   A) MIT 方案　　B) 基于李雅普诺夫稳定性理论设计法
   C) 基于波波夫超稳定性理论设计法　　D) 极点配置法
4. 科技服务业是以技术和知识向社会提供服务的产业，它属于__________。
   A) 第一产业　　B) 第二产业
   C) 第三产业　　D) 不属于产业范畴
5. 自校正控制器与自校正调节器相比较，自校正控制器的目标函数中引入了________。
   A) 噪声约束　　B) 极点配置
   C) 控制约束　　D) 预测输出约束

二、多项选择题(每小题 4 分,共 20 分)

1. 目前自适应控制的主要研究问题通常有__________。

A) 稳定性　　B) 可靠性　　C) 鲁棒性

D) 品质分析　　E) 收敛性

2. 引起被控对象特性发生变化的主要原因有__________。

A) 外加扰动　　B) 系统所处环境的变化

C) 系统本身工作环境的变化

3. 本课程在研究生产库存系统时建立的生产库存系统控制模型中,参加系统运行的部门有__________。

A) 计划部、生产部、库房部　　B) 计划部、生产部、人事管理部

C) 市场科、库房科、生产部、库房部　　D) 市场科、库房科、设备科

4. 不属于自适应控制 3 个基本功能的是__________。

A) 测量机构　　B) 辨识机构

C) 决策机构　　D) 修正机构

5. 在基于李雅普诺夫稳定性理论设计 MRAC 系统中,选择的李雅普诺夫函数必须包含__________。

A) 参考模型的状态变量　　B) 可调系统的状态变量

C) 参考模型与可调系统的状态误差　　D) 可调系统的可调参数的变化量

三、设二阶模型参考自适应系统如图 2 所示,其中,$a_{m1}=2.5$,$a_{m0}=1$,试用李雅普诺夫稳定性理论设计可调参数 k_c、f_0、f_1 的自适应规律。(本题 20 分)

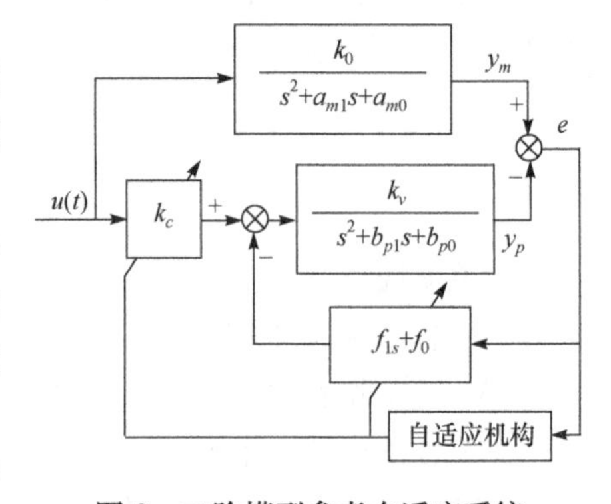

图 2　二阶模型参考自适应系统

四、设有一线性定常模型为 $(1-0.9q^{-1})y(t)=0.5u(t-d)+(1+0.7q^{-1})\omega(t)$,其中,$\omega(t)$ 为白噪声,$E\{\omega^2(t)\}=0.05$,试求最小方差意义下最优预测模型和最优预测误差的方差。(本题 15 分)

五、若某一闭环控制系统的线性部分为 $G(s)=\frac{k(1+T_1 s)}{1+T_2 s}$,非线性部分满足波波夫不等式,试分析该系统的超稳定性。(本题 10 分)

六、设受控对象的模型为 $(1-0.9q^{-1})y(t)=q^{-1}(1-0.5q^{-1})u(t)+(1+0.7q^{-1})\omega(t)$,系统的闭环极点多项式 $T=1-0.2q^{-1}$,试确定调节器的输出方程。(本题 15 分)

试　题　8

一、单项选择题(每小题 4 分,共 40 分)

1. 自适应控制属于__________。

A) 古典控制理论　　B) 现代控制理论

C) 开环控制　　D) 智能控制

2. 一个自适应控制系统应该具有辨识、__________、修正三方面的功能。

A) 决策　　B) 分析

C) 计算　　D) 调节

3. 属于模型参考自适应设计方法的是__________。

A) 自校正控制器设计　　B) 自校正调节器设计

C) 基于波波夫超稳定性理论设计方法　　D) 极点配置法

4. 世界上研制出的第一个自适应控制系统是__________。

A) 自校正控制器　　B) MIT 方案

C) 基于波波夫稳定性理论的 MRAC　　D) 基于李雅普诺夫稳定性理论的 MRAC

5. MIT 方案属于__________。

A) 可变增益自适应控制系统　　B) MRAC 自适应控制系统

C) STR 自适应控制系统　　D) 直接优化目标函数的自适应控制系统

6. 自校正控制器与自校正调节器相比，自校正控制器在目标函数中增加了__________。

A) 噪声约束　　B) 极点配置

C) 预测输出约束　　D) 伺服输入和控制作用加权

7. 基于李雅普诺夫稳定性理论设计是由__________首先提出的。

A) Parks　　B) Landau

C) Popov　　D) Gibson

8. MRAC 系统广义误差一般来源于__________。

A) 指令输入　　B) 自适应机构

C) 参考模型与被控对象　　D) 可调装置

9. 局部参数最优化的设计方法存在的最主要问题是__________。

A) 收敛性问题　　B) 性能优化问题

C) 鲁棒性问题　　D) 稳定性问题

10. 李雅普诺夫稳定性理论设计 MRAC 利用了__________。

A) 间接法　　B) 李雅普诺夫第一法

C) 李雅普诺夫第二法　　D) 求解微分方程

二、简答题(每小题 10 分，共 40 分)

1. 什么是自适应控制系统？在什么情况下要用自适应控制？

2. 画出自适应控制系统的基本原理方块图，并简要说明各部分的作用。

3. 画出典型的参数调整式 MRAC 的原理框图，并写出用状态方程描述的参考模型和参数调整式自适应规律。

4. 自适应控制主要有哪些类型？

三、判断下述系统是否属于开环稳定、逆稳定系统。(本题 10 分)

$y(t)=1.5y(t-1)-0.7y(t-2)+u(t-1)+0.5u(t-2)+\omega(t)-0.5\omega(t-1)$，其中 $d=1$

四、验证 $G(s)=\dfrac{1+T_2 s}{1+T_1 s}$是否为正实函数，其中 T_1 和 T_2 均大于 0。(本题 10 分)

历年试题部分参考答案

试题 1

一、单项选择题

1. A　2. B　3. C　4. B　5. D

二、多项选择题

1. ABCD　2. ABC　3. BCD　4. AD　5. BCD

三、1. 错　2. 对

四、略　五、略　六、略

试题 2

一、单项选择题

1. C　2. B　3. A　4. A　5. D

二、多项选择题

1. CD　2. ACD　3. ABC　4. BC　5. A

三、1. 对　2. 对

四、略　五、略　六、略

试题 3

一、单项选择题

1. C　2. B　3. C　4. A　5. C

二、多项选择题

1. ABC　2. AB　3. ABCD　4. BC　5. CD

三、1. 错　2. 对

四、略　五、略　六、略

试题 4

一、单项选择题

1. A　2. C　3. D　4. C　5. C　6. A　7. D　8. A　9. D　10. C

二、1. (1) 严格正实函数

　　(2) 非正实函数

2. 非逆稳，不能用自校正调节器设计。

三、略

四、最小方差调节规律

$$u(t)=-\frac{G}{BF}y(t)=-\frac{0.18}{1+0.2q^{-1}}y(t)$$

五、调节器输出方程

$$y(t)=-\frac{F}{T}\omega(t)=-\frac{1+0.3_1q^{-1}+0.24q^{-2}}{1-0.5_1q^{-1}}\omega(t)$$

试题 5

一、不定项选择题

1. CD 2. ABCD 3. CD 4. ABCD 5. ABD 6. ABC 7. BCD 8. ABCD 9. C 10. ABC 11. C 12. BCD 13. ABD 14. ABCD 15. ABCD 16. B 17. BCD 18. A 19. BC 20. BC

二、1. 自适应控制律 $\dot{k}_c=\lambda\cdot e\cdot y_m$，稳定性条件，$\lambda k_v<\frac{a_1}{ka_2}=0.4$，图略。

2. 自适应控制律 $\dot{k}_c=\frac{a_1}{ca_2^2k_v}\dot{e}u=\lambda\dot{e}u$，图略。

三、$0\leqslant c_0\leqslant a_1$，取 $c_0=a_1$ 时，$h_f(s)$具有最大通频带。

四、最优预测误差的方差 $E\{[\tilde{y}^*(k+d|k)]^2\}=0.0712$；最优预测模型为

$$y^*(k+d|k)=\frac{1.44y(k)+(0.5+0.8q^{-1})u(k)}{1+0.7q^{-1}}$$

五、加权最小方差控制律

$$u(k)=\frac{(1-0.5q^{-1})y_r(k)-(1-0.7q^{-1})y(k)}{1.5+0.25q^{-1}}$$

六、调节器输出方程

$$y(k)=\frac{1+0.3q^{-1}+0.24q^{-2}}{1-0.5q^{-1}}\omega(k)$$

试题 6

一、不定项选择题

1. ABC 2. ABCD 3. CD 4. ABD 5. BCD 6. B 7. C 8. BCD 9. C 10. ABCD 11. AB 12. ABC 13. BD 14. BCD 15. A

二、1. 自适应控制律 $\dot{k}_c=\lambda\cdot e\cdot y_m$，稳定性条件，$\lambda k_v<\frac{a_1}{ka_2}=0.25$，图略。

2. 自适应控制律 $\dot{k}_c=\frac{a_1}{ca_2^2k_v}\dot{e}u=\lambda\dot{e}u$，图略。

3. 自适应控制律 $k_c=\int_0^t\phi_1(v,t,\tau)\mathrm{d}\tau+\phi_2(v,\tau)+k_{c0}$，$\phi_1=k_b(t-\tau)v(\tau)u(\tau)$，$\phi_2=$

$k'_b(t)v(t)u(t)$。

三、$0 \leqslant c_0 \leqslant a_1$，取 $c_0=a_1$ 时，$h_f(s)$具有最大通频带。

四、最优预测误差的方差 $E\{[\tilde{y}^*(k+d|k)]^2\}=0.02870178$；最优预测模型为

$$y^*(k+d|k)=0.967y(k)+(0.79+1.06393q^{-1}+1.34403q^{-2}+0.57053q^{-3}+0.28043q^{-4})u(k)$$

五、加权最小方差控制律

$$u(k)=\frac{(-1.1+0.9q^{-1})y(k)}{1.88+1.884q^{-1}}$$

六、$y(k)=\dfrac{1+0.3q^{-1}+0.24q^{-2}}{1-0.5q^{-1}}\omega(k)$

试题 7

一、单项选择题

1. C　2. B　3. D　4. C　5. C

二、多项选择题

1. ACDE　2. BC　3. AC　4. A　5. CD

三、f_0、f_1、k_c 自适应规律分别为

$$\dot{f}_0=\frac{-(e_1p_{12}+e_2p_{22})y_p}{\lambda_0 k_v}$$

$$\dot{f}_1=\frac{-(e_1p_{12}+e_2p_{22})\dot{y}_p}{\lambda_1 k_v}$$

$$\dot{k}_c=\frac{-(e_1p_{12}+e_2p_{22})u}{\mu k_v}$$

四、最优预测模型为 $y^*(k+d|k)=\dfrac{0.967y(k)+0.5u(k)}{1+0.7q^{-1}}$，最优预测误差的方差为 $E\{[\tilde{y}^*(k+d|k)]^2\}=0.05$。

五、渐近超稳定性。

六．调节器的输出方程 $y(k)=\dfrac{1-1.4q^{-1}}{1-0.2q^{-1}}\omega(k)$。

试题 8

一、单项选择题

1. B　2. A　3. C　4. B　5. B　6. D　7. A　8. C　9. D　10. C

二、略

三、系统开环不稳定，系统逆稳定。

四、严格正实函数。

参考文献

[1] Astrom K J, Wittenmark B. Adaptive Control. 2nd ed. Reading, MA: Addison-Wesley, 1995.

[2] Goodwin G C, Sin K S. Adaptive Filtering Prediction and Control. Englewood Cliffs, NJ: Prentice-Hall, 1984.

[3] Ioannou P A, Sun J. Robust Adaptive Control. Englewood Cliffs, NJ: Prentice-Hall, 1996.

[4] Landau Y D, Lozano R M, Saad M. Adaptive Control. London: Springer, 1998.

[5] Narendra K S, Annaswamy A M. Stable Adaptive Systems. Englewood Cliffs, NJ: Prentice-Hall, 1989.

[6] Sastry S, Bodson M. Adaptive Control: Stability, Convergence and Robustness. Englewood Cliffs, NJ: Prentice-Hall, 1989.

[7] Tao G. Adaptive Control Design and Analysis. John Wiley & Sons, 2003.

[8] 陈复扬,姜斌. 飞机直接自修复控制. 北京：国防工业出版社,2014.

[9] 陈复扬,姜斌. 自适应控制与应用. 北京：国防工业出版社,2009.

[10] Chen M, Mei R. Robust tracking control of uncertain nonlinear systems using distur bance observer. Proceedings of International Conference on System Science and Engineering, 2001,431-436.

[11] Chen M, Chen W H. Sliding mode control for a class of uncertain nonlinear system based on disturbance observer. International Journal of Adaptive Control and Signal Processing, 2010,24(1):51-64.

[12] Yang J, Chen W H, Li S H, et al. Nonlinear disturbance observer based control for systems with arbitrary disturbance relative degree. Proceedings of the 30th Chinese Control Conference, 2011, 6170-6175.

[13] Kim E. A fuzzy disturbance observer and its application to control. IEEE Transaction on Fuzzy Systems, 2002,10(1):77-84.

[14] Kim E. A discrete-time fuzzy disturbance observer and its application to control. IEEE Transaction on Fuzzy Systems, 2003,11(3): 399-410.

[15] 冯纯伯,史维. 自适应控制. 北京:电子工业出版社,1986.

[16] 陈新海,李言俊,周军. 自适应控制及应用. 西安:西北工业大学出版社,1998.

[17] 韩曾晋. 自适应控制. 北京:清华大学出版社,1996.

[18] 陈宗基. 自适应技术的理论及应用. 北京:北京航空航天大学出版社,1991.

[19] 张言俊,张科. 自适应控制理论及应用. 西安:西北工业大学出版社,2005.

[20] 薛定宇. 控制系统仿真与计算机辅助设计. 北京:机械工业出版社,2005.

[21] Parks P C. Lyapunov redesign of model reference adaptive controlsystems. IEEE Transactions on Automatic Control, 1966, 11:362-367.

[22] 臧瀛芝,吴士昌,方敏. 具有可变参考模型的模型参考自适应系统设计方法. 信息与控制, 1987,(1).

[23] 吴忠强. 一类高阶系统跟随低阶参考模型的 MRACS 分析与设计. 自动化与仪器仪表, 1996,6: 27-29.

[24] 冒泽慧,姜斌. 基于自适应观测器的 MIMO 系统执行器故障调节. 山东大学学报,2005,35(3).

[25] Chen F Y, Jiang B, Zhang K. Direct self-repair control and actuator failures re-present techniques for civil aviation aircraft. International Journal of Innovative Computing, Information and Control, 2009, 5(2): 503-510.

[26] Chen F Y, Jiang B, Tao G. Fault self-repairing flight control of a small helicopter via fuzzy feedforward and quantum control techniques. Cognitive Computation, 2012, 4(4): 543-548.

[27] Chen F Y, Hou R, Tao G. Adaptive controller design for faulty UAVs via quantum information tech-

nology. International Journal of Advanced Robotic Systems, 2012, 9(256).
[28] Chen F Y, Jiang B, Tao G. An intelligent self-repairing control for nonlinear MIMO systems via adaptive sliding mode control technology. Journal of the Franklin Institute, 2014, 351(1): 399-411.
[29] Chen F Y, Lu F F, Jiang B, et al. Adaptive compensation control of the quadrotor helicopter using quantum information technology and disturbance observer. Journal of the Franklin Institute, 2014, 351(1): 442-455.
[30] Chen F Y, Zhang S J, Jiang B, et al. Multiple-model based fault detection and diagnosis for helicopter with actuator faults via quantum information technique. Journal of Systems and Control Engineering, 2014, 228(3): 182-190.
[31] Chen F Y, Wu Q B, Tao G, et al. A reconfiguration control scheme for quadrotor helicopter via combined multiple models. International Journal of Advanced Robotic Systems, 2014,11(122).
[32] Chen F Y, Wang Z, Jiang B, et al. An improved nonlinear model for a helicopter and its self-repairing control with multiple faults via quantum information technique. International Journal of Control, Automation and Systems, 2015, 13(3): 557-566.
[33] Chen F Y, Wu Q B, Jiang B, et al. A reconfiguration scheme for quadrotor helicopter via simple adaptive control and quantum logic. IEEE Transactions on Industrial Electronics, 2015, 62(7): 4328-4335.
[34] Chen F Y, Zhang K K, Wang Z, et al. Trajectory tracking of a quadrotor with unknown parameters and its fault-tolerant control via sliding mode fault observer. Journal of Systems and Control Engineering, 2015, 229(4): 279-292.
[35] Chen F Y, Jiang R Q, Wen C Y, et al. Self-repairing control of a helicopter with input time delay via adaptive global sliding mode control and quantum logic. Information Sciences , 2015, 316:123-131.
[36] 陈复扬，姜斌，刘宇航. 基于模糊逻辑的故障直升机直接自适应控制. 华中科技大学学报，2009，37(Supl)：131-134.